普通高等教育“十四五”系列教材

地质认识实习与地质旅游指导

主　编　王建平

·北京·

内 容 提 要

本书共分两部分内容：第一部分为地质认识实习指导，主要介绍地质认识实习的目的要求、工作方法和基本技能，苏浙皖等地主要实习地区地质概况以及观察路线、内容和要求等；第二部分为地质旅游指导，主要介绍地质旅游的基本知识、国家地质公园以及典型地质地貌景观形成机制和特点。

本书可作为高校地质、地理类专业普通地质认识实习的指导教材，也可作为旅游专业地质地理旅游资源野外实习考察以及广大地质地理爱好者探索自然的参考用书。

图书在版编目（CIP）数据

地质认识实习与地质旅游指导 / 王建平主编. -- 北京 : 中国水利水电出版社, 2023.9
普通高等教育“十四五”系列教材
ISBN 978-7-5226-1812-8

Ⅰ. ①地… Ⅱ. ①王… Ⅲ. ①地质学－实习－高等学校－教学参考资料②地质学－旅游学－高等学校－教学参考资料 Ⅳ. ①P5②F590.7

中国国家版本馆CIP数据核字(2023)第183528号

书　　名	普通高等教育“十四五”系列教材 **地质认识实习与地质旅游指导** DIZHI RENSHI SHIXI YU DIZHI LÜYOU ZHIDAO
作　　者	主编　王建平
出版发行	中国水利水电出版社 （北京市海淀区玉渊潭南路1号D座　100038） 网址：www.waterpub.com.cn E-mail：sales@mwr.gov.cn 电话：(010) 68545888（营销中心）
经　　售	北京科水图书销售有限公司 电话：(010) 68545874、63202643 全国各地新华书店和相关出版物销售网点
排　　版	中国水利水电出版社微机排版中心
印　　刷	清淞永业（天津）印刷有限公司
规　　格	184mm×260mm　16开本　13.75印张　335千字
版　　次	2023年9月第1版　2023年9月第1次印刷
印　　数	0001—2000册
定　　价	**42.00**元

前 言

地质认识实习是高校地质、地理类专业学生开展地质学习和研究的入门类实践课程，具有基础性、广泛性和系统性特点，是培养学生基本地质技能、理解和掌握基本地质理论和概念、学会地质思维的重要实践性环节，是地质科学启蒙和兴趣培养的重要开端。本书在参考前人相关指导书的基础上，结合编者多年教学实践的经验、理解和体会，针对主要教学内容，选择苏浙皖等地主要实习地区地质概况以及观察路线、内容和要求进行了详细介绍。实习区包含了沉积岩、岩浆岩、变质岩岩性，褶皱、断裂等地质构造，地表水、地下水以及岩溶、湖泊、海岸等外动力地质作用和地貌，地质现象丰富、实习内容全面，历年来已成为区域内高校地质地理类专业实习的共同场所。

我国幅员辽阔，地质地貌资源极为丰富，不仅为地质、地理类专业人员提供了典型的学习研究素材，同时也吸引了国民对地质旅游的广泛兴趣，人们在欣赏丰富多彩的地质地貌奇观、栩栩如生的象形石、聆听各种美丽传说等的同时，也迫切希望了解这些地质地貌现象形成和演化的内在原因和规律的科学答案。地质公园以其特殊的地质条件，拥有独特的地质遗迹景观，在地史学、地层学、古生物学、岩石学、构造学、沉积学、水文地质学、工程地质学、环境地质学、地貌学、地质美学等方面，都有着重要的科学研究价值。本书对国家级地质公园进行了收集整理，并简要阐述了一些典型地质地貌景观的形成过程，以期更好地普及地质知识，探索自然规律。

本书第一章至第三章，主要介绍地质认识实习的目的、要求、工作方法以及基本技能，第四章着重介绍了江苏南京、苏州、镇江、宜兴、连云港，浙江杭州、长兴，安徽巢湖、张八岭、广德等实习区地质概况及实习内容和要求，第五章、第六章主要介绍地质旅游的基本知识以及地质地貌景观的成因和赏析。本书可作为高校地质、地理类专业学生地质认识实习以及旅游专业地质地理旅游资源野外实习考察指导，也可作为广大地质地理旅游爱好者探索自然拓展学习的参考用书。

本书编写过程中，参考了大量文献资料，在此深表感谢！

由于编者水平有限，书中错误与不足之处实所难免，切望读者予以指正。

编者

2023 年 5 月

目 录

第一章　地质认识实习的目的和要求

第一节　地质认识实习的目的

地质野外实习是课堂学习的重要补充和必要组成，是地质课程教学中十分重要的实践性教学环节，可使同学们在课程理论学习基础上通过对基本地质现象的野外实地考察和现场实践教学，获得感性知识并巩固和深化课程理论，达到理论与实际相结合。它不仅仅是对书本知识的亲身体验，更是理论提高的基础环节。通过野外实习，不仅把课堂知识与具体的地质地貌现象结合起来，加深对书本知识的理解，而且能学会在野外进行地质地貌调查的基本工作方法，提高分析问题和解决问题的综合能力，初步具备进行地质地貌野外调查的技能。

地质学习的真正课堂在野外，野外地质实习的特殊课堂往往能给同学们在学习生涯中留下深刻的印象和永恒的记忆，很多同学在若干年以后，回忆起实习时光仍充满向往。

地质认识实习属于教学实习，重点是认知性、模拟性学习，是地质专业学生在学完“普通地质学”“矿物岩石学”等课程基础上进行的第一次大型的重要实习。实习的目的是使同学们获得对基本地质现象的感性认识，初步掌握野外地质工作的基本技能，培养同学们对地质专业的兴趣。

基本地质现象的野外实地考察内容包括三大类岩石的肉眼鉴定、认识地层剖面、主要化石的识别、褶皱和断裂构造的判识，以及重要的内、外动力地质现象的认识等，把已学的书本知识更好地和实际相结合，分析各种地质现象的成因，升华理论知识的理解和运用。

野外地质工作基本技能包括地形图判读、定点，地质罗盘及卫星全球定位系统的使用、产状测量，地质现象观察、描述和记录，路线地质平面图、路线地质剖面图、地层示意剖面图、地质素描图等的绘制，地质摄影，标本的采集和编录，以及地质报告编写等，使学生在基本地质工作方法和技能方面得到初步训练。

通过实习，使同学们较好地掌握野外地质工作方法，建立起地质体的空间概念，进一步理解和巩固课堂所学的地质学的基本理论和知识，从而达到理论与实际相结合。通过对研究区资料的阅读和地质现象观察、描述、分析、判断、整理、图件编制、报告编写等一系列工作的系统训练，获得对研究区的沉积发展史、生物演化史、构造活动史的较全面认识，并为今后从事地质及其相关领域的工作打下坚实的基础。通过实习将使同学们对地质工作的性质与内容有所了解，开阔眼界，培养对地质科学的热爱；巩固专业思想，为后续地质专业课程的学习、为培养高素质的地质人才奠定基础。

大自然千奇百怪，奇妙无穷，但都与一定的地质条件相联系，因此在地质实习过程中，对所见地质现象做进一步分析和思考，不仅可以增加实习的乐趣，也是同学们开展地质研究的开端，相信同学们在老师的引导和启发下，必将对地质专业产生新的积极的感悟和认识。

第二节　地质认识实习的要求

地质认识实习一般选择在一个地质结构清楚、交通方便，地质地貌现象典型、系统、全面的固定区域进行，以方便同学们在较短的时间内，看到较多的地质地貌现象，较快地掌握地质专业基本知识和野外工作方法。

实习与将来走上工作岗位后所涉及的实际地质地貌野外调查工作，其方法基本是一样的，故而同学们切不可认为教学实习的内容相对简单就可以掉以轻心。要知道，不用心努力，实习是不可能取得令人满意的结果的。

地质认识实习属于教学实习，是引领同学们开展地质研究的起点，以教师传授为主，引领学生逐步认识各种地质地貌现象，学习从各种地质地貌现象出发分析和解决实际问题，养成良好的地质思维和研究习惯，为今后的专业生涯打下坚实的基础。为此要求地质认识实习课程达到以下要求。

1. 理论联系实际

野外地质地貌现象丰富，各种矿物、岩石、古生物复杂，各类地层时代、岩性、岩相多变，山川、矿产、地质环境分布和演化特征多样，不仅需要同学们认真细致地观察认识，还要紧密联系课堂上学到的理论知识进行研究分析，理论联系实际，做到在识别的基础上，知其然更知其所以然。

2. 做到“六勤”

野外实习是个开放的大课堂，人多嘈杂，现象丰富，要取得良好的实习效果，同学们必须调动身体的各个器官，做到“六勤”：

(1) 耳勤。认识实习的地点对于同学们来说，初来乍到，一切都是那样的陌生又新奇，首先必须认真聆听和积极理解老师的讲解和分析，知道看什么，怎么看。

(2) 眼勤。在教师的指导下，野外多观察、多搜索，善于发现异常现象，抓住特点，掌握规律。

(3) 手勤。学会读图、定位、测量、描述、作图和采样等各种技能，同时在观察地质地貌现象的物质构成时，要亲自动手挖、碾、摸、看，从手的感觉可以得到许多关于沉积物性质、岩石性质的信息，例如粒度、硬度、胶结程度等。只有亲自动手才有可能发现其中所含的某些特殊成分或化石。

(4) 腿勤。腿跑能扩大观察范围，通过上下左右的追索全面完整地把握地质地貌现象，而不是瞎子摸象。多走一些路，尽可能多看到一些现象，发现更多的问题。自然界是变化无穷的，多走路就能观察到更多的地质地貌现象。

(5) 脑勤。透过现象看本质，把地质现象和地质问题联系起来思考，要多想，善于把前后观察到的现象进行联系、比较，从中提出问题或形成某种观点。证实自己的设想和解决问题的过程，会引导你寻找更有意义的观察点，进一步领悟研究思路，学习野外工作方法，建立地质的时空关联。

(6) 嘴勤。鼓励同学们现场提问、讨论，培养实事求是的科学精神、严谨认真的工作态度和准确清晰的表达能力（包括记录、分析和交流的能力）。野外现象极其复杂而富于变化，开展现场讨论，有利于及时发现问题、相互启发、取长补短、共同提高，这也是同学们将来在科研生产工作中必须具备的重要方法、手段和能力。

地质现象的观察不可能毫无遗漏，个人对它的认识也不可能绝对正确。为了更全面和更接近于真理，除了反复细致的观察外，同学之间相互交流和讨论，可以及时纠正一些观察和判断上的失误或偏差，共同提高认识。

3. 了解地质野外调查的基本思路和方法

地质现象观察和剖面分析是整个实习过程的核心和基础，具体的观察点和具体的剖面只是个例，它具有典型性（具体性）和特殊性（局部性），而区域性研究强调的是规律性（一般性）和整体性（抽象性），这是一个由量变到质变的过程，因此，一定数量的反复认知是必要的。但是，实习的过程并不是简单的重复，需要由表及里、由点到面、由个例到一般、由静止到发展、由现在到过去（或将来），完成一个完整的认知过程。

实习过程中，同学们不仅要爬山、钻沟，而且要知道为什么要登高，为什么要下低。要知道如何用最小的成本（时间、精力、财物、工作量）达到最大的收益，掌握科学的工作方法。

4. 强身健体，吃苦耐劳，磨炼意志，培养团队精神

野外地质工作是一项既艰苦又充满快乐的工作，风吹雨打、寒冷炎热是家常便饭，野外工作不仅能强身健体，更能培养吃苦耐劳精神，锻炼同学们的意志，特别需要团结协作精神。作为教学实习，当然要强调学生的个体训练，但是不等于不要团结互助。在可能的情况下，教师可以将学生适当分组活动，培养同学们的团队精神和协调能力。

5. 牢固树立安全第一意识

野外工作要时时处处注意各方面的安全，包括食宿、交通、教学、文体活动等，严格遵守实习纪律，服从教师指挥。特别是在野外工作时，既要防范上方危石滚落，又要防止脚下垮塌，不在有崩塌等危险的剖面下工作，以免受伤。任何情况下都不允许单人进行野外作业，注意防范各种危险。

6. “三全育人”，强化课程思政，立德树人

野外实习亲近自然，贴近现场，见多识广，感受深刻，同时师生同行、同吃、同住，彼此可加深了解、建立信任，具有与室内课堂完全不同的教学感受和课程思政开展条件，同学们能够直观认识和切身感受到专业的重要性和艰苦性，体会到从事专业的责任感及荣誉感。教师在野外教学中身体力行，帮助同学们树立家国情怀，培养职业责任感、使命感，弘扬地质工匠精神，灌输生态文明理念，坚定中国特色社会主义道路制度自信，培育红色基因，对党忠诚，培养爱国主义精神。实习路线多数也是旅游路线，同学们在学习、巩固专业知识的同时，也可饱览祖国的壮丽河山，体验大自然鬼斧神工的艺术之美，一举多得。

第二章 地质认识实习的工作方法

第一节 教学实习的步骤安排及成绩评定

野外调查最基本的方法是进行地表的路线穿插，每条调查路线要由一系列的观察点控制，以便多快好省地查明调查区内各种地质地貌现象的类型、结构、分布以及它们之间的相互关系。

野外调查通常需要经过若干个工作步骤，例如收集资料、实地踏勘、区域调查、实验室测定、资料整理、编写报告或论文等。

一、实习步骤安排

一般教学实习分为前期准备、野外实习、编写报告三个阶段。

（一）前期准备阶段

（1）收集调查区有关的地质、地貌、气象、水文、土壤、植被等方面的资料，对调查区的概况有一个基本了解。

（2）参照野外具体情况和前人资料，用较短时间对调查区进行粗略的实地踏勘和备课，选定有代表性的调查路线，确定下一步工作全面铺开的方案。

（3）根据调查区具体情况制定详细的野外工作计划，做好野外调查的各项准备。

由于地质认识实习是一次教学实习，因此在前期准备阶段，主要由带队老师给学生全面地介绍实习区的地质、地貌概况，使学生对实习区整体概况有一个初步的了解。同时，鼓励学生自己去收集和阅读一些前人的资料。

（二）野外实习阶段

实习中每天的调查路线、观察点选择和教学内容由带队教师确定。每天出队之前，每个同学都要了解当天的实习路线、实习内容和实习要求，做到心中有数，带着针对自己的问题学。每天实习由“定点”开始，自己动手观察、分析、记录、总结。收队之后，每个同学都要及时清理当天收集的资料，整理笔记和图件，“以利再战”。

由于野外实习在每个观察点上的逗留时间有限，不可能展开充分讨论，初学者的学习重点应该是“看”和“摸”，强调身体力行，对自己负责。“记录”应该简洁明了，但是，简洁不是草率。由于资料需要长期保留和交流，所以必须要求“记录”使用统一的“语言”和“符号”，做到条理清晰，描述准确，表达方式规范，记录内容齐全。

野外记录簿的左边一页是画有厘米格的直角坐标纸，专供按比例尺作图用；记录簿的右边一页为横格纸，专供记录对应的文字内容。横格纸的左右两边，应各留 1cm 宽的空白，以便记录数据等醒目标记。各观察点的记录之间应留有空行，一是为了保持要点清晰，方便日后查找；二是为了留有余地，方便日后修改和补充。记录簿的左右两页，应该左图右文，相互对应。这种记录方式，也是一种工作习惯的培养。良好习惯的养成不仅可以节省时间，提高工作效率，而且对于日后工作、学习都大有益处。

教学实习的全过程包括三个层次的学习：

（1）对野外现象形成由表及里、由浅入深的基本认知。

（2）掌握由现象到实质、由个别到一般、由孤立到整体的研究方法和基本理论的灵活应用。

（3）借助以平面和剖面构架的立体空间，了解观察对象在不同时间段里的变化过程和区域环境演变的整体把握。

仅以断层构造现象为例：首先是基本认知——根据现场实际，找出该断层的基本特征，掌握野外判别的依据，力争做到概念清楚、观察仔细、记录真实，为下一步继续分析找到立论的事实依据；其次是理论分析——从断层的性质、规模、活动时间等方面分析它的构造背景，找出它的形成原因和分布规律；最后是总体把握——分析该断层和区域地貌发育的关系，抓住断层是地壳软弱结构面、是地壳应力集中释放的本质，结合区域演化的背景，考虑它的影响和作用（例如对地貌形态、水系格局、地基稳定、地下水补给、岩体矿脉、地方侵蚀基准面等的影响和作用）。

三个层次的学习，应该始终贯串于所有观察点和剖面的调查工作过程之中。

（三）编写报告阶段

编写报告是地质认识实习的最后环节，各种资料需要全面汇总、整理、分析和提炼，使其达到条理化、规范化和系统化，这也是对每个学生的野外工作能力、分析问题能力和书面表达能力的培养和训练。因此，实习报告要求独立完成。

1. 整理野外资料和样品

将野外调查获得的各种资料分类编排，所缺资料要及时补齐。图、表、照片写好说明。标本进行分类，并送交相关实验室测定。

2. 编制图件

根据野外资料，正式绘制报告中需要的各种图件，包括实际材料图、示意剖面图、实测剖面图、综合剖面图等。编写报告之前，应该将主要图件全部清绘完毕。

3. 实验室数据分析

得到实验室的各项分析数据后，首先要参照野外实情，判别测定结果的可靠性，检验样品是否被污染或测定误差过大。对可信的测定结果进行充分分析，说明它们反映的地质过程、演化环境和年龄等。此外，要绘制相应的图件，附上必要的说明。

4. 综合分析整理

综合分析整理是指对野外测量和观察得到的资料、实验室提供的测量数据、室内绘制的各种图件以及收集到的有关调查区域自然环境的各种资料进行综合分析研究。这是资料整理中最关键的一步，分析研究的成果决定着地质调查报告的水平。分析研究内容包括调查区的地形地貌、地层岩性、地质构造等的分布、发展及相关生产实际问题。对分析研究的结果列出提纲，并选定报告中拟采用的相关图表。

5. 编写地质实习（调查）报告

实习报告是地质实习的全面总结，应该按照规范要求和格式认真编写。

要求做到：全面反映实习区域的主要地质内容，详略得当，重点突出，文笔通顺，条理清晰，内容翔实，图件规范。鼓励同学们在实习报告中充分表述自己的观点。

二、实习成绩评定

野外实习成绩的评定主要由实习报告成绩和实习考查成绩综合而成。此外可酌情考虑学生野外教学实习期间的学习态度和表现、基础知识掌握程度、思维能力、野外记录簿的记录质量等方面。

带班教师按照指定表格登记各项成绩，经综合后按优秀（90～100 分）、良好（80～89 分）、中等（70～79 分）、及格（60～69 分）和不及格（0～59 分）给出实习成绩。考核评分标准参见表 2－1。原则上各班成绩优秀者不得超过总人数的 15%～20%。实习队综合各班成绩后，进行平衡调整，确定教学实习评优。

表 2－1　野外实习考核评分表

评分/分	等级	评分标准
90～100	优秀	能够严格按照实习要求去做，实习报告字迹清晰，条理清楚；能准确描述岩石的颜色、结构、构造、主要矿物成分、次要矿物成分，并给予命名；能准确判别构造类型；能准确使用地质罗盘仪测量岩层产状；正确采集岩样
80～89	良好	能够遵守实习纪律，实习报告字迹清晰，内容无明显错误；对岩石的特征描述欠全面；能根据地质构造特点判断出构造类型；会使用地质罗盘仪测定岩层产状；正确采集岩样
70～79	中等	遵守实习纪律，实习报告字迹清晰，描述的内容无明显错误；只能凭印象写出岩石名称；能凭印象较准确地判别各种构造类型；能较准确地使用地质罗盘仪测定岩层产状；采集岩样基本正确
60～69	及格	不能严格遵守实习纪律，实习报告字迹清晰，描述的内容无明显错误；只能凭印象写出岩石名称；能凭印象判别各种构造类型；能使用地质罗盘仪测定岩层产状；采集岩样基本正确
0～59	不及格	不能严格遵守实习纪律，实习报告条理混乱且不能独立完成，描述的内容出现明显错误；对岩石特征描述不全，无法写出岩石名称；不能判别出各种构造类型；不会使用地质罗盘仪测定岩层产状；岩样采集方法不正确

第二节　野外露头观察和沿途观察

一、野外露头观察

野外露头观察是最普遍、最常见的地质观察方法，也是调查或研究沿途地质地貌的最佳办法。随身携带的各种野外工具、仪器都有助于提高观察的质量，可以根据自己的需要用记录本、照相机等详细地记录、绘画和摄影。

野外露头观察最重要的步骤选择好剖面。一般而论，剖面线方向应尽量与地层的走向方向垂直，或者说与地层的倾斜方向一致，这样可以用最少的时间、最短的距离，看到最多的内容。基本上可以通过穿越几条剖面的办法了解到区域地层分布的面貌、岩石的类别、特征与构造的格局等。

野外露头观察要求观察的项目，着重点应放在地层及构造方面。

地层方面的具体内容包括岩性、名称、产状、所含化石、各层之间的接触关系、岩层的厚度、岩层的其他特点等。如遇火成岩，还应观察岩体、岩脉的形态、穿插关系、火成岩与沉积岩的先后关系或两者接触处的变质现象。如遇变质岩，起码要判断属于何种变质类型。如遇有矿点或矿化现象，应观察矿物的种类，何者为主，何者为次；可能的成因类型、类别，估计其矿体范围及其经济价值。

构造方面的具体内容，包括断层、褶皱及其类型、节理的方向及其组合关系、变质岩系中的节理组合与方向、区域构造线的方向等。综合上述观察的内容，可以判断此间地壳运动的性质、演变的历史以及当地大地构造所处的构造单元的部位。

野外露头观察还可以观察小地貌现象，主要是注意岩性与构造地质这两方面对当地地貌的影响，例如沟谷与断层的关系、悬崖与断层的关系、山坡形态与岩层倾向的关系以及与岩石性质的关系等。如在石灰岩地区，注意观察洞穴有无成层性现象，如果存在，则可考虑当地在地质近期内地壳上升的节奏性运动、溶洞及岩溶的形成过程与自然环境的关系等。如在火山岩、花岗岩或其他坚硬岩层发育地区，要特别注意裂隙系统对塑造山形水流的关系。

野外露头观察时，边走、边看，要停就停，要走就走，随手做笔记，随时做记录，还可及时素描或摄影，把特殊的地质现象或具有特殊意义的地质现象以附图的方式描绘下来。一幅清晰的图件，往往能起到胜过文字的作用，并能提高工作效率。更重要的是，信手剖面必须随着前进的步伐而随时描绘下来，哪怕是不很准确的、示意性质的都能起到重要的作用。所以，一位技能全面的地质工作者，应该在绘画技巧方面有所训练。

徒步地质实习还有一项更重要的工作，就是采集标本，这是在交通工具上难以办到的。采集岩性标本、化石标本、矿物标本以及构造标本的目的是进一步确定（带回室内研究）该地层的年代、岩石的名称、构造的特点，掌握沿途地质情况，为做进一步的深入分析积累资料。当然，有些仅是作为实习中的一个纪念。不管出于何种目的，采集标本时都应注意对环境的爱护，不要破坏自然景观或违反当地的管理规定。

野外露头观察除了本人直接观察地质对象以外，更有利的条件是根据地质特征，进行一些访问工作，随时随地向当地群众了解有关的地质情况是十分必要的。这种方式被称为调查访问，可以让同学们从中获得一些信息和启发。例如，1947 年刚从国外学成归来的我国著名矿床地质学家、南京大学教授徐克勤，在湖南山区考察寻找国家急需的钨矿，在当地老乡家歇脚喝水的时候，无意中发现主人家砌猪圈的石头就是白钨矿矿石，循此线索发现了我国第一个也是当时全世界最大的白钨矿矿床。另外，向当地群众了解到某些生产或生活中遇到的问题，说不定与当地的地质条件有关，由此可以启发我们去深入了解或做好进一步研究的准备。经常碰到的野外露头观察情形有：以村庄内泉水出露和使用情况了解水文地质特点；以动植物的异态，来了解土壤中矿物元素分布的情况；在黄土高原地区，通过“龙骨”（主要是新生代后期的哺乳动物化石）挖掘的线索，找到重要的化石产地；在南方喀斯特地貌发育区，通过“泥岩肥料”（大多是洞穴内的哺乳动物化石堆积物，其泥土中含有丰富的磷质，可作肥料）线索找寻化石，甚至人类化石（如巨猿与马坝人化石便是如此发现的）；等等。

二、考古和历史文献资料的利用

野外实习地点大多是各地的名胜古迹，在参观这些胜迹时，也要注意了解地质事件。文物考古资料在我国极为丰富，遗憾的是很少被地质学家利用来研究地质事件。例如我国西北黄土高原地区，在相对高度数十米的阶地上，经常发现若干新石器时代或稍迟一些的村落遗址，似乎颇不符合自然条件。因为一般而论，居民点总选择在傍水地方，方便生活。由此可以猜想到：当初先民们的村落所在地不像今日所见的那么高，而是位于高出河水面 10～20m 之间的地方，所以目前村落遗址的高度，可能是由于数千年来当地地壳抬升形成的。另一种相反的例子，在野外经常见到一些沉没于湖泊或河流、海滨水下的古村落、古墓葬。想当初建造时，不可能埋没于水下，值得进一步调查其原因。如无人工建设方面的影响，如修筑水库之类，那么就可以考虑地壳沉降的因素了。如淮河下游的泗州城遗址（今江苏盱眙县境内的洪泽湖边岸及水下），明代时完全位于陆上，其城北有规模宏伟的明祖陵（朱元璋祖父的陵墓），而如今不仅整个泗洲城淹没于水中，连当年位于高地上的明祖陵也半淹于水中。600 多年来，为何出现如此巨变？虽有可能受到历史上的淮河洪水暴涨、改变流路、水流受堵的影响，但也不能不考虑地壳的沉降原因。类似的情况，在浙江与安徽毗邻的千岛湖、太湖沿岸、钱塘江口附近也有所见。

此外，如一些石碑、宝塔、古建筑，由于历史上的某些地震发生开裂，壁面上的文字或图案等发生错位，对于地质工作者来说，这就是一些难得的资料，由此可以了解到当地以往发生地震的烈度。又如在某些古墓内的供桌上所摆设的器皿被地震震落在地，甚至土石堆砌的供桌发生开裂或一角崩坍，断裂方向与当地地质构造线一致，由此证明，这条构造线在人类历史时期尚有重新活动的迹象，属于新构造运动的性质，应该特别注意。因为这些材料对于当地的建筑设施十分有用，因此，近年来有所谓“地震考古研究”之说。

我国是具有几千年历史记载和文物佐证的文明古国，这些考古资料意义之重大，可想而知。

有时，在实习过程中，也能收集到有意义的地质资料。例如江苏镇江金山寺西侧石壁上有一块古代金山图的石刻，明显地表示出金山原是长江中的小岛，清代道光年间以前，均需横渡上金山。早在宋代，苏东坡《游金山寺》有“羁愁畏晚寻归楫”的描写，可为佐证。旧时戏文中有所谓“水漫金山”的传说，也是符合当时的地理特点的。后来，由于长江的摆移淤积，自清代道光以后，金山就与陆岸相连，变成“骑驴上金山”了。如此一方石刻图，岂不是帮助我们了解到近代长江的变迁？又如民间广泛流传的“梁红玉击鼓抗金兵”的故事所讲，公元 1130 年春天，韩世忠指挥水兵自镇江金山溯江乘胜追击金兵，把几万名金兵包围在黄天荡，取得大胜。这黄天荡现今已不存在，地理学家与历史学家合作研究，终于考查出古黄天荡位于南京市郊区的栖霞山与龙潭之间的长江河漫滩上。由此了解到 1000 多年来长江水流的变迁，对现今的沿江开发规划设计和建设颇有参考价值。

三、沿途观察

在实习的路途之中，对沿途的地质地貌现象也应留意观察。坐在车内凭窗注视沿途的地质地貌，对于地质工作者来说，也是一个充实自己地质见识的机会。

通过观察山形、山峰的特点，大致可以分辨出视野之内的山脉是由哪些岩石构成的。如果山岭高峻、尖峰刺天，有如“万笏朝天”，而且岩壁面上显现出黄色、褐色或微带粉红色者，并有古松自悬崖伸出，奇株苍劲，则此山可能是由花岗岩类、火成岩类或较为坚硬的变质岩类之岩层构成。如果峰峦圆润、群山林立，而诸山相连之鞍部常以 U 形接壤，山色青灰，葱郁深沉，很少有古松盘桓，代之以杂树回环，并可见采石烧制石灰，则此类山体多由石灰岩层构成。如果山势不高，常见悬崖峭壁，峰林叠嶂，苍松在红岩之间相映成趣，涡洞于断崖之处凹凸造奇，颇似岩溶地貌，则此山体多由火山岩系或中、新生代的红色砂砾岩层构成，如武夷山或粤北丹霞山地区所见，此为著名的丹霞地貌景观。如果在沉积岩区穿行，高山与低山相间出现，山势有一定走向，则可能是不同时代的坚硬砂岩、石英砂岩与较软弱的泥岩、页岩地层相间出现之故，车行之处，或者是褶皱构造区，有背斜与向斜出现。岩石情况了解以后，结合已知的区域地层分布，大致可以判别遥望所在处的地层组合情况了。如能在近处看出岩层的产状，根据其倾斜方向，恢复其层位的上下（新老）关系，也许能确定其背斜和向斜的分布位置，结合山脉延伸方向，推测当地的构造线方向。若山坡常由峭壁构成，坡下有低山紧偎，如此景观，延伸相当距离，则可能是较近地质时期发生的断层所致。与此类似，大河谷地与山体相交之处，成排的“三角面山”构成山麓，并有固定的延展方向，则此谷地可能系断层陷落而成。此处如有泉水出露，更可证明是断层无疑了。若河谷两侧均有类此地貌，则此谷地或系地堑构造造成的。通过道路旁的岩石露头，能够比较正确地观察岩石的类别名称及其特性、地层的产状、倾斜的方向、地层的接触关系、岩层受地壳变动影响的程度、沿途的水文地质（如泉水）与工程地质的情况等，特别是在人工开挖的隧道洞口附近、边坡上，这些都是观察的好地点。如果沿途地层排列齐整，路线穿越地层走向前进，在初步确定地层的新老关系以后，还能预测迎面而来的前方岩层应属某种地层的可能。将远处与近处的所得材料相互结合、相互印证以后，至少对所经之处的区域地质概貌会有所了解。

车辆在河谷谷地前进时，还应注意阶地地貌特点，如阶地的级数、阶地面的宽度，甚至了解阶地的类型，由此推测当地新构造运动的特征。如在山西汾河两岸所见。如车辆在山区行驶，沿着某些河流上游谷地前进时，还可注意那里的河曲是否深切，是否还是正常的。例如在宝成线上，从宝鸡到成都，火车沿谷地前进，可以看到明显的深切河曲，这一带正是新构造运动的剧烈上升区。要是道路穿越较大的、由丘陵起伏构成的盆地，在走过一段较长的路途以后，回过头来小结一下，也许会了解到若干中、新生代盆地的发育情况——诸如它们受什么样的断裂控制，从盆地边缘到盆地中心的岩层性质有什么样的变化规律，进而找到研究盆地发育过程中的古环境和古地理面貌的线索。如果乘车经过沉积岩发育的地区，基本上可以看清沿途暴露的岩层，初步鉴定出它们的名称、产状、受构造运动影响的情况等。这样，如果出发前阅读过当地的一些地质资料的话，不需行驶多长的路程，便大致可以估计出眼前出露的地层属于哪个地质年代、叫什么层位。随着行程的延伸，还可以预料迎面而来的地层是老还是新，由此进一步了解沿途的构造地质情况——有无褶皱或断层，然后判断其构造线的方向。如果车行在变质岩发育的地区，那么临窗注视变质岩的类别——片麻岩、大理岩、片岩、千枚岩、板岩以及混合岩之类也可以鉴定出来。假如在火成岩区行进，也能判别花岗岩、辉绿岩、闪长岩、玄武岩、流纹岩、粗面岩、凝灰岩、凝灰角砾岩之类，还能辨识侵入体的形态是岩基还是岩脉，甚至看到几条岩脉的相互穿插关系。到河谷的中、下游地段，边岸不见山崖，平畴千里，一望无垠，虽偶有残山剩丘在视野远处浮现，也无法判断其岩层的岩性及所属的年代。所以观察地质特点显然不如上游峡谷地区，但其地貌景观仍应予注意。例如多层的阶地地貌，发育良好，借此可以判断地壳上升运动的影响；河曲迂回，堆积岸与侵蚀岸的发育，借此可以了解影响河流摆移作用的因素，进而研究其未来的发展趋势，以及对当地工程建设、农田水利的影响等。

沿河行进，如能了解到历史上的变迁记录，也是很有趣味的事。如南京的长江边岸，李白在《登金陵凤凰台》诗中有云："三山半落青天外，二水中分白鹭洲。"当年的三山矶是临江的小山丘，白鹭洲则是长江中的小岛，而今两处均已与岸陆相连，长江主流线也西迁了。这些地貌变化材料，对长江沿岸的工程设计（如码头设置）是极为有用的。当河道进入平原地段，如偶然遇有山丘伫立于江滨，船过其旁，不能掉以轻心，其中有许多富有意义的地质现象可供观察。如在长江航线上的皖赣交界处的小孤山、安徽马鞍山市境内的采石矶，曾被李白描述为"天门中断楚江开，碧水东流至此回"的芜湖市北郊之天门山，南京长江大桥沿幕府山北麓直到燕子矶，以及镇江的金山和焦山等名胜地，巉岩屹立，峭壁千仞，往往是大断裂通过之处。

第三节　地层岩性的观察

三大类岩性的观察鉴别是地质工作者的看家本领，也是地质实习必须掌握的基本技能，对其野外的观察内容应有所了解。

一、沉积岩的观察

沉积岩是外动力地质作用形成的沉积物经过成岩作用形成的，一般呈层状。对沉积岩的认识、分类和命名是野外地质实习的基本功之一。沉积岩的观察主要是在肉眼下借助于放大镜、小刀、稀盐酸等观察不同岩石类型的颜色、成分、构造、结构等的主要特征。

1. 颜色

一般取决于岩石中所含的矿物成分，其中最有影响的是铁质和有机质的含量。根据铁的氧化程度，色调颇有不同，如低价氧化铁具淡绿色、淡青色；当含氧量增高时，则呈黄色、橙黄色、红色直至紫褐色。锰的氧化物也有强烈的染色作用，可将碎屑岩染成黑色、浅蓝紫色。有机质可使岩石出现暗色甚至黑色。如无有机质时，岩石几乎是白色的。若干黏土岩类、砂岩或石灰岩中含有海绿石或绿泥石时，可使岩石染成绿色、浅蓝绿色。钾长石颗粒组成的长石砂岩可使岩石呈现浅棕红色。辉石、角闪石颗粒则使岩石呈暗灰色。石英、硫酸盐、碳酸盐等盐类矿物混入时则呈白色。观察岩石的颜色时，还应注意新鲜的与风化面上的不同颜色。

2. 成分

由于沉积岩是岩石风化后经搬运而沉积的产物，有一部分则属于化学沉淀的产物，故其成分可分为三大类：

（1）碎屑岩类。这类岩石的成分是由母岩机械破碎的产物。

（2）黏土岩类。其成分是母岩在风化过程中分解出残余的或新生的黏土物质。它们常是化学风化过程中呈胶体状态的、不活泼的物质。

（3）化学岩和生物化学岩。其主要成分是由活泼性较大的金属元素，如 K、Ca、Mg 等呈离子状态形成真溶液，而 Al、Fe、Si 等氧化物呈胶体状态，形成胶体溶液，在适当条件下，发生化学作用而沉淀成岩。

沉积岩的命名除依其所含的基本矿物外，还可考虑某种有显著含量的次要矿物附加到名称中去，如长石砂岩、海绿石砂岩、白云质灰岩、铁质铝土岩等。因此，在观察各种岩石成分时，必须注意其主要成分和次要成分。观察碎屑岩类的成分时，还应注意其胶结物的成分，如硅质、泥质、钙质、铁质等。

3. 构造

沉积岩的构造，主要是指沉积岩形态特征，其中最基本的便是层理，这是由于沉积岩的成分、颜色和结构的差异而形成的一种层状构造。通过层理特征的研究，不仅可以了解沉积介质的性质和能量的状况，而且可以判断沉积环境，有些层理还可以确定当时的水流方向。碳酸盐岩类岩层的构造，除有上述共同特征外，尚有生物成因的构造，如生物礁构造、虫迹构造、虫孔构造、藻类生长的层状构造（叠层石）等；还有化学成因的构造，如缝合线、结核构造等。

4. 结构

岩石的结构，一般是指组成岩石的碎屑颗粒大小、形态及其外表特征。颗粒大小称为粒度，粒度以颗粒的直径来度量。粒度与沉积岩命名的关系十分密切。此外，在研究沉积岩时还应注意其成分、颗粒和孔隙大小的关系。一般而言，成分越纯，分选越好；颗粒越大，胶结物越少者，孔隙度越高。

依据上述观察一般按“颜色＋构造＋结构＋成分”的顺序对沉积岩进行命名和描述。

二、火成岩的观察

火成岩又称岩浆岩，是指岩浆（地壳里喷出的岩浆，或者被融化的现存岩石）冷却后成形的一种岩石。按其含硅量之高低，火成岩可分为酸性、中性、基性及超基性四大类。此外，岩浆在地下冷凝固结形成的岩石称侵入岩，又分为浅成岩和深成岩。浅成岩是岩浆在地下，侵入到地壳内部距地表3～1.5km的深度之间形成的火成岩，一般为细粒、隐晶质和斑状结构；深成岩是岩浆侵入地壳深层距地表3km以下，缓慢冷却形成的火成岩，一般为全晶质粗粒结构。岩浆喷出地表冷凝固结形成的岩石称喷出岩（或火山岩），由于冷却较快，喷出岩一般形成细粒或玻璃质的岩石。所以火成岩的晶体，因结晶时在地下的深度不一亦有粗细之别，因此代表了火成岩形成之深浅的矿物结晶颗粒粗细成为矿物成分以外的另一分类依据。学会用肉眼或借助于放大镜来鉴定火成岩，是野外地质实习的基本功之一，特别在填绘地质图、测制剖面图、研究侵入体及其相互穿插关系，观察侵入体与其围岩的关系，以及各种火成岩与成矿的关系等方面，均具有重要意义。

（一）鉴定步骤

学会野外鉴定火成岩，大体上应从以下几个步骤入手：

（1）观察岩石的颜色、含石英的分量、含铁镁矿物的分量这三项指标，估计遇到的火成岩应归属于哪一个大类。比如淡红色、浅灰色，含石英晶体的颗粒较多，而含铁镁矿物的分量较少的，大体上是属于酸性火成岩。如果岩石呈灰色、灰绿色，铁镁矿物的含量相当明显，而石英晶体的颗粒大为减少，或偶尔可见者，大体应属于中性火成岩。如果岩石的颜色黝黑，并略带橄榄绿，完全看不到石英颗粒，铁镁矿物几乎成为岩石的全部组分，则应属于基性岩类。

（2）基本上分辨出酸性、中性和基性三大类岩石以后，接着就应该鉴定其具体的名称了。这时候，认识岩石中所含的矿物名称是鉴定的关键，因此，熟悉一下最基本的几种造岩矿物很有必要。

从岩石的颜色看，花岗岩跟正长岩几乎没有什么差别，都呈肉红色或灰白色，而两者的最主要区别在于有无石英——正长岩不含石英，而花岗岩中的石英含量可达20%以上。相当于花岗岩的喷出岩就是流纹岩，多具斑状结构，其斑晶即由石英和长石构成，另外，还具有流纹状构造，少数也具有气孔状构造，这些气孔多呈拉长的顺流纹层延伸的方向。

相当于正长岩的喷出岩称为粗面岩，亦具斑状结构，其斑晶由长石、黑云母或角闪石之类构成。花岗岩跟花岗闪长岩也很相似，但花岗闪长岩中的石英含量较花岗岩为少，一般在20%～15%，而其中的暗色矿物则显著增加，达10%～15%。另外，花岗闪长岩中多含斜长石，而花岗岩中则含大量的钾长石。典型的闪长岩，色调较深，因所含的暗色矿物较多，含量20%～35%，其中以普通角闪石和黑云母的含量为最多。闪长岩中一般是见不到石英的，有时可见极少量散落的石英晶粒，后者称之为石英闪长岩。

相当于闪长岩的喷出岩称为安山岩，一般呈红褐色、浅红色或灰绿色，属细粒岩类，具斑状结构，其斑晶多由辉石、角闪石、黑云母等构成，斜长石有时也作板状晶体存在。

安山岩具块状或气孔状构造。如气孔被次生的碳酸盐、硅质矿物充填时，则形成杏仁状构造。

辉长岩多呈黑色、灰色或微带红的深灰色，一般为中粗粒结构，灰白色的斜长石和黑色或古铜色的粒状辉石均匀地间杂分布，有时尚有黄绿色的橄榄石和深黑色的磁铁矿颗粒散布其间，辉长岩是基性侵入体中常见的岩类。

相当于辉长岩的喷出岩称为玄武岩，一般是黑色或灰黑色的细粒致密的岩石，风化后常呈暗红色、黑褐色、暗绿色，气孔构造是玄武岩的重要特征，气孔的形状常随熔岩流动的状态而变化，当气孔很多时，组成多孔或熔渣状构造，如气孔被次生的矿物充填，则形成杏仁状构造。玄武岩也常见斑晶，后者多由斜长石、橄榄石、辉石等组成。橄榄石风化以后变为褐红色的伊丁石，故在黑色的底色上显示出棕色的斑点。玄武岩还有一个重要的特点是柱状节理发育，几组不同方向的节理将岩石切割成六方柱状为主的多边形柱状体，受岩浆扩散对流和冷凝面的控制，形成粗细、长短、方向各异的密集展布的玄武岩石柱林，蔚为壮观。

超基性的侵入岩就是橄榄岩，一般多呈黑色、暗绿色或黄绿色，主要由橄榄石、金属矿物组成，也夹少量的辉石、角闪石、黑云母等，通常为细粒、粗粒或致密块状结构。

（二）火成岩的野外工作要点

1. 侵入岩工作要点

（1）肉眼（借助于放大镜）鉴定岩石的名称。

（2）描述岩石的性质，如颜色、矿物成分、结构、构造等。

（3）侵入岩产状的初步确定。

（4）考察侵入体与围岩的关系，初步确定侵入体形成的地质时代，如果有两个以上的侵入体或脉岩存在，大致查明它们的先后关系。

（5）考察侵入体与成矿的关系，包括砂矿。

（6）考察侵入体的地貌特征，风化侵蚀后所造成的景观，与水文地质（如裂隙性泉水的出露）及工程地质的关系。

（7）考察侵入体的构造地质特点，脉岩的产状。

（8）考察侵入体所在范围内的生物特点，特别是植被面貌。

2. 火山岩（喷出岩）工作要点

（1）肉眼鉴定岩石的名称。

（2）描述岩石性质，如颜色、矿物成分、结构、构造等。

（3）确定岩石的产状，测量其产状要素。

（4）注意火山岩与相邻沉积岩的关系，初步确定其喷发时的地质年代，如遇沉积凝灰岩，注意采集其中所含的动植物化石，借此鉴定火山岩系的地质时代。

（5）如果发现火山岩系内有一套或几套沉积岩层出现（往往作为火山岩系内的夹层），则可确定火山喷发的次数或期数，划分出火山喷发期与间断期。

（6）如果发现火山岩与侵入体共存，则应搞清楚它们之间的先后关系。

（7）火山岩系中的矿产，除金属矿产外，有时甚至出现喷发间断时形成的煤系地层或夹于其中的煤层。

（8）考察火山岩系中的构造地质特点。

（9）考察火山岩系的水文地质与工程地质特点。

（10）根据火山岩的名称、结构、构造、产状等特点，恢复古火山的位置，再造古火山的轮廓。

三、变质岩的观察

地球内部的高温、高压，在新的物理和化学条件下会使岩石中的矿物成分和结构、构造等发生改造和转变，或者说地球的内力使岩石改造并发生变化，称为变质作用。这种变质作用的具体特点，主要是通过岩石中所含矿物的变化，如重新结晶、物质成分的迁移或重新组合、结构和构造的变化等而表现出来。因此，凡经过变质作用而形成的岩石，就称为变质岩。至于另一种由于岩石暴露地表，发生风化作用，使岩石中的某些矿物发生变化（包括成分的改变），而形成风化壳或风化岩，这类岩石不能称为变质岩。

正因为变质岩的主要原岩来自沉积岩和火成岩两大类，因此变质岩也就划分为两大类型，由沉积岩经变质作用而形成的变质岩称为副变质岩，而由火成岩经变质作用而形成的变质岩称为正变质岩。

认识变质岩首先要从岩石的矿物成分中认识有无变质矿物的存在；其次要从变质岩的结构和构造去认识，也就是观察变质岩组分的形状、大小和其相互关系，以及它们在空间排列和分布上所反映的岩石构成方式，着重于矿物个体在方向和分布上的特征。

（一）变质矿物成分

1. 变质矿物种类

常见的变质矿物（有些需要通过显微镜鉴定）有以下几种：

（1）富铝矿物：刚玉。

（2）富含铝的硅酸盐矿物：红柱石、蓝晶石、硅线石、叶蜡石、十字石、硬绿泥石、硬玉。

（3）碱质或钙质铝硅酸盐矿物：浊沸石、方柱石、钠云母、绢云母。

(4) 钙铝质硅酸盐矿物：帘石类、符山石、葡萄石、硬柱石等。

(5) 含铝的铁镁质硅酸盐和铁镁质铝硅酸盐矿物：铝石榴石、绿泥石、蓝闪石等。

(6) 铁镁质硅酸盐矿物：滑石、蛇纹石、硅镁石等。

(7) 钙镁质和钙质硅酸盐矿物：透闪石、阳起石、硅灰石等。

(8) 碳质矿物：石墨。

2. 变质岩中矿物的特点

必须说明，上述各种矿物主要是存在于变质岩中，但沉积岩与火成岩中也可能存在。只是存在于变质岩中的这些矿物，有如下特点：

(1) 数量显著增加。

(2) 广泛地发育成纤维状、鳞片状、长柱状、针状等，并有规律地呈定向排列。

(3) 变质岩中所含的石英和长石有些具有较为发育的裂纹，而沉积岩或火成岩中的石英和长石无此种现象。

(二) 变质岩结构

变质岩的结构基本上有四种类型：

(1) 破碎结构。当原岩在定向压力作用下，持续到超过弹性极限时，使矿物发生弯曲、变形。如压力再增加，超过其强度极限，则发生破裂。根据其破碎程度，从颗粒裂碎到粉末均有，不过对于太小的粉粒，肉眼就无法辨认了。

(2) 变晶结构。在高温、高压之下，矿物发生重新结晶，其表现的特点是晶体不完整或严重变形。

(3) 残余结构。重结晶作用不完全时，可以保留部分原岩的结构。

(4) 交代结构。原岩中的矿物被新矿物取代。

不过，在以上四种变质结构中，前两种可以肉眼观察；后两种多在显微镜下观察，不宜野外运用。

(三) 变质岩构造

变质岩的构造，就其重要意义来说，是野外识别变质岩的关键因素之一，或者说，是认识变质岩的重要标志，野外工作时，务必熟练掌握。其类型有变余和变质两种。

1. 变余构造

原岩虽经变质，但仍有一部分未“变质”，保存了原岩的构造特点。例如熔岩中的气孔构造、流纹构造，沉积岩中的层理构造、波痕构造等。

2. 变质构造

岩石经过变质作用以后而生成的特殊构造称为变质构造，这是识别变质岩最重要、最常见的一种构造，有以下几类：

(1) 斑点状构造。受变质的岩石中，由于某些成分的局部聚集，产生 2mm 左右大小的斑点。这些成分有碳质、硅质、铁质或某些变质矿物（如红柱石、堇青石等）。如果变质程度增高，则此类斑点经重结晶而变成斑晶，在其形体增大时，可在岩石中形成瘤状构造。

(2) 板状构造。岩石在经受变质时，由于应力作用，出现一组平行的裂开面，使整块岩石如木板覆叠。每个裂开面上，平整光滑，如板岩所见。

（3）千枚状构造。岩石内的矿物发生重结晶作用，一方面可见这些矿物具有定向排列，另一方面又使整块岩石呈现出薄片状构造，在片理面上，平整光滑并发出丝绢状的光泽。有时，在千枚状构造的岩石上可见小型的挠曲或褶皱现象。一般来说，千枚状构造比板状构造的变质程度要深一些，如千枚岩。

（4）片状构造。岩石内的矿物具有明显的变质晶体，形成鳞片状、柱状，并呈定向排列和分布，沿片理面劈削成薄板状特征，其变质程度又较千枚岩深一步，如片岩。

（5）片麻状构造。岩石具有显晶质的变晶结构，以粒状变晶矿物为主，间以鳞片状、柱状的变晶矿物，呈断断续续的定向排列和分布，故在块体的标本上可见片理特点，它往往是由侵入岩变质而来。最典型的就是片麻岩。

（6）条带状构造。岩石由不同矿物，不同结构，或其他不同部分的成分形成条带状分布，如暗色矿物形成的条带状大理岩、条带状的磁铁石英岩等。

四、野外鉴定岩石名称的步骤

（1）观察岩石的总体外貌特征（构造），初步鉴别出属于三大岩类的哪一类。

（2）借助放大镜、小刀、稀盐酸等，观察岩石的物质成分（矿物成分、化学成分、碎屑物质、胶结物）。

（3）根据岩石的结构特征定出次一级岩石类型。

（4）根据岩石的产出状态定出岩石的大体名称。

（5）进行岩性描述，内容包括岩石的颜色、成分、结构、构造、产出状态及时代等。

五、地层识别

野外调查仅仅知道岩性是远远不够的，还要进一步了解不同岩石层位形成的时代、先后层序关系、接触关系和空间变化的关系，这样才能勾画出一个地区的三维空间地质结构，识别地质构造尤其是大型地质构造，恢复一个地区的地质发展史和古地理环境。这就是地层学研究的内容。因此在研究岩性的基础上，还要知道它属于那个地层。通过地层学研究每个地区直至全球已经建立有不同类型和不同级别的地层单位，形成地层系统，为识别地层提供了一个标准地层剖面。

在野外进行岩性的观察研究时，都是以地层为单位进行的。根据测区内已经建立的地层层序、时代、岩性岩相变化特征，以及化石种类等，判断和识别所观察岩石层位属于那个地层，并分析判断其与上下层位的接触关系，了解岩石层位的空间变化。

多数地层属于沉积成因，一般根据现代沉积与其生成环境的关系，判断地层形成时的沉积环境。同样，可根据现代大陆内部、大陆边缘和海盆不同构造条件下形成的沉积特征，判断地层沉积时的构造环境。在较长时间内形成的一系列地层反映了所处构造环境的不断变化（可称为沉积组合序列），反映了构造环境的空间分异。

（一）沉积地层之间的接触关系

沉积地层之间的接触关系可以是连续的也可以是不连续的，连续的接触关系属于整合接触关系，不连续的接触关系属于不整合接触关系。

1. 整合接触

整合接触关系表现为上下地层在沉积层序上地层连续、没有间断、岩性和所含化石基本一致或基本递变，它们的产状基本平行，是连续沉积的产物。

2. 不整合接触

不整合接触关系属于地层层序不连续的接触关系，一般经过长期的沉积间断、基盘抬升、构造变动和陆上剥蚀，与上覆地层间则形成多种类型的不整合关系，又分为以下两种：

（1）平行不整合（假整合）。上下两套地层近于平行，但之间存在地层缺失，代表地壳运动以上升和下降为主。

（2）角度不整合（不整合）。地层上下岩层产状不平行，存在角度相交，之间存在地层缺失，代表经历过基盘抬升、构造变动和陆上剥蚀的过程。

（二）侵入岩体的接触关系

对于侵入岩体的接触关系，则有侵入接触、沉积接触和断层接触三种。

1. 侵入接触

侵入接触又称热接触，是由岩浆侵入于先形成的岩层（围岩）中形成的接触关系。岩体的侵位时代晚于围岩，岩体与围岩的接触面形态复杂。其标志性特征是在接触面岩体边部有边缘带和冷凝边，发育定向组构；岩体内有围岩的捕虏体，主要分布在岩体的边部和顶部；围岩中有从岩体伸出的岩枝或岩脉；岩体附近的围岩有接触变质现象，甚至发生混染，并且自接触面向外逐渐减弱或呈分带性。

2. 沉积接触

岩体侵入后遭受风化剥蚀，之后再被新的沉积物所覆盖，其间有剥蚀面相分隔，剥蚀面上堆积有由该侵入体被风化剥蚀形成的碎屑物质，这种接触关系为沉积接触。沉积接触反映侵入岩体的形成时代早于上覆地层。

3. 断层接触

侵入体形成后由于断层作用使岩体与围岩接触，接触面即断层带。断层接触反映岩体是在断层之前侵入的。

侵入接触、沉积接触和断层接触可以是不同岩体与围岩的不同接触关系，也可以是同一岩体与围岩接触的不同部位上。此外还常常出现两种接触关系的叠加现象，如沉积接触的不整合面又发生断层活动等。

第四节　地质构造的观察

一、单斜构造的野外观察

用罗盘测定岩层产状，若某地区的岩层向同一方向倾斜，倾角也大致相同，则为单斜构造。单斜构造是由原来水平的岩层在受到地壳运动的影响后，产状发生变动而形成的，往往是褶曲的一翼、断层的一盘或者是由局部地层的不均匀上升或下降所引起。单斜构造在地貌上通常表现为长条状的岭、谷相间。单斜构造构成的山岭，当组成山岭的岩层倾角在 30°以下时，山体沿岩层走向延伸，两坡不对称。其中山岭的一坡坡面倾斜与坚硬岩层的倾斜近于一致，称为顺向坡，也称后坡或单斜脊，坡缓而长，它构成山岭的主体；另一坡坡面倾斜与岩层的倾斜方向相反，称为逆向坡，也称为前坡或单斜崖，坡陡而短，坡面凹凸不平，坚硬岩层出露处多呈陡坎。这种由不对称的两坡组成的山岭只有从前坡即单斜崖一侧看上去才像山形，而从后坡即单斜脊看去则是一个上坡斜面，故名单面山，如江西九江庐山的五老峰单面山。当单斜层的倾角较大（倾角一般大于30°），形成两坡近于对称的山体时，称为猪背山，如南京的紫金山就是一个猪背山。单斜构造中的谷地多为两侧谷坡不对称的谷地，而且顺向坡一侧的沟谷支流也较逆向坡一侧的沟谷支流要长一些。

二、褶皱构造的野外研究

（一）褶皱要素

岩层受力的挤压而发生弯曲的现象称为褶皱，几乎在任何沉积岩区都能见到这种极普通的构造地质现象，只是其规模大小不同而已。有时大者长达几十千米，甚至几百千米，小者在标本上就能观察到，甚至在显微镜下可见。不过，在野外视野所及者，几百米、几千米的规模居多。真正特大的褶皱，在距离较短的剖面上是看不出来的，必须通过长距离的剖面穿越，或通过填绘地质图以后才能分析出来，此处所述褶皱主要是指视野范围之内能观察到的褶皱。

褶皱构造的一个弯曲称为褶曲。褶曲的基本形态包括向斜和背斜。向斜褶曲是岩层向下凹陷的弯曲，核心部位为新地层，两侧翼部为老地层；背斜褶曲是岩层向上隆起的弯曲，核心部位是老地层，两侧为新地层。但是，野外观察褶曲构造不能简单地以地形起伏作为依据，要注意背斜谷、向斜山这种逆构造地形。如果岩层被风化侵蚀，在地表暴露出来（以平面图形式表示）时，从中心到两侧，岩层的排列由老到新，对称出现，是为背斜；相反，从中心向两侧的岩层自新到老，对称出现，则为向斜。

认识背斜和向斜构造以后，就可以按照褶皱要素对核部、翼部、转折端、轴面、倾伏状况等进行具体的描述，如图2-1所示。

例如某背斜构造，核部由志留系地层构成，两侧由泥盆系—石炭系地层构成，轴向东北，向西南倾伏。然后，再将观察的褶皱进行分类，最常用的褶皱分类是根据褶皱轴面的产状分为直立褶皱、歪斜褶皱、倒转褶皱、平卧褶皱、翻卷褶皱。一般来说，这些褶皱的形态都反映了岩层受力程度的不同。或者说，从直立褶皱到翻卷褶皱，受力越来越强，因两侧受力的程度不同，轴面向受力较弱的一侧倾斜。

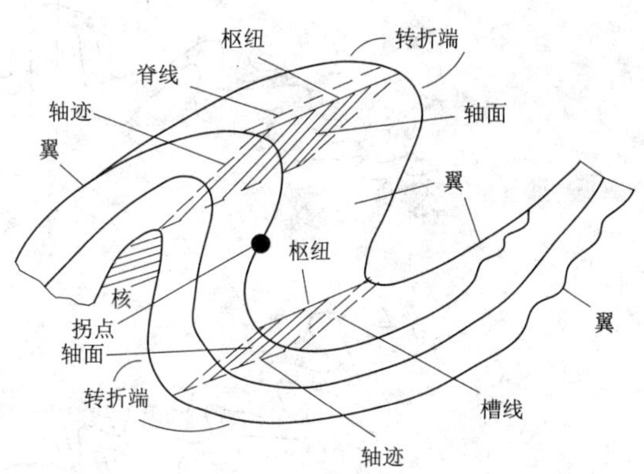

图2-1　褶皱要素示意图

另一种褶皱形态分类，根据岩层弯曲的形态而定，也是野外观察剖面时常用的，有圆弧褶皱、尖棱褶皱、箱状褶皱、扇形褶皱及挠曲，如图2-2所示。以上所说的褶皱形态，可以说是“小型”的褶皱，即站在褶皱岩层的面前，一眼看去，就清晰能辨。而实际上，还有“大型”的褶皱，在野外地质考察时，穿越长剖面才能辨认的，它们大多是“非单个”褶皱，而是由一系列褶皱复合组成。通过剖面示意图最能说明此种类型。

大型褶皱基本上有两类：一类是复背斜和复向斜（图2-3），也就是在它们的两翼被一系列次一级褶皱所复杂化。或者说，大的褶皱轮廓是背斜，但在翼部尚包含若干小的背

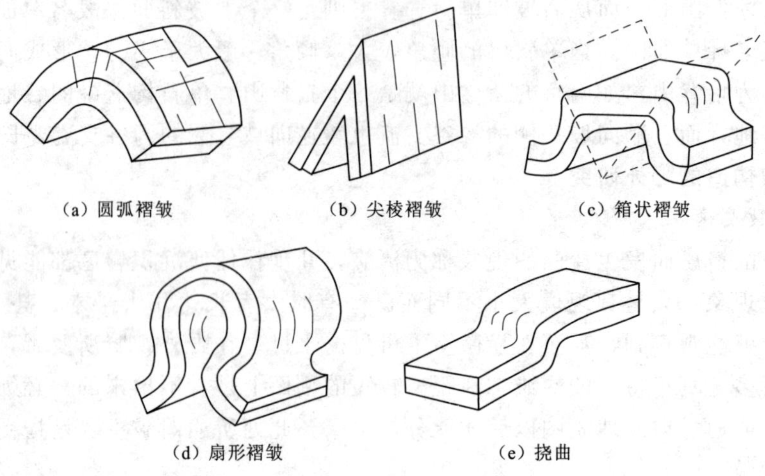

(a) 圆弧褶皱　(b) 尖棱褶皱　(c) 箱状褶皱

(d) 扇形褶皱　(e) 挠曲

图 2-2　转折端形态不同的几种褶皱示意图

斜和向斜，是为复背斜；反过来，大的褶皱轮廓是向斜，而在其翼部则尚有次级的背斜和向斜，是为复向斜。此类复式的背斜和向斜，常见于“地槽区”，如我国的秦岭、天山、内蒙古中部、喜马拉雅山等地均有所见。另一类是隔挡式褶皱和隔槽式褶皱（图 2-4），一个平行褶皱群内，如果背斜呈紧密褶皱，而向斜呈开阔平缓的褶皱，称为隔挡式褶皱，如四川东部的褶皱群；而隔槽式褶皱，则是一系列相间排列的开阔背斜褶皱被一系列紧密向斜所隔开。

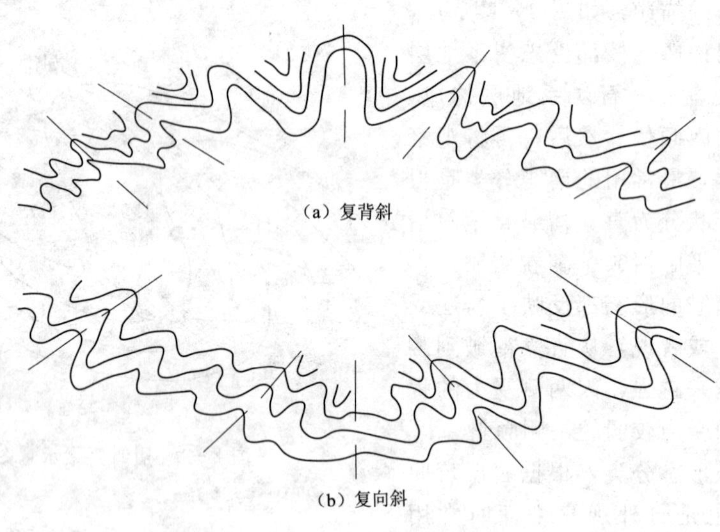

(a) 复背斜

(b) 复向斜

图 2-3　复式褶皱示意图

在褶皱形态观察的基础上，进一步就是研究形成褶皱的机理，可在地质考察告一段落以后做详细的解剖——如纵弯褶皱作用、横弯褶皱作用、柔流褶皱作用、压肩作用等。

（二）褶皱研究的要点

褶皱的研究包括查明褶皱的位置、产状、规模、形态和分布特点，探讨褶皱形成的方式和形成的时代，了解褶皱与矿产的关系等。

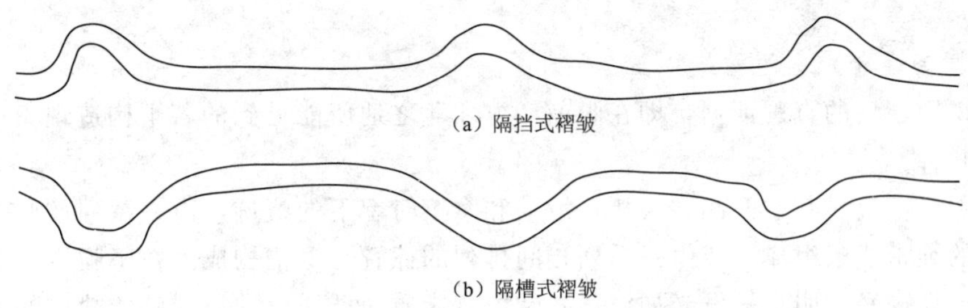

（a）隔挡式褶皱

（b）隔槽式褶皱

图 2-4　褶皱群组合形式示意图

（1）查明地层的层序并追索标志层。根据地层内所含的化石特征以及岩石性质等标志，确定组成褶皱构造的层序关系，进而查明其层序是正常还是倒转，再观察这些地层的对称排列及其重复关系，确定背斜或向斜的所在位置。在观察地层层序及其排列关系时，必须抓住某个岩性特征醒目、厚度不大、展布稳定的岩层作为了解褶皱的标志层。褶皱的产状也可根据标志层予以确定。这些产状，主要是测定褶皱枢纽和轴面的产状，此两者是正确判断褶皱产状和真实形态的前提。

（2）观察褶皱出露的形态。也就是从褶皱在地面出露的形态作纵横方面的观察，经过多方分析，恢复其真实面貌。

（3）对褶皱内部的小构造研究也应注意。所谓小构造，是指小褶皱、小断裂面、线理等，它们分布于主褶皱的不同部位，各自从一个侧面反映出主褶皱的某些特征。这些内部构造，由于规模较小，易于观察。因此，以小比大，通过对褶皱内部小构造的研究能进一步了解和阐明主褶皱的某些特征。

三、断层的野外研究

断层是地壳受力发生断裂，沿断裂面两侧岩块发生显著相对位移的构造。断层规模大小不等，大者可沿走向延伸数百千米，常由许多断层组成，可称为断层（裂）带；小者只有几十厘米。断层在地壳中广泛发育，是地壳的最重要构造之一。断层破坏了岩层的连续性和完整性，在断层带上往往岩石破碎，易被风化侵蚀，因此在地貌上，沿断层线常常发育为沟谷，有时出现泉或湖泊，大的断层常常形成裂谷和陡崖。

（一）断层的标志

1. 构造（线）不连续

各种地质体，诸如地层、矿层、矿脉、侵入体与围岩的接触界线等都有一定的形状和分布方向，一旦断层发生，它们就会突然中断、错开，即造成构造（线）不连续的现象，这是判断断层现象的直接标志。

2. 地层的重复或缺失

这是很重要的断层证据，虽然褶皱构造也有地层的重复现象，但它是对称性的重复，而断层的地层重复却是单向性的。至于地层的缺失，凡沉积间断或不整合构造也可造成，但这两类地层缺失都是区域性的，而断层造成的地层缺失则是局部性的。关键的问题，同学们应对区域内的地层系统及其分布情况有一个较为全面的了解（可以在实习准备阶段查阅地层表、剖面、地层柱状图之类）。利用地层的重复或缺失不仅是判断断层的重要手段，而且是判断断层两盘相对动向的重要方法，借此还可以确定断层的性质——是正断层还是逆断层。

3. 断层面（带）上的构造特征

这是识别断层的直观证据，即在眼前“方寸”之地所能见到的若干构造现象，最常见的有以下几种：

（1）断层擦痕。断层两侧岩块相互滑动和摩擦时留下的痕迹，由一系列彼此平行而且较为均匀的细密线条组成，或由一系列相间排列的擦脊与擦槽构成。在坚脆岩石的断层擦痕的表面，往往平滑明亮，发光如镜，并常覆有炭质、硅质、铁质或碳酸盐质的薄膜，称之为镜面。有时，可在断层的擦面上见到不规则的阶梯状断口，其上覆有纤维状的矿物（如方解石之类）晶体，称之为阶步。

（2）构造岩。当断层两壁相对移动时，岩石发生破碎，在强大的压力下，矿物出现定向排列，并有重结晶作用。也就是说，由于动力作用而发生变质，形成一系列新的岩石，称之为构造岩。

（3）牵引构造。牵引构造是断层带中的一种伴生构造，它是由于断层两壁发生位移时使地层造成弧形的弯曲现象，可以指示断层的位移方向。与断层带有关的，还有一种断层的伴生构造，主要是断层旁侧的节理及拖曳褶皱，这些节理常与断层斜交，其锐角所指的方向指示本盘滑动的动向。

（4）其他标志。主要是指地貌或水文上的一些特征。不过，此种地质现象只能说明有断层存在，不能说明其两盘的运动方向，诸如三角面山、河流的突然改向、山脊的突然中断、众多的温泉或泉水的定向分布、小型的火成岩体的入侵及其伴生的变质作用、矿化现象及矿脉的定向分布等均指示断层的存在，特别是从较大的地貌现象所反映的断层特征，有时在航空照片甚至卫星照片上都能看到。还有一类特大的断层，属于地壳上的深断裂带，就目前所知的这些著名的深断裂带，如西太平洋海沟构成的“深断裂带”，北起千岛群岛，向南经日本、琉球、我国的台湾至菲律宾，长达 7000km 以上；又如东非大裂谷，南自莫桑比克向北经坦桑尼亚至乌干达以北，长达 6000km；我国东部郯城（山东）至庐江（安徽）的大断裂，呈北东方向延伸，长达 2400km；还有一条自浙江丽水至广东海丰的大断裂，长度亦可达 500km 以上。

（二）断层的类型

1. 按断层面产状与岩层产状的关系分类

（1）走向断层。断层走向与岩层走向一致的断层。

（2）倾向断层。断层走向与岩层倾向一致的断层。

（3）斜向断层。断层走向与岩层走向斜交的断层。

2. 按断层走向与褶皱轴向或区域构造线之间的关系分类

（1）纵断层。断层走向与褶皱轴或区域构造线方向平行的断层。

（2）横断层。断层走向与褶皱轴或区域构造线方向垂直的断层。

（3）斜断层。断层走向与褶皱轴或区域构造线方向斜交的断层。

3. 按断层两盘相对运动关系分类

断层根据两盘相对位移，可分为以下三种基本类型（图 2－5）。

（1）正断层。断层形成后，上盘沿断层面相对下降，下盘相对上升的断层称正断层。

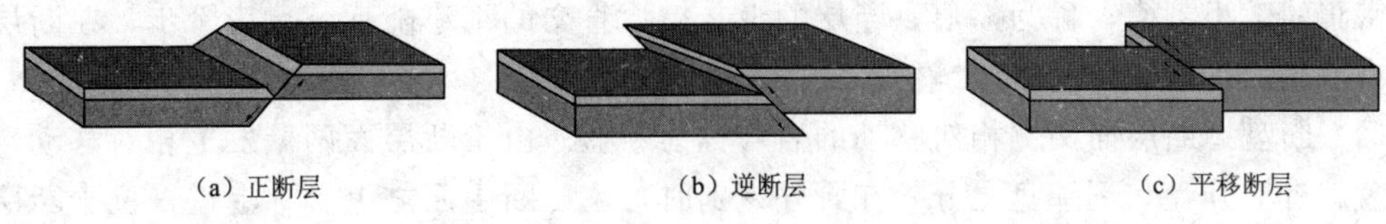

图 2-5 断层基本类型

它主要是由于岩体受到水平拉张力和重力作用使上盘沿断层面向下错动而形成的。正断层产状较陡，通常在45°以上，而以60°左右者较为常见。正断层在地形上表现显著，多形成河谷、冲沟和湖泊等。

(2) 逆断层。断层形成后，上盘沿断层面相对上升，下盘相对下降的断层称逆断层。逆断层一般是由于岩体受到水平方向强烈挤压力与重力作用，上盘沿断面向上错动而成。

(3) 平移断层。由于岩体受水平扭应力作用，两盘沿断层面发生相对水平位移的断层称为平移断层。平移断层作用的应力是来自两旁的剪切力作用，其两盘顺断层面走向产生相对位移，而无上下垂直移动。因为断层面是沿水平方向移动的，所以在野外的观察上经常没有明显的断崖，只会在地面上看到一条断层直线。

4. 按断层力学性质分类

(1) 压性断层。由压应力作用形成，其走向垂直于主压应力方向。多呈逆断层形式，断面为舒缓波状，断裂带宽大，常有断层角砾岩。

(2) 张性断层。在张应力作用下形成，其走向垂直于张应力方向。常为正断层，断层面粗糙，多呈锯齿状。

(3) 扭性断层。在剪应力作用下形成，与主压应力方向交角小于45°。常成对出现，断层面平直光滑，常有擦痕出现。

(三) 断层观察要点

断层与节理同属断裂构造，而断层往往是节理的进一步发育所致。或者说，当节理发生位移，两壁有所错动时，即称为断层。断层是野外常见的一种重要地质现象。

断层的观察首先要确定断层的几何要素（图 2-6），包括下列内容：

(1) 断层面。所谓断层面，就是两部分岩块沿着滑动方向所产生的破裂面，也即断层的所在。断层面的空间位置也像地层的层面一样，是由其走向、倾向和倾角而确定的。但断层面并非一个平整的面，往往是一个曲面，特别是向地下延伸的那一部分，产状可以有较大的变化。此外，断层面不是单独存在的，往往是有好几个平行地排列着，构成所谓断层带，又由于断层带上两壁岩层的位移错动，使岩石发生破碎，因此又称为断层破碎带。其宽度可达几米甚至几十米。一般情况下，断层的规模越大，断层带的宽度也越大。断层两盘相互错动时，由摩擦作用导致在滑动面上产生

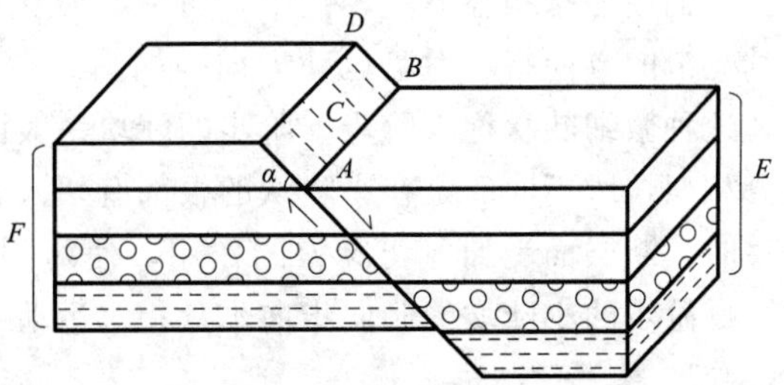

图 2-6 断层要素示意图

AB—断层线；*C*—断层面；*α*—断层倾角；*E*—上盘；*F*—下盘；*DB*—断距

平行密集的微小刻槽，称为擦痕；断层面上与擦痕直交的细小陡坎，称为阶步；在断层面上还有磨光的平面，称为摩擦镜面。

（2）断盘。断层面两侧相对移动的岩块称为断盘。由于断层面两壁发生相对移动，因此断盘就有上升盘和下降盘之分。在野外识别时，位于断层面之上者称上盘；位于断层面之下者称下盘。当断层面垂直时，就无上盘与下盘之分了。

（3）断层线。断层面与地面相交之线，称为断层线。

（4）位移。这是断层面两侧岩块相对移动的泛称，移动的距离称为断距，往往不易测得，移动的方向称为动向。在野外观察断层时，位移的方向是必须当场解决的问题之一。特别遇到开矿时，一旦遇到矿脉（或矿层）中断，往往是断层位移所致，需要立即追查。追查的办法是运用两侧岩层的层序关系来判断或抚摸断层面上的擦痕等来确定。

（四）断层两盘运动方向的确定

可以根据下列因素确定断层两盘运动方向。

1. 两盘地层的新老关系

分析两盘中地层的相对新老，有助于判断两盘的相对运动。当断层走向大致平行岩层走向时（即走向断层），上升盘一般出露老岩层，或老岩层出露盘常为上升盘。但是如果地层倒转，则相反。

2. 牵引构造

断层两盘紧邻断层的岩层，常常发生明显的弧形弯曲而形成牵引褶皱，并且以褶皱的弧形弯曲的突出方向指示本盘的运动方向，如图 2-7 所示。

（a）正断层剖面图　（b）逆断层剖面图　（c）右旋平移断层平面图　（d）左旋平移断层平面图

图 2-7　牵引褶皱

3. 擦痕和阶步

擦痕有时表现为一端粗而深，一端细而浅。由粗而深端向细而浅端一般指示对盘运动方向。如用手指顺擦痕轻轻抚摸，可以感觉到顺一个方向比较光滑，相反方向比较粗糙，感觉光滑的方向指示对盘运动方向，如图 2-8 所示。在断层滑面上常有与擦痕正交的陡坎，这种微细陡坎称为阶步，阶步的陡坎一般面向对盘的运动方向。反阶步与阶步的形态十分相似，所不同的是在小陡坎的根部有切入岩石的小裂缝。这是由于断层两盘产生相对位移时，断层面受到剪切应力的作用，使两侧产生羽状剪裂面切入岩石或形成楔型张节理，反阶步的小陡坎的倾向指向本盘相对运动方向，如图 2-9 所示。

4. 断层两侧小褶皱

由于断层两盘的相对错动，断层两侧岩层有时形成复杂的紧闭小褶皱。这些小褶皱轴面与主断层常成小角度相交，所交锐角指示对盘运动方向。

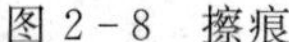

图 2－8　擦痕

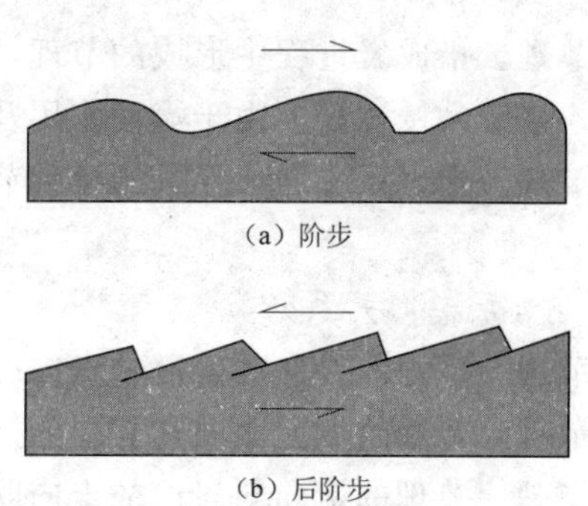

图 2－9　阶步和反阶步

5．断层角砾岩

如果断层切割并挫碎某一标志性岩层，根据该层角砾在断层面上的分布可以推断断层两盘相对位移方向。有时断层角砾呈规律性排列，这些角砾变形的斜面与断层所夹锐角即指示对盘运动方向。

（五）断层与工程地质

断层带岩层发生了强烈的断裂变动，致使岩石破碎、裂隙增多、风化严重、地下水发育，从而降低了岩石的强度和稳定性、压缩性大，对各类工程建设往往造成种种不利的影响，其影响体现在以下方面：

(1) 断层的力学性质。受张应力作用形成的断层，其工程地质条件比受压应力作用形成的断层差，但压应力作用形成的断层破碎带宽度可能较大，应引起注意。

(2) 断层位置与线性工程的关系。一般来说线性工程垂直通过断层比顺着断层方向通过受的危害小。

(3) 断层面的产状与线路工程的关系。断层面倾向线路且倾角小于坡角的，工程地质条件差。

(4) 断层的发生发展阶段。正在活动的断层（如新构造运动剧烈、地震频繁地区的断层），对工程建筑物的影响大，有些相对稳定的断层，影响较小，但要考虑到复活的可能。

(5) 充水情况。饱水的断层带稳定性差。

(6) 人为影响。有些大的水库，可使附近断层复活，不可忽视。

四、节理的野外观测

（一）节理的概念

节理是很常见的一种构造地质现象，就是在岩石露头上所见的裂缝，又称岩石的裂缝。这是由于岩石受力而出现的裂隙，但裂开面的两侧没有发生明显的（眼睛能看清楚的）位移，地质学上将这类裂缝称为节理。在岩石露头上，到处都能见到节理。节理是地壳表层广泛发育着的、有规律成组分布的构造现象。

（二）节理的分类

节理一般可以根据其成因、与岩层走向或与褶皱轴之间的关系以及力学性质等进行分类。

1. 按成因分类

（1）原生节理。指成岩过程中形成的节理，如沉积岩中的泥裂、火山熔岩冷凝收缩形成的柱状节理、岩浆入侵过程中由于流动作用及冷凝收缩产生的各种原生节理等。

（2）次生节理。指岩石成岩后形成的各种节理，包括构造节理和非构造节理（如风化裂隙）。

2. 按节理与岩层走向关系分类

（1）走向节理。节理的走向与岩层的走向一致或大体一致。

（2）倾向节理。节理的走向大致与岩层的走向垂直，即与岩层的倾向一致。

（3）斜向节理。节理的走向与岩层的走向既非平行，亦非垂直，而是斜交。

（4）顺层节理。节理面大致平行于岩层层面。

前三种最为常见。

3. 按节理与褶皱轴关系分类

（1）纵节理。节理的走向与褶皱轴方向大致平行。

（2）横节理。节理的走向与褶皱轴方向大致垂直。

（3）斜节理。节理的走向与褶皱轴方向大致斜交。

如果褶皱轴延伸稳定，不发生倾伏，则走向节理相当于纵节理，倾向节理相当于横节理。在认识节理的形态及其名称以后，也可以适当地做些力学分析研究，如研究节理与褶皱的关系、节理的形态与受力的关系等。

4. 根据节理的力学性质分类

根据形成节理时的力学性质可以把节理分为剪节理和张节理，这是相对重要的分类方案。

（1）剪节理。剪节理是由剪应力产生的破裂面，具有以下主要特征：

1）节理面产状稳定，沿走向和倾向延伸较远。

2）剪节理平直光滑，有时具有因剪切滑动而留下的擦痕。

3）发育于砾岩和砂岩等岩石中的剪节理，一般穿切砾石和胶结物。

4）典型的剪节理常发育成共轭 X 形节理系。

5）主剪裂面由羽状微裂面组成，羽状微裂面与主剪裂面的交角一般为 10°～15°，相当于岩石内摩擦角的一半，其锐角指示本盘错动方向。

（2）张节理。张节理是由张应力产生的破裂面，具有以下主要特征：

1）产状不稳定，短而弯曲。

2）张节理面粗糙不平，无擦痕。

3）节理缝宽，多被充填，脉宽。

4）绕过砾石和粗砂。

5）呈不规则树枝状、各种网络状，追踪 X 形节理形成锯齿状张节理、单列或共轭雁列式张节理，有时也呈放射状或同心状组合形式。

（三）节理的调查研究

1. 调查内容

（1）地质背景。包括地层、岩性、褶皱和断层的发育。

（2）节理的产状。包括走向、倾向和倾角。

(3) 节理的张开和填充情况。包括张开的程度（例如节理缝宽度大于5mm为宽张节理、3～5mm为张开节理、1～3mm为微张节理、小于1mm为闭合节理）、填充的物质（如铁锰质、方解石、石英、萤石）等。

(4) 节理壁的粗糙程度。

(5) 节理的充水情况等。

野外一般填写节理观测登记表（表2-2）。

表2-2　　节理观测登记表

点号及位置	地层时代及岩性	岩层产状和构造部位	节理产状	节理组系、力学性质和相互关系	节理分期	节理密度/(条/m^2)	节理面特征及充填物

2. 研究内容

研究的内容包括确定节理的成因，对节理进行分期，统计节理的间距、数量、密度，确定节理的发育程度和主导方向等。节理的分期可根据节理的相互交切关系进行，一般后期形成的节理常将先期形成的节理错开，或者受到先期形成的节理的限制。

3. 资料整理

资料整理包括绘制节理玫瑰花图、等密图和计算机处理等，节理统计如图2-10所示。

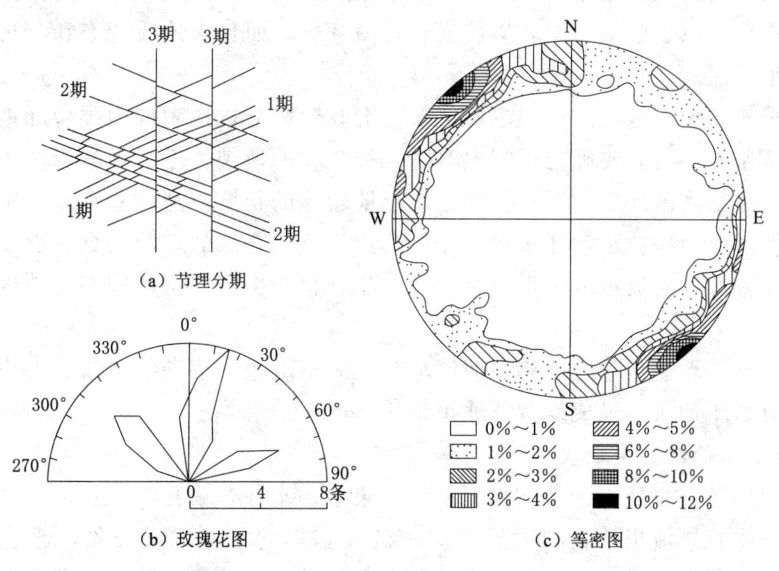

图2-10　节理统计图

（四）节理的工程评价

节理作为岩体中的不连续结构面对地质工程同样会产生各种不良影响，表现在如下方面：

(1) 节理的成因的影响。构造节理分布范围广、埋藏深度大，并向断层过渡，对工程稳定性影响较大。

（2）节理的力学特征的影响。张节理比剪节理的工程性能差。

（3）节理产状的影响。倾向与边坡一致的节理稳定性差。

（4）节理密度和宽度的影响。一般用节理发育程度来表示，节理越发育，对工程影响越大。

（5）节理面间的充填物的影响。充填有软弱介质的节理，工程地质条件差。

（6）节理充水程度的影响。饱水的节理，其稳定性差。

第五节　地貌及其他地质现象的观察与调查

（一）地貌的观察

地貌是指地球表面形貌特征。地表形态多种多样，有大陆与海洋、山地与平原、河谷、沙丘、海岸等，不同的地貌形态是地球内外动（营）力相互作用的结果和表现。内动（营）力是指地球内部物质运动产生的作用力，表现为地壳运动，如垂直升降运动、水平运动以及伴随出现的褶皱、火山、地震和断裂运动等。外动（营）力是指大气、水和生物在太阳能、重力和日月引力等的影响下产生的动力对地壳表层所进行的各种作用，如风化作用、块体运动、流水作用、喀斯特、冰川、冻融、风沙以及波浪潮汐和海流等。内力造成地表起伏，外力则将隆起部分的物质剥离，经搬运在沟谷、湖盆或海盆等低洼或沉降地区堆积下来，削高填低是地表形态发展和演化的过程。认识和分析地貌类型及其形成、演化特征，不仅可以了解第四纪环境特征和环境变化，而且为地质调查和分析以及地质灾害防治提供了信息。

地质认识实习中对地貌的认识主要从宏观上观察和分析地貌成因类型和地貌特征，为地质分析打下基础。首先要确定视野内有哪几种较大的地貌类型，观察者位于哪种地貌类型中。进而进一步观察地貌的形态特征，包括地貌体的长度、宽度、高度，主要地貌标志点的高程、坡度等地貌要素，注意地貌体的起伏变化、叠加的地貌类型，以及地貌体被切割破坏的程度等。最后通过地貌形态特征和变化分析产生这些特征和变化的内外营力及其作用过程。

常见的有构造地貌、重力地貌、河流地貌、湖泊地貌、喀斯特地貌、海岸地貌等，在我国西部还有黄土地貌、风成地貌、冰川地貌、冻土地貌等。

（二）地下水的观察与调查

地质实习中还会看到一些地下水现象，如泉水、水井、钻孔等。

泉是地下水直接流出地表的天然露头，是最基本的水文地质现象，通过对泉水的调查，可以为认识研究区内地下水的形成、分布和运动规律，为地下水资源的开发利用提供可靠的依据。地质认识实习中遇到泉水的出露，也应该对泉水进行相应的调查研究。

泉的调查主要包括以下内容：

（1）泉的出露位置和地形。采用标定地质点的方法把泉的出露位置标绘在地形手图上，并描述泉水露头的地形地貌特征。若附近有河流，应测出泉与河水水位的相对高差，以说明泉的出露与当地侵蚀基准面的关系。

（2）泉水出露的地质条件。观察描述泉水出露的地层岩性、厚度、地层时代，底部是否存在隔水层，泉水所处的构造部位是在单斜岩层中或褶皱的轴部还是断层破碎带。此外，还应描述记录泉附近露头的岩石裂隙、岩溶是否发育等情况。

（3）确定泉的类型。要区分是承压水形成的上升泉还是潜水形成的下降泉。对于下降泉，还应判别是径流受阻造成的溢出泉，还是局部地形被侵蚀切割造成的侵蚀泉；根据泉水温度确定是热水泉、温泉还是冷泉；根据泉水的出露条件分析出是断层泉、侵蚀泉、接触泉或是溢出泉。

（4）泉水特征的调查。通过调查、测量和访问，了解泉水补给动态特征，包括泉流量、水温、水质的变化，测定泉的流量与温度，并取泉水样以备实验室分析测试。

泉的流量测定是一项重要工作，实测的方法有多种，如容积法、堰箱法、流速法、浮标法等，要根据具体情况选择适宜的方法。

（5）泉水水质特征。现场可以通过便携式水质分析仪测试泉水的温度、pH 值、电导率等。

（6）泉口沉积特征。观察泉口有无泉华等沉积物分布。

（7）泉水的开发利用情况。通过调查访问，了解泉水开发利用情况，以及使用后对人体和环境的反应和影响。

（三）物理地质现象的调查

由地球的外营力和内营力作用所产生的、对工程建筑造成危害的地质作用和现象，称为不良地质现象，也称为物理地质现象。自然界中，对工程建筑造成危害的地质作用和现象很多，如断层、滑坡、崩塌、岩溶、潜蚀、地震、泥石流、风化、冻胀、融陷、地表侵蚀等。

1. 调查研究的内容

（1）调查分析各种物理地质现象（岩溶、滑坡、崩塌、泥石流、岩石风化等）的分布位置、形态特征、规模、类型和发育规律。

（2）根据地层岩性、地质构造、地貌、水文地质条件和气候等因素，分析各种物理地质现象产生的原因、规律和发展趋势。

（3）分析对工程建设及其建筑物的影响，同时认识在治理这些地质灾害时采取的工程措施，并为进一步勘察工作提供依据。

2. 调查研究的主要对象

（1）滑坡。

1）滑坡所处的地貌部位、滑坡体的分布位置、高程、范围、体积和形态特征。

2）滑坡体所在层位、岩性、构造部位、滑坡体的物质组成、原岩结构的破坏情况。

3）滑坡体的滑动面（带）位置、形态、滑动带物质组成、厚度、颗粒级配、矿物成分、含水状态等。

4）滑坡体的边界条件及稳定性。

5）滑坡地区地震和水文地质条件，地表径流和地下水状况，以及人为因素的影响。

6）滑坡成因类型、形成时期、演化历史及其稳定性。

7）滑坡后缘山体的稳定性。

8）建筑物区和近坝库岸滑坡体的稳定性、发展趋势及对工程的危害。

（2）崩塌。

1）调查崩塌体的位置、分布高程、范围和体积。

2）崩塌体的物质成分、结构和块体大小。

3）崩塌区的地层、岩性、地质构造、地貌和水文气象条件。

4）崩塌类型、成因和形成时期。

5）建筑物区范围内崩塌区岩体和崩塌体的稳定性、发展趋势及对工程的影响。

（3）蠕动变形。

1）蠕变体的位置、范围、高程、体积和形态特征。

2）蠕变体所在的地层、岩性、地质构造和岩体结构。

3）蠕变体的类型和成因。

4）建筑物区的蠕动变形现象，蠕变岩体的分带，蠕变岩体的稳定性、发展趋势及对工程影响。

（4）泥石流。

1）泥石流的位置、规模、物质组成和状态，以及泥石流发生的次数。

2）流域的地貌形态、地质结构及植被发育情况，泥石流形成区、流通区和堆积区的范围、规模，形成区可能启动物质的性质。

3）泥石流类型、流体性质、形成条件和形成时期。

4）对建筑物有影响的泥石流的发展趋势、重新活动的可能性和对工程建设的影响。

（5）岩体风化卸荷。

1）岩体风化层的分布、形态特征、风化岩体的颜色、结构构造变化、破坏程度、风化裂隙发育情况、充填物及其性质、风化蚀变的次生矿物等，以及岩体风化程度的分带。

2）岩体风化与岩性、构造、水文地质条件、地形地貌和气候等因素的关系，及其对工程建筑物的影响。

3）对建筑物有影响的卸荷岩体或卸荷裂隙的分布位置、产状、规模、发育深度和充填物性质。

（6）冻土。

1）冻土的类型、埋深、冻融层厚度。

2）多年冻土的分布、成分和厚度、低温结构和温度动态。

3）冻土的物理力学特性及融解时的变化，冻胀和热融滑塌、沉陷情况。

4）冻土区的水文地质条件和物理地质现象，冻土对建筑物的影响。

（7）其他物理地质现象。对建筑物有影响的错落体、潜在不稳定体、沉降区、塌陷区、采空区等的位置、规模和对建筑物的影响。

第三章　地质野外工作的基本技能

第一节　地质实习的准备

根据实习时间的长短、目的地的自然条件，在地质实习之前，可以有选择地做以下准备。

1. 查找文献资料

有目的地查阅实习路线上的有关文献资料，了解前人的工作成果、具体的实习安排、遇到的问题，特别是地质方面的资料，然后再根据自己的打算，制定出可行的方案，避免走“弯路”，使地质实习收到事半功倍的效果。如描写南京燕子矶有诗云：“锸江当时此矶雄，振翼翩跹俨若飞；此际涨沙成沃土，春来惟见麦菲菲。”在诗中，写出了“矶”的地貌特点，又写出了长江淤积形成河漫滩的经过。乾隆皇帝游燕子矶留下的诗篇中，更细致地刻画出这里的地貌特点：“当年闻说绕江澜，撼地洪涛足下看；却喜涨沙成绿野，烟村耕凿久相安。”于此可见，200 多年前的燕子矶是三面环水、一面接陆的滨江小丘，现如今已变为三面接陆、一面临水了。读到这些诗作，不免让人抚今追昔，感慨沧桑变迁，可见一斑。

2. 图件准备

需要准备的图件主要包括以下几种：

(1) 地形图。根据实习的不同要求，选择合适的地形图，随身携带，以便随时查看。最普通的就是比例尺 1∶50000 的。如需在短距离内观察剖面，则可选 1∶10000 的地形图。在收集地形图时，还可注意不同年代测绘的图件（最好是同一比例尺的），往往可以发现一些地形变化情况，特别是河流下游地段，变化十分惊人，由此可以进一步研究河段变迁的原因是否具有地质意义。例如南京的栖霞山至镇江之间的长江河道与两岸地形的变化，近二三十年来非常明显，比较各年份的航空照片或测绘的地形图都很容易看得出来。

(2) 地质图。根据不同需要选择不同比例尺的地质图、地质剖面图等。一般来说，这类图件都是比较精细的，最适合路线穿行时应用，可以按图踏勘，对照观察。

(3) 补充性的图件。例如某一观察点的地质素描图或照片。这些图片，针对性强，往往涉及构造特点、地层接触关系、化石埋藏情况、岩石构造面貌，由地貌反映出来的地质特征、矿体埋藏与围岩的关系，火成岩脉的相互穿插关系，火山作用留下的遗迹等。这类图件或照片有利于更清楚地了解某种地质现象，具有专题研究的功用。描绘得精彩的野外地质素描图，有时比照片更清楚，甚至更富有实用价值。有条件时还应该收集航空照片、卫星照片之类，这是遥感地质的一部分内容，例如分析区域地质构造特点，利用此类照片往往比看地形图或小比例尺地质图的效果更好。

3. 器材准备

地质实习时带到野外去的用品必须以轻型、坚固、多功能用途的为宜。除了最基本的地质锤、罗盘、放大镜“三大件”以外，在目前条件下，北斗（或 GPS）导航设备、数码照相机、摄像机、度量工具等也是必要的。至于记录本、文具、包装纸、标签纸、棉花之类，此处就不一一列举了。野外及时查看的鉴定化石手册、矿物手册、区域地层表之类的工具书籍，也应适当携带，以便随时翻阅。除上述与业务有关的工具、器材、图书资料以外，还应带些劳动防护药品，诸如蛇药、消暑药、外伤急救包扎药之类。

第二节　地质三大件等的使用

地质锤、罗盘、放大镜俗称地质三件宝，随着科技水平的提高，全球卫星定位仪、数码照相机和笔记本电脑成为地质新三件宝，在野外定位和资料采集、存储与处理等方面发挥了重要作用，极大地减轻了野外劳动强度和工作难度，提高了工作效率。

一、地质罗盘仪的使用

地质罗盘仪是进行野外地质工作必不可少的一种工具。借助它可以定出方向和观察点的所在位置，测出任何一个观察面（如岩层层面、褶皱轴面、断层面、节理面等构造面）的空间位置，以及测定火成岩的各种构造要素、矿体的产状等。因此必须学会使用地质罗盘仪。

（一）地质罗盘仪的结构

地质罗盘仪式样很多，但结构基本是一致的。常用的是圆盆式地质罗盘仪，由磁针、刻度盘、测斜仪、瞄准觇板、水准器等几部分安装在一个铜、铝或木制的圆盆内组成，如图 3-1 所示。

图 3-1　地质罗盘仪的结构

1—对物瞄准觇板；2—水平刻度盘；3—磁针；4—垂直水准器；5—接目瞄准觇板；6—盖板；7—反光镜；8—绞合；9—磁针制动螺丝；10—水平水准器；11—悬垂；12—垂直刻度盘；13—底盘；14—磁偏角校正螺丝

（1）磁针——一般为中间宽两头尖的菱形钢针，安装在底盘中央的顶针上，可自由转动，用来指示南北方向。不用时应旋紧制动螺丝，将磁针抬起压在盖玻璃上固定磁针，避免磁针帽与顶针尖的碰撞，以保护顶针尖，减少磨损，延长罗盘使用时间。在进行测量时放松固定螺丝，使磁针能自由摆动，最后静止时磁针的指向就是磁子午线方向。由于我国位于北半球，磁针两端所受磁力不等使磁针失去平衡，为了使磁针保持平衡常在磁针南端绕上几圈铜丝，由此也便于区分磁针的南北两端。

（2）水平刻度盘——用来读方位角。水平刻度盘的刻度采用这样的标示方式：从0°开始按逆时针方向每10°一记，连续刻至360°，0°和180°分别为N和S，90°和270°分别为E和W，利用它可以直接测得地面两点间直线的方位角，如图3-2所示。

另外，也可以按南北线和东西线把刻度盘分为四个象限（图3-2中Ⅰ、Ⅱ、Ⅲ和Ⅳ），测得地面直线的象限角。方位角与象限角换算关系见表3-1。

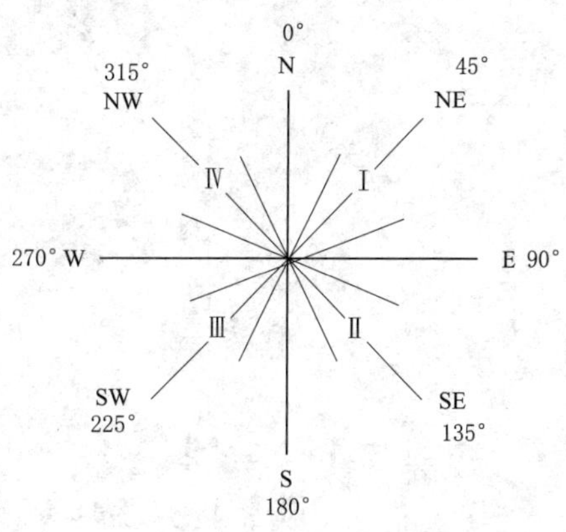

图3-2　方位角示意图

（3）竖直刻度盘——专用来读倾角和坡角数值，以W或E位置为0°，以S和N为90°，每隔10°标记相应数字。

（4）悬锥——测斜器的重要组成部分，悬挂在磁针的轴下方，通过底盘处的觇扳手可使悬锥转动，悬锥中央的尖端所指刻度即为倾角或坡角的数值。

表3-1　　**方位角与象限角的换算**

象限	方位角/(°)	象限名称	方位角 A 与象限角 r 之关系
Ⅰ	0～90	北东（NE）	$r=A$
Ⅱ	90～180	南东（SE）	$r=180°-A$
Ⅲ	180～270	南西（SW）	$r=A-180°$
Ⅳ	270～360	北西（NW）	$r=360°-A$

（5）水准器——通常有两个，分别装在圆形玻璃管中，圆形水准器固定在底盘上，长形水准器固定在测斜仪上。前者用来保持罗盘水平，后者用于指示测斜器保持铅直位置。

（6）瞄准器——包括接物觇板和接目觇板，反光镜中间有细线，下部有透明椭圆小孔，反光镜起映像的作用，椭圆孔和中线用来透过视线瞄准被测物体。在测量方位角时，使眼睛、细线、目的物三者成一线，作瞄准之用。

（7）磁偏角校正螺丝——使用罗盘外套上的金属片来转动圆刻度盘，校正磁偏角。

（二）地质罗盘仪的使用方法

1. 磁偏角的校正

因为地磁的南、北两极与地理上的南北两极位置不完全相符，即磁子午线与地理子午线不相重合，地球上任一点的磁北方向与该点的正北方向不一致，两方向间的夹角称为磁偏角。罗盘测出的方位角为磁方位角，而地形图采用的是地理坐标，两者不一致。所以，在一个地区工作前，必须根据地形图提供的磁偏角，对罗盘进行磁偏角校正，使得磁北极（磁子午线）与地理北极（真子午线）重合。

地球上某点磁针北端偏于正北方向的东边称为东偏，偏于西边称为西偏。东偏为正（+），如图 3-3 所示；西偏为负（-），如图 3-4 所示。

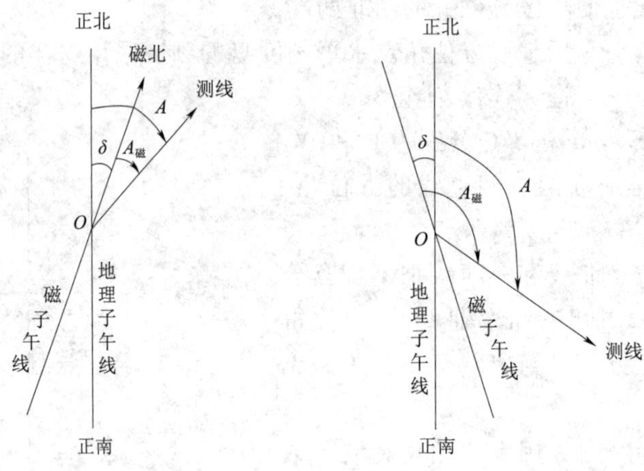

图 3-3 磁偏角东偏　　图 3-4 磁偏角西偏

地球上各地的磁偏角一直在变化，不同地点也不一样，都按期计算，并公布以备查用。如 2021 年 12 月 31 日，我国主要城市的磁偏角见表 3-2。若某点的磁偏角已知，则一测线的磁方位角 $A_{磁}$ 和正北方位角 A 的关系为：A 等于 $A_{磁}$ 加减磁偏角。应用这一原理可进行磁偏角的校正，校正时可用罗盘套上系着的金属片旋动罗盘的磁偏角校正螺丝，使水平刻度盘向左或向右转动（磁偏角东偏向右，西偏向左），使罗盘底盘南北刻度线与水平刻度盘 0°～180°连线间的夹角等于磁偏角。经校正后测量时的读数就为真方位角。

2. 目的物方位的测量

目的物方位的测量就是测定目的物与测者间的相对位置关系，也就是测定目的物的方位角（方位角是指从子午线顺时针方向到该测线的夹角）。

测量时放松制动螺丝，使对物觇板指向测物，即使罗盘北端对着目的物，南端靠着自己，进行瞄准，使目的物、对物觇板小孔、盖玻璃上的细丝、对目觇板小孔等连在一条直线上，同时使底盘水准器水泡居中，待磁针静止时指北针所指度数即为所测目的物的方位角（若指针一时静止不了，可读磁针摆动时最小度数的 1/2 处，测量其他要素读数时亦同样）。

若用测量的对物觇板对着测者（此时罗盘南端对着目的物）进行瞄准时，指北针读数表示测者位于测物的什么方向，此时指南针所示读数才是目的物位于测者的什么方向，与前者比较这是因为两次用罗盘瞄准测物时罗盘之南、北两端正好颠倒，故影响测物与测者的相对位置。

为了避免时而读指北针，时而读指南针，产生混淆，故应以对物觇板指着所求方向恒读指北针，此时所得读数即所求测物的方位角。

3. 岩层产状要素的测量

岩层的空间位置决定于其产状要素，岩层产状要素包括岩层的走向、倾向和倾角。测量岩层产状是野外地质工作最基本的工作方法之一，如图 3-5 所示，必须熟练掌握。

表 3-2　　我国主要城市磁偏角（2021 年 12 月 31 日）

城市	磁偏角/(°)	城市	磁偏角/(°)	城市	磁偏角/(°)
北京	西偏 7.32	杭州	西偏 5.90	青岛	西偏 7.34
上海	西偏 6.31	哈尔滨	西偏 11.17	齐齐哈尔	西偏 11.22
天津	西偏 7.34	合肥	西偏 5.66	沈阳	西偏 9.49
重庆	西偏 2.83	呼和浩特	西偏 6.05	石家庄	西偏 6.34
鞍山	西偏 9.23	吉林	西偏 10.59	太原	西偏 5.72
包头	西偏 5.37	济南	西偏 6.74	唐山	西偏 7.74
长春	西偏 10.44	乌鲁木齐	东偏 2.61	武汉	西偏 4.75
长沙	西偏 4.01	拉萨	东偏 0.13	西安	西偏 4.05
成都	西偏 2.40	喀什	东偏 4.04	西宁	西偏 2.25
大连	西偏 8.36	昆明	西偏 1.71	银川	西偏 3.80
抚顺	西偏 9.36	兰州	西偏 2.81	郑州	西偏 5.42
福州	西偏 4.74	洛阳	西偏 5.07	香港	西偏 3.16
广州	西偏 3.17	南昌	西偏 4.70	澳门	西偏 3.05
贵阳	西偏 2.50	南京	西偏 6.04	台北	西偏 4.85

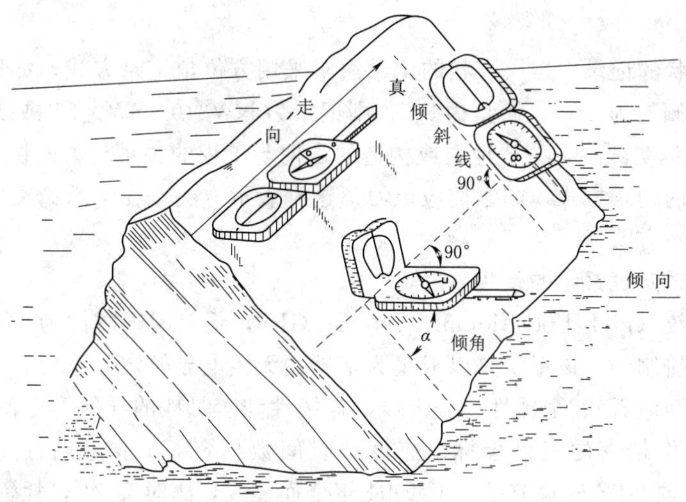

图 3-5　岩层产状及其测量方法示意图

（1）岩层走向的测定。岩层走向是岩层层面与水平面交线的方向，也就是岩层任一高度上水平线的延伸方向。测量时将罗盘长边与层面紧贴，然后转动罗盘，使底盘水准器的水泡居中，此时指针所指刻度即为岩层之走向。

因为走向是代表一条直线的方向，它可以两边延伸，指南针或指北针所读数正是该直线的两端延伸方向，如 NE30°与 SW210°均可代表该岩层的走向。在实际应用中常读取Ⅰ、Ⅳ两个象限的角度标记，即 0°～90°和 270°～360°。

（2）岩层倾向的测定。岩层倾向是指岩层向下最大倾斜方向线在水平面上的投影，恒与岩层走向垂直。测量时，将罗盘北端或接物觇板指向倾斜方向，罗盘南端紧靠着层面并转动罗盘，使底盘水准器水泡居中，此时指北针所指刻度即为岩层的倾向。

假若在岩层顶面上进行测量有困难，也可以在岩层底面上测量。仍用对物觇板指向岩层倾斜方向，罗盘北端紧靠底面，读指北针即可。假若测量底面时读指北针有障碍，则用罗盘南端紧靠岩层底面，读指南针亦可。此操作应反复练习，熟练掌握，以免产生错误和混淆。

(3) 岩层倾角的测定。岩层倾角是岩层层面与假想水平面间的最大夹角，即真倾角，它是沿着岩层的真倾斜方向测量得到的。沿其他方向所测得的倾角是视倾角。视倾角恒小于真倾角，也就是说岩层层面上的真倾斜线与水平面的夹角为真倾角，层面上视倾斜线与水平面的夹角为视倾角。野外分辨层面之真倾斜方向甚为重要，它恒与走向垂直，此外可用小石子在层面上滚动或滴水在层面上流动，此滚动或流动的方向就是层面的真倾斜方向。

测量时将罗盘直立，并以长边靠着岩层的真倾斜线，沿着层面左右移动罗盘，并用中指扳动罗盘底部的活动扳手，使测斜水准器水泡居中，读出悬锥中尖所指最大读数，即为岩层的真倾角。

野外测量岩层产状时需要在岩层露头测量，不能在转石（滚石）上测量，因此要区分露头和滚石。区别露头和滚石，主要是靠多观察和追索，并要善于判断。

测量岩层面的产状时，如果岩层凹凸不平，可把记录本平放在岩层上当作层面以便进行测量。

(4) 岩层产状的记录。岩层产状的记录通常采用方位角记录方式，如果测量出某一岩层走向为310°、倾向为220°、倾角为35°，则记录为NW310°/SW∠35°或310°/SW∠35°或220°∠35°。在工程实践中，一般地层或构造的走向与工程的关系较为密切，因此多采用走向、倾向和倾角的记录方式，同学们应该习惯这种表示方法。在学术论文中则多采用简短的倾向、倾角表示方式。

二、卫星全球定位系统的使用

全球定位系统（global positioning system，GPS）是美国国防部为了军事定时、定位与导航的目的所研制的。该系统是以卫星为基础的无线电导航定位系统，具有全能性（陆地、海洋、航空和航天）、全球性、全天候、连续性和实时性的导航、定位和授时的功能，能为各类用户提供精密的三维坐标、速度和时间数据资料。该系统1974年开始研制，1978年发射第一颗GPS试验卫星，于1994年全面建成，历时20年，耗资200多亿美元。随着全球定位系统的不断改进，软硬件的不断完善，其应用领域正在不断地拓展，从而带来了一场深刻的技术革命。目前其应用已遍及国民经济各部门，并开始逐步深入人们的日常生活。

GPS虽然向全世界免费提供GPS使用权，但美国只向外国提供低精度的卫星信号，并且在紧急事态条件下美国可以关闭对某地区的信息服务。因此，一些国家或共同体也争相开发建设卫星全球定位系统。

到目前为止，世界上除了美国的全球定位系统（GPS）以外，比较成熟或基本建成的还有俄罗斯“格洛纳斯”卫星导航系统（global navigation satellite system，GLONASS）、欧盟“伽利略”卫星导航系统（Galileo satellite navigation system，GALILEO）和我国的北斗卫星导航系统（BeiDou navigation satellite system，BDS）。北斗卫星导航系统是我国自行研制的全球卫星导航系统，和美国GPS、俄罗斯GLONASS、欧盟GALILEO一起已成为联合国卫星导航委员会认定的仅有的四家供应商。各系统主要参数和特征见表3-3。

（一）卫星全球定位系统构成

卫星全球定位系统通常由空间站、地面站和用户三大部分组成。其定位的基本原理是利用太空中的专用卫星，向地面发射L波段的载频无线电测距信号，由地面上的用户接收机实时地连续接收，并计算出接收机天线所在的位置。卫星需要地面管制站随时监控其是否在正确的轨道上及正常运作，另外监控中心可上传资料给卫星，卫星再将这些信息下传给用户使用。

1. 空间站

空间站由若干颗专用卫星组成，它们位于地球上空，均匀分布在多条倾斜角地球同步圆形轨道上，其作用就是不间断地连续发射信号。

美国的GPS由28颗专用卫星组成，欧洲的“伽利略”计划发射30颗卫星，俄罗斯的“格洛纳斯”计划发射24颗卫星。

我国的北斗卫星导航系统从1994年开始发展试验系统，2000年北斗一号建成，向中国提供服务。2012年12月27日，北斗二号建成，向亚太地区提供服务，从此结束了我国长期单一依赖国外导航系统的历史，确定了我国在卫星导航领域的国际地位。2014年北斗卫星导航系统获得国际海事组织的认可，正式成为全球无线电导航系统的组成部分。2014年11月5日，我国首发了两颗北斗三号卫星，正式开启了我国北斗卫星全球覆盖组网的最后一步。2018年，面向“一带一路”沿线及周边国家提供基本服务。2020年6月23日，完成35颗卫星发射组网，建成北斗全球系统。7月31日，习近平主席宣布北斗三号全球卫星导航系统正式开通，为全球用户提供精确导航服务，一个更高效、更精准的时空服务正在用北斗给出中国方案和智慧。

2. 地面站

地面站由一个主控站和若干监控站组成，用来对专用卫星进行监视、遥测、跟踪和控制，以纠正卫星轨道、姿态和工作特性的变化。

3. 用户部分

用户部分是指适用于各种用途的用户接收机。北斗卫星导航仪面板结构如图3-6所示。

（二）用户接收机使用

用户接收机使用操作比较简单，用户购买卫星定位导航仪后，按照使用说明进行操作，便可以直接从仪器屏幕上读取所在点的坐标，按相应坐标系标绘在地形图上。也可以将各点位置信息保存在仪器中，导入计算机等设备以便使用。

美国GPS单机定位精度小于15m。我国的北斗系统全球定位精度10m，测速精度0.2m/s，授时精度20ns，亚太地区定位精度优于5m，测速精度优于0.1m/s，授时精度优于10ns，整体性能大幅提升。

卫星全球定位系统可在全球范围内全天候、全天时为各类用户提供高精度、高可靠性定位、导航、授时服务，并具短报文通信能力。但卫星定位导航仪接收机是靠接收卫星信

表 3-3　各卫星定位系统主要参数和特征

定位系统	定位原理	定位精度	卫星数量	应用领域	优势	面临难题
中国北斗（BDS）	35 颗卫星在 2 万 km 高空环绕地球运行，任意时刻、任一地点都可观测到 4 颗以上的卫星	定位精度达到 2.5～5m 水平，但民用定位精度为 10m，测速精度为 0.2m/s，授时精度为 10ns	系统由 35 颗卫星组成，其中 5 颗静止轨道卫星、30 颗非静止轨道卫星，已全部发射组网成功	军用方面如运动目标定位导航、武器发射快速定位、水上排雷等，民用方面如个人位置服务、气象应用、铁路、海运、航空、应急救援等	系统兼容、操作便利、卫星数量多，具短报文通信能力	现已全部完成组网，覆盖全球。社会渗透率有待提高
美国（GPS）	把高速运动的卫星瞬间位置作为已知的起算数据，采用空间距离后方交会的方法，确定待测点的位置	单机导航精度约 10m，综合定位精度可达厘米级和毫米级，但民用领域开放的精度约 10m	28 颗卫星组成，其中 4 颗备用卫星，目前全部布局完成	军事应用如坦克、飞机导航等，民用方面如交通管理、个人定位、汽车导航、应急救援、海上导航等	覆盖面积广，全球覆盖率高达 98%	位置延时、精度仍有提升空间
俄罗斯格洛纳斯（GLONASS）	原理与 GPS 类似，24 颗卫星分布在 3 个轨道平面上，这 3 个平面两两相隔 120°，同平面内卫星之间相隔 45°	广域差分系统提供 5～15m 位置精度，区域差分系统提供 3～10m 精度，局域差分系统为离站 40km 内提供 10cm 精度	系统标准配置为 24 颗卫星，其中 3 颗维修中、3 颗备用、1 颗测试中，已经完成组网	提供全天候、高精度的三维位置服务，在海洋测绘、地质勘探、石油开发、地震预报、交通等领域应用	全球覆盖、高精度、应用范围和领域广泛	工作稳定性待提升，用户设备发展缓慢
欧洲伽利略（GALILEO）	采用中高度圆轨道卫星定位方案，共发射 30 颗卫星，其中 27 颗工作卫星、3 颗后补卫星，还有两个地面控制中心	可提供实时的米级定位精度信息，为公路、铁路、空中、海洋甚至是徒步旅行者提供精度为 1m 的定位导航服务	30 颗卫星组成，其中 27 颗工作星、3 颗备份星，目前系统布局完成	提供导航、定位、授时等服务，特殊服务有搜索与救援，扩展应用有飞机导航、海上运输、车辆导航、精准农业	精度高、系统先进、安全系数高	系统稳定性待加强，卫星质量也有待提高

号来提供导航信息的，所在位置的天空可视情况将决定进入导航状态的速度。卫星信号不能穿过岩石、建筑、人群、金属、密林等障碍，因此为得到最佳结果应尽量在天空开阔处使用。随着卫星定位导航技术的突飞猛进，利用卫星导航仪不仅能准确确定位置、导航，还具有测距、测面、对讲互视等功能，极大地提高了地质工作野外线路穿越的便捷性、准确性和安全性。

三、地质锤的使用

地质锤是地质工作的基本工具之一，选用优质钢材制成，主要包括平头地质锤、尖头地质锤等，如图 3-7 所示。一般在火成岩地区多选择尖头地质锤，沉积岩地区多选择平头地质锤。使用时，一般用方头一端敲击岩石，使之破碎成块，用尖头或平头一端沿岩层层面敲击，可进行岩层剥离，有利于寻找化石和采样；也用于整修岩石、矿石等标本，使之规格化，便于包装。在完整岩石露头上，用尖头或平头一端为楔，用另一把地质锤敲击，可在岩石表面开凿成槽，便于采取岩矿、化石样品。此外，还可利用尖头或平头一端进行浅处挖掘，除去表面风化物、浮土等。

图 3-6　北斗卫星导航仪面板结构示意图

图 3-7　地质锤

地质锤还可以用于测试岩石的脆性、矿物的硬度、条痕等，作为野外照相、度量的比例尺。

地质锤的使用应注意安全，一般应朝自己的身下方锤砸，不要对着别人锤砸，以免岩石碎屑迸溅，伤及眼睛或皮肤。

四、放大镜的使用

放大镜（图 3-8）是野外观察鉴定矿物、化石等的细观特征的常用工具，通常有 30 倍和 60 倍两个镜片，先进的放大镜还可以自带 LED 光源，因此不受环境亮度的影响，可以在溶洞或光线暗淡处正常使用，十分方便。

使用放大镜时，右手持放大镜，使镜头与视线平行，左手拿着需要观看的物体，对着光线观察。观察方法通常有两种：

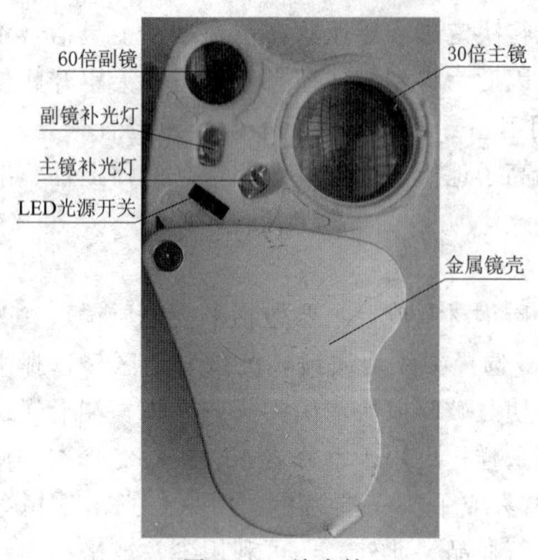

图 3-8　放大镜

(1) 让放大镜靠近观察对象，观察对象不动，人眼和观察对象之间的距离一般小于10cm，并保持不变，然后移动手持放大镜在物体和人眼之间来回移动，直至图像大而清晰。

(2) 放大镜尽量靠近眼睛，放大镜不动，移动物体，直至图像大而清晰。

为看清楚微小的物体或物体的细节，需要把物体移近眼睛，这样可以增大视角，以便在视网膜上形成一个较大的实像。但当物体离眼的距离太近时，反而无法看清楚。换句话说，要明察秋毫，不但应使物体对眼有足够大的张角，而且还应取合适的距离。

五、稀盐酸的配置及使用

野外地质调查中常采用浓度为5%～10%的稀盐酸作为检测试剂，用来区分碳酸盐岩中的白云岩与石灰岩。稀盐酸一般自己配制，用滴管吸取浓度30%～38%的盐酸1份，加入含3～4份净水的烧杯中，静候5min等热量散去，将烧杯中配制的稀盐酸移入野外携带的玻璃小瓶中。也可利用用完的滴耳液瓶、滴眼液瓶装入稀盐酸，携带和使用更加方便。必须注意在配制稀盐酸的过程中小心盐酸灼伤人体。在野外岩石滴稀盐酸后强烈起泡者为石灰岩；白云岩遇稀盐酸则缓慢、微弱起泡，甚至看不到起泡，此时可以用地质锤轻轻敲击岩石形成一些粉末，再滴稀盐酸则粉末强烈起泡。滴稀盐酸不起泡的岩石一般为非可溶岩。

六、小刀的使用

野外经常使用小刀或铜针判别矿物的相对硬度，小刀的硬度为5.5～6，铜针的硬度约为3，能被小刀明显刻划的矿物硬度小于5.5，明显不能刻划的硬度大于6。野外没有小刀时也可用罗盘套上的金属片和针代替。

第三节　地形图知识及其在地质工作上的应用

地形图是表示地形、地物的平面图件，是用测量仪器把实际地形测量出来，并用特定的方法按一定比例缩绘而成的。它是地面上地形和地物位置实际情况的反映。地形图均具有一定的密级，必须专人妥善保管，不得向无关人员借阅，更不得丢失。

地形图上表示地形的方法很多，最常用的是以等高线表示地形起伏，并用特定的符号表示地物，一般的地形图都是由等高线和地物符号所组成。

地形图对野外地质工作具有重要意义，是野外地质工作必不可少的工具之一。因为借助地形图可对一个地区的地形、地物、自然地理等情况有初步的了解，甚至能初步分析判断某些地质情况，地形图还可以帮助初步选择工作路线，制订工作计划。此外，地形图是地质图的底图，地质工作者是在地形图上描绘地质图的，没有地形图作底图的地质图是不完整的地质图，它不能提供地质构造的完整和清晰的概念。因而在野外地质工作之前要了解地形图，学会使用地形图。

一、地形图的内容和表示方法

（一）比例尺

比例尺是实际的地形情况在图上缩小的程度。因为地面上的地形与地物不可能按实际大小在图上绘出，而必须按一定比例缩小，因此地形图上的比例尺也就是地面上的实际距离缩小到图上距离之比数，一般分为数字比例尺、直线比例尺和自然比例尺，往往标注在地形图图名下面或图框下方。

（1）数字比例尺是用分数表示，分子为1，分母表示在图上缩小的倍数，如万分之一则写成1∶10000，二万五千分之一写成1∶25000。

（2）直线比例尺又称图示比例尺，就是直接标上一个基本单位长度所表示的实地距离。

（3）自然比例尺，就是直接把图上1cm相当实地距离多少标出，如1cm＝200m。

此外，比例尺的精度也是一个重要的概念。

人们一般在图上能分辨出来的最小长度为0.1mm，所以在图上0.1mm长度按其比例尺相当于实地的水平距离称为比例尺的精度。例如比例尺为1∶1000的地形图上0.1mm代表实地0.1m，故1∶1000之地形图其精度为0.1m。

从比例尺的精度可以看出不同比例尺的地形图所反映的地势的精确程度是不同的，比例尺越大，所反映的地形特征越精确。

（二）地形符号

1. 等高线

地形特征一般用等高线表示，等高线是地面同一高度相邻点的连线，等高线的特点如下：

（1）同线等高。即同一等高线上各点高度相同。

（2）自行封闭。各条等高线必自行成闭合的曲线，若因图幅所限不在本幅闭合必在邻幅闭合。

（3）不能分叉，不能合并。一条等高线不能分叉成两条，两条等高线不能合并成一条（悬崖、峭壁例外）。

等高线是反映地形起伏的基本内容，从这一意义上说地形图也就是等高线的水平投影图（当然，还要附加一些内容）。黄海平均海平面是计算高程的起点，即等高线的零点，按此可算出任何地形的绝对高程。

等高距表示切割地形的相邻两假想水平截面间的垂直距离。在一定比例尺的地形图中等高距是固定的。

等高线平距是在地形图上相邻等高线间的水平距离，它的宽窄与地形有关。地形坡缓，等高线平距宽，反之则窄。

2. 用等高线表示的各种地貌

（1）山头与洼地。地形图上的山头与洼地都是一圈套着一圈的闭合曲线，但它们可根据所注的高程来判别，如图3-9所示。封闭的等高线中，内圈高者为山峰，如图3-9中的A。反之则为洼地，如图3-9中的B。两个相邻山头间的鞍部，在地形图中为两组表示山头的相同高度的等高线各自圈闭相邻并列，其中间处为鞍部，如图3-9中的C。两个相邻洼地间为分水岭，在图上为两组表示凹陷的相同高度等高线各自封闭，相邻并列，如图 3-9 中的 D。

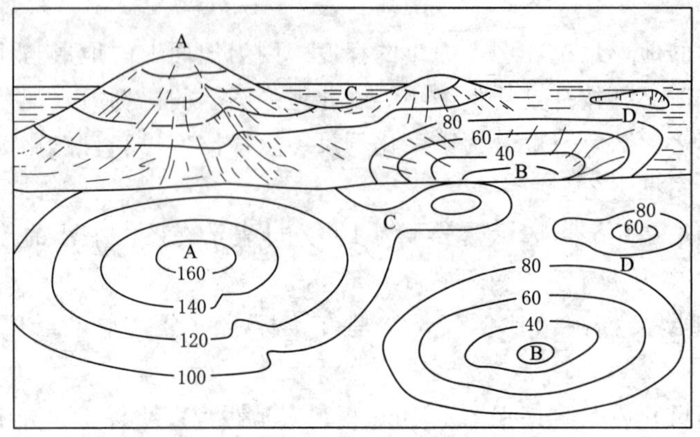

图 3-9　山头与洼地之等高线特征

（2）山坡。山坡的断面一般可分为直线（坡度均匀）、凸出、凹入和阶梯状四种，反映在等高线平距上稀密分布不同。

均匀坡：相邻等高线平距相等。

凸出坡：等高线平距下密上疏。

凹入坡：等高线平距下疏上密。

阶梯状坡：等高线疏密相间，各处平距不一。

（3）悬崖和峭壁。当坡度很陡成陡崖时等高线可重叠成一条粗线，或等高线相交，但交点必成双出现。这种情况还可能在等高线重叠部分加绘特殊符号表示。

（4）山脊和山谷。如图 3-10 所示，山脊和山谷几乎具有同样的等高线形态，因而要从等高线的高程来区分，表示山脊的等高线是凸向山脊的低处，如图 3-10 中 A 处。表示山谷的等高线则凸向谷底的高处，如图 3-10 中 B 处。

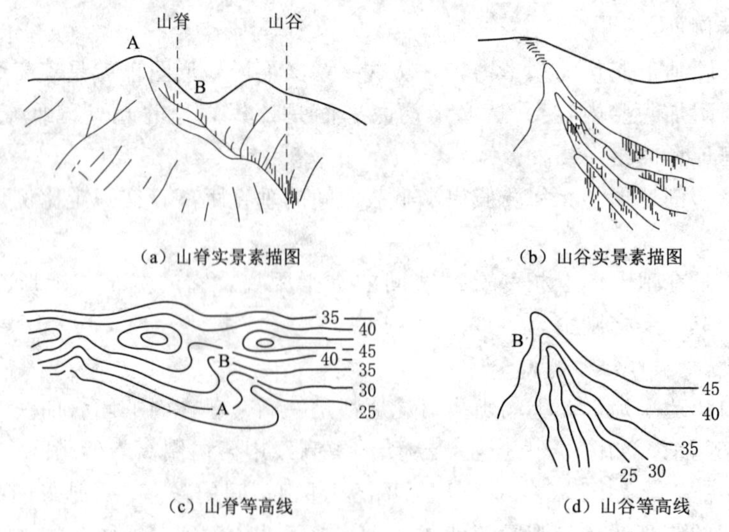

图 3-10　山脊和山谷等高线特征

（5）河流。当等高线经过河流时，不能垂直横过河流，必须沿着河岸绕向上游，然后越过河流再折向下游离开河岸，如图 3-11 所示。

（三）地物符号

地形图中各种地物是以不同符号表示出来的，有以下三种：

（1）比例符号。是将实物按照图的比例尺直接缩绘在图上的相似图形，也称为轮廓符号。

（2）非比例符号。当地物实际面积非常小，以致不能用测图比例尺把它缩绘在图纸上时，常用一些特定符号标注出它的位置。

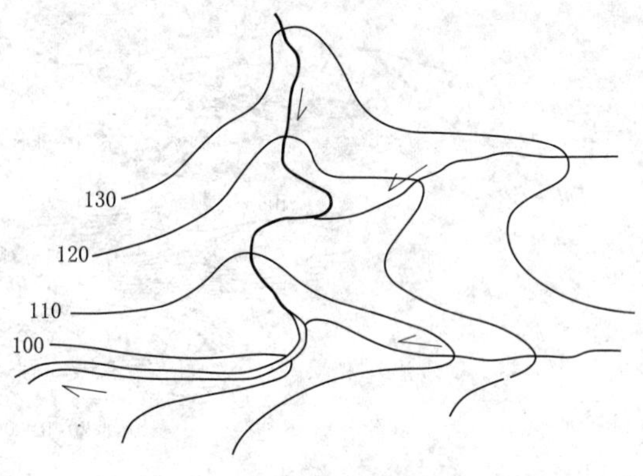

图 3-11　河流等高线特征

（3）线性符号。长度按比例，而宽窄不能按比例的符号。某种地物成带状或狭长形，如铁路、公路等，其长度可按测图比例尺缩绘，宽窄却不按比例尺。

以上三种类型并非绝对不变的，采用哪种符号取决于图的比例尺，并会在图例中标出。

二、地形图的阅读

阅读地形图的目的是了解、熟悉工作区的地形情况，包括对地形与地物的各个要素及其相互关系的认识。因而不仅要认识图上的山、水、村庄、道路等地物、地貌现象，而且要能分析地形图，把地形图的各种符号和标记综合起来连成一个整体，以便利用地形图为地质工作服务。

读图的步骤如下：

（1）读图名。图名通常是用图内最重要的地名来表示，从图名上大致可判断地形图所在的范围。

（2）认识地形图的方向。除了一些图特别注明方向外，一般地形图上方为北，下方为南，左面为西，右面为东。有些地形图标有经纬度则可用经纬度定方向。

（3）认识地形图图幅所在位置。从图框上所标注的经纬度可以了解地形图的位置。

（4）了解比例尺。从比例尺可以了解图面面积的大小、地形图的精度以及等高线的距离。

（5）结合等高线的特征读图幅内山脉、丘陵、平原、山顶、山谷、陡坡、缓坡、悬崖等地形的分布及其特征。

（6）结合图例了解工作区地物的位置，如河流、湖泊、居民点等的分布情况，从而了解工作区的自然地理及经济文化等情况。某地区实景与地形图对比如图 3-12 所示。

三、利用地形图制作地形剖面图

地形剖面图是以假想的竖直平面与地形相截而得的断面图。截面与地面的交线称剖面线。地质工作者经常要做地形剖面图，因为地质剖面与地形剖面结合一起，才能更真实反映地质现象与空间的联系情况。地形剖面图可以根据地形图制作出来，也可在野外实际

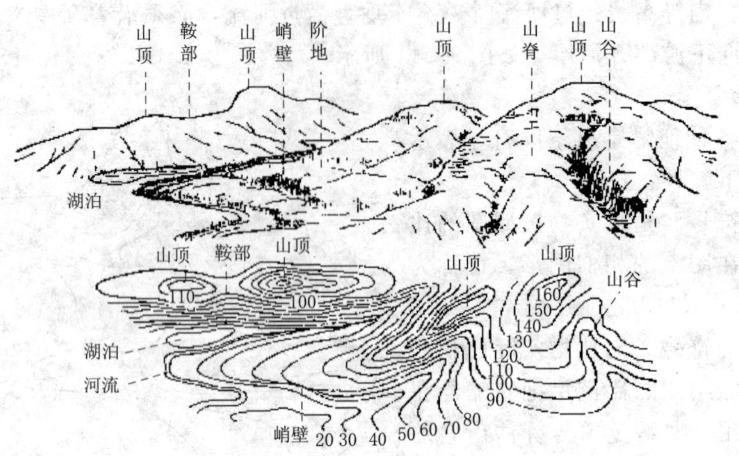

图 3-12　某地区实景（上）与地形图（下）

测绘。

（一）利用地形图制作地形剖面图之步骤

（1）在地形图上选定所需要的地形剖面位置。如图 3-13 所示，绘出 AB 剖面线。剖面线的方向选择一般规定左方为北或西，右方为东或南。在水利水电工程应用中则一般规定剖面方向以面向河流下游来确定。

（2）作基线。在方格纸上的中下部位画一条直线作为基线 $A'B'$，定基线的海拔高度为 0，亦可为该剖面线上所经最低等高线之值，图 3-13 中基线为 500m。

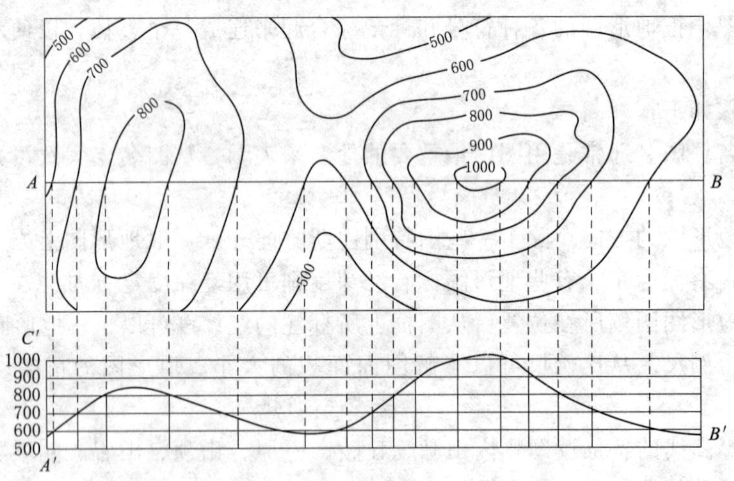

图 3-13　利用地形图作地形剖面线

（3）作垂直比例尺。在基线的左边作垂线 $A'C'$，令垂直比例尺与地形图比例尺一致，则作出的地形剖面与实际相符。如果是地形起伏很和缓的地区，为了特殊需要也可放大垂直比例尺，使地形变化显示更加明显些。

（4）垂直投影。将方格纸基线 $A'B'$ 与地形图中剖面线 AB 相平行，将地形图上与 AB 线相交的各等高线点垂直投影到 $A'B'$ 基线上面的各相应高程上，得出相应的地形点。

(5) 连成曲线。将所得之地形点用圆滑曲线逐点依次连接而得地形轮廓线。

(6) 标注地物位置、图名、比例尺和剖面方向，并加以整饰，使之美观。

（二）野外测绘地形剖面图

在做路线地质工作时常常要求能够在现场勾绘出地形剖面，以便在地形剖面图上反映路线地质的情况。

首先要确定剖面的起点、剖面方向、剖面长度，并根据精度要求确定剖面的比例尺。绘制步骤与前述方法相似，差别在于水平距和高差是靠现场观测来确定的。这时确定好水平距离和高差便成为画好地形剖面的关键。当剖面较短时，水平距离和高差可以丈量或步测；剖面较长时只能用目估法或参考地形图来计算平距与高差，或根据北斗（或 GPS）数据来计算高程。

勾画地形剖面一般是分段进行的，即观测一段距离后就勾画一段；否则，容易画错，失真。如果技巧熟练，地形又不复杂，也可一气呵成。

四、利用地形图在野外定点

在野外工作时，经常需要把一些观测点（如地质点、矿点、工点、水文点等）较准确地标绘在地形图上，区域地质测量工作中称之为定点。

利用地形图定点一般有目估法、三点交会法和北斗（或 GPS）定点三种方法。

1. 目估法

在精度要求不很高（小比例尺填图或草测）时可用目估法进行定点，也就是说根据测点周围地形、地物的距离和方位的相互关系，用眼睛来判断测点在地形图上的位置。

用目估法定点时首先在观测点上利用罗盘使地形图定向，即将罗盘长边靠着地形图东边或西边图框，整体移动地形图和罗盘，使指北针对准刻度盘的 0°，此时图框上方正北方向与观测点位置的正北方向相符，也就是说此时地形图的东南西北方向与实地的东南西北方向相符。这时一些线性地物如河流、公路的延长方向应与地形图上所标注的该河流或公路相平行。

在地形图定向后，注意找寻和观察观测点周围具有特征性的、在图上易于找到的地形地物，并估计它们与观测点的相对位置（如方向、距离等）关系，然后根据这种相互关系在地形图上找出观测点的位置，并标示在图上。

2. 三点交会法

在比例尺稍大的地质工作中，精度要求较高时需用三点交会法来定点。

首先要使地形图定向（方法与目估法相同）。然后在观测点附近找三个不在一条直线上且在地形图上已表示出来的已知点，如三角点、山顶、建筑物等，分别用罗盘测量观测点在它们的什么方向。此时罗盘的对物觇板对着观测者（因观测者所定位置是未知测点），竖起小孔觇板，通过小孔和反光镜的中线再瞄准所选之三角点或山头，当三点连成直线且水泡居中时读出指北针所指读数，该读数即为该测线之方位，即观测点位于已知点的什么方向，将三条测线方位记录下来。

在图上找到各已知点，用量角器作图，在地形图上分别绘出通过三个已知点的三条测线，三条测线的交点应为所求之测点位置。如三条测线不相交于一点（因测量误差）而交成三角形（称为误差三角形），则测点位置应取误差三角形之中点。

具体应用此法时还应注意两点：

(1) 量测线方向时如罗盘对物觇板对着已知点瞄准，则指南针所指读数为所求观察点的方位，指北针所指读数则是已知点位于此观测点的方向。为了避免混乱，一般采用罗盘对物觇板对着未知测点（所求点之方向）读指北针。

(2) 用量角器将所测的测线方向画在图上时应注意采用地理坐标而不是按罗盘上所注方位。

实际工作时往往将目估法和交会法同时并用，相互校正，使点定得更为准确。例如，用三点交会法画出误差三角形后，用目估法找出测点附近特殊的地形物和高程来校对点的位置。

3. 北斗（或 GPS）定点

北斗（或 GPS）可以直接读出位置点的经纬度或直角坐标，在地形图上直接标绘。有时由于地形图所使用的坐标系与北斗（或 GPS）采用的坐标系不一致，则需要进行坐标转换。

第四节　野外地质记录

一、地质记录要求

进行野外地质观察必须做好记录，地质记录是最宝贵的原始资料，是进行综合分析和进一步研究的基础，也是地质工作成果的表现之一。野外记录要符合下列要求：

(1) 详细。野外记录包括地质内容和具体地点两方面。即观察到的全部地质现象以及有关的分析、判断和预测都应该毫无遗漏、不厌其烦地记录下来。同时要详细说明观察地点及其地理位置和附近的地形地物特征，以便在隔了很长时间后也能根据记录找到该点。

(2) 客观地反映实际情况。即看到什么记录什么，如实反映，不能凭主观随意夸大或缩小，更不能歪曲。但是，允许在记录上表示出对地质现象的分析、判断。因为这有助于提高观察的预见性，促进对问题认识的深化。记录不是拍照，不是机械的抄录，记录的过程也是地质工作者对客观事物规律的探索过程。不过，哪些内容是实际看到的，哪些内容是分析、判断的，应分别开来，不能混淆，前者是不能随意更改的，后者可以根据认识的发展而修正。

(3) 记录清晰、美观、文字通达。这是衡量记录好坏的一个标准。因此要求地质工作者有较高的语文修养。

(4) 图文并茂。图是表达地质现象的重要手段，许多现象仅用文字是难以说清楚的，必须辅以插图。尤其是一些重要的地质现象，包括原生沉积的构造、结构、断层、褶皱、节理等构造变形特征，火成岩的原生构造、地层、岩体及其相互的接触关系，矿化特征，以及其他内外动力地质现象，要尽可能地绘图表示，好图件的价值大大超过单纯的文字记录。

二、地质记录的方式和内容

（一）地质记录的方式

地质记录通常有以下两种方式：

（1）专题研究的记录，专门观察研究某一地质问题，如研究某种地层、某些岩石、某一矿床、某种构造、某一沉积现象等。其记录方式应根据研究的内容而定，不受任何规格限制。

（2）综合性地质观察的记录，要全面和系统，应用于对某一地区的全面、综合性地质调查。如进行区域地质测量，常采用观察点和观察线相结合的记录方法。观察点是观察的点位置，是地质上具有关键性、代表性、特征性的地点，如地层的变化处、构造接触线上、岩体和矿化的出现位置及其他重要地质现象所在。观察线是连接观察点的连续路线，即沿途观察，达到将观察点之间的情况联系起来之目的，是观察和记录的一般对象。

（二）地质记录的内容

记录内容包括文字和图件两部分，一般在记录簿的左页绘图，右页记录文字，如图 3－14 所示。

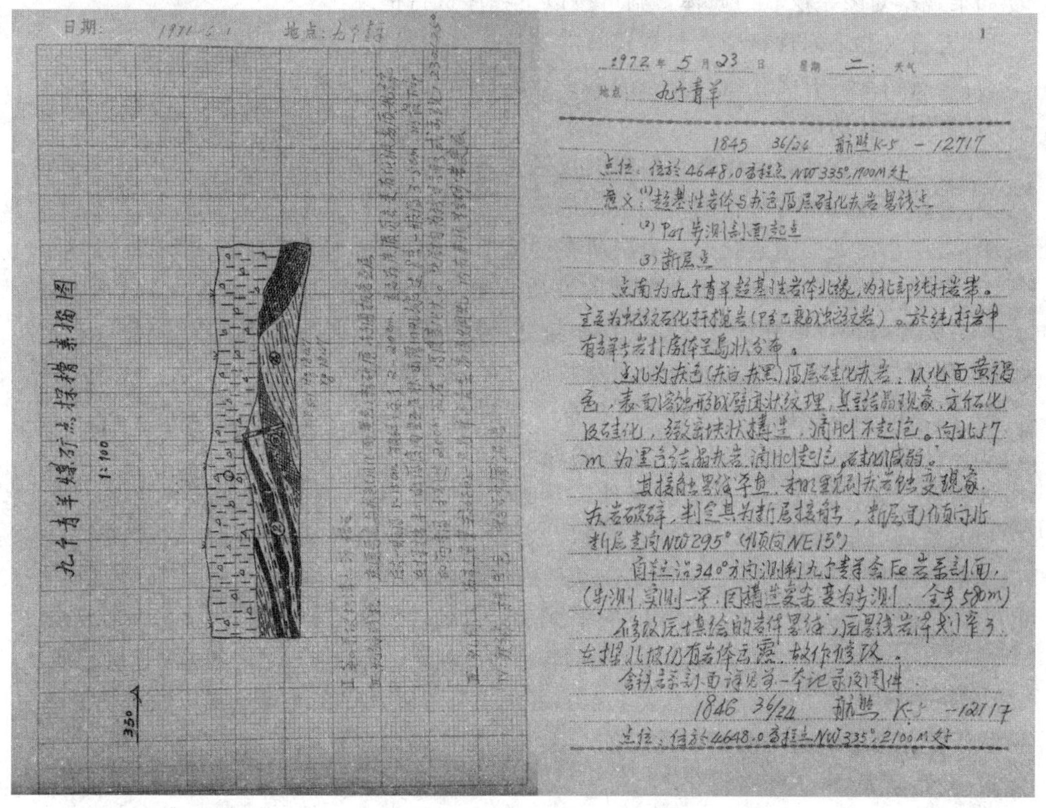

图 3－14　野外地质记录范例

1. 文字记录

文字记录要在野外完成，记录内容必须是自己观察到的地质现象，不允许抄别人的内容。现将观察点、线的记录内容和格式介绍如下，供实习时参考使用。

（1）日期与天气。当天工作的日期、星期与天气情况（天晴或天阴）等。

（2）工作地区的地名。

（3）路线。从何处经过何处到何处，要写得具体清楚。

(4) 任务。需要掌握的主要地质现象特征、地质理论、地质技能。

(5) 观察点编号。可从01开始，依次为02，03，…。

(6) 观察点位置。尽可能详细交代，在什么山、什么村庄的什么方向多少米，是大道旁还是公路上，是山坡上还是沟谷里，是河谷的凹岸还是凸岸等，还要记录观察点的标高，即海拔高度，可根据地形图判读出来，也可由北斗（或GPS）测出。观察点的位置要在相应的地形图上确定并标示出来。

(7) 观察目的（点性）。说明在本观察点着重观察的对象是什么，如观察某时代的地层及接触关系、观察某种构造现象（如断层、褶皱）、观察火成岩的特征、观察某种外动力地质现象等。

(8) 观察内容。详细记录观察的现象，这是观察记录的实质部分。观察的重点不同，相应地有不同的记录内容。

如果观察对象是层状地质体，则可按以下程序进行记录：

1) 岩石名称，岩性特征，包括岩石的颜色、矿物组成、结构、构造等。

2) 化石情况，有无化石，化石的多少，保存状况，化石名单。

3) 岩层时代的确定。

4) 岩层的垂直变化，相邻地层间的接触关系，列出证据。

5) 岩层产状，按方位角的格式进行记录。

6) 岩层出露处的褶皱状况，岩层所在构造部位的判断，是褶皱的翼部还是轴部等。

7) 岩层小节理的发育状况，节理的性质、密集程度，节理的产状，尤其是节理的走向；岩层破碎与否，破碎程度，断层存在与否及其性质、证据、断层产状等。

8) 地貌、第四系、水文地质特征及其他外动力地质现象。

9) 标本的编号，如采取了标本、样品，或进行了摄影、录像等应加以相应标明。

10) 补充记录，上述内容尚未包括的现象。

如为侵入体，除化石一项不记录外，其他项目都有相应的内容，如相邻地层间应为侵入接触关系或沉积接触关系；岩体是岩脉、岩墙、岩床、岩株或岩基等；岩体侵入的构造部位是褶皱轴部或翼部，是否沿断层或某种破裂面侵入等。

上述记录内容是全面的，运用时应根据观察点的性质而有所侧重。

(9) 沿途观察。记录相邻观察点之间的各种地质现象，使点与点之间的关系连接起来。

(10) 路线小结。扼要说明当天工作的主要成果，以及存在的疑点或应注意之处。

以上记录项目应逐项分开，除日期与天气在同一格内之外，其余各项均要分段记录。

2. 图件记录

图件记录就是绘制各种素描图、剖面图等。图件必须具备图名、比例尺、方位、图例及所表示的地质内容等五部分，要求图面内容正确、结构合理、线条均匀、清晰、整洁、美观等。

第五节　野外地质图件的绘制

一、绘制地层剖面示意图

地层剖面示意图是表示地层在野外暴露的实际情况的概略性图件。用于路线地质工作之中。它在勾绘出地形轮廓的剖面上进一步反映出某地层或某些地层的产状、分层、岩性、化石产出部位、地层厚度以及接触关系等地层的特征。

地层剖面示意图的地形剖面与地层分层的厚度是目估的而非实际测量的，这是它与地层实测剖面图的主要区别。

绘图步骤如下：

(1) 确定剖面方向，一般均要求与地层走向线垂直。

(2) 选定比例尺，使绘出的剖面图不致过长或过短，同时又能满足表示各分层的需要。如果实际剖面长，地层分层内容多而复杂，剖面图要长一些，反之则短一些。一般来说，一张图尽量控制在记录簿的长度以内，对于绘图和阅读都是比较方便的。如实际剖面长度是 30m，其分层厚度是数米以上时，则可用 1∶200 或 1∶300 的比例尺作图。

(3) 按选取的剖面方向和比例尺勾绘地形轮廓，地形的高低起伏要符合实际情况。

(4) 将地层及其分层的界线按该地层的真倾角数值用直线画在地形剖面相应点的下方，这时从图上就可量出各地层及其分层的真厚度。注意检查图上反映出的厚度与目估的实际厚度是否一致，如不一致，须找出绘图的问题所在，并加以修正。

(5) 用各种通用的花纹和代号表示各地层及分层的岩性、接触关系和时代，并标记出化石产出部位、地层产状。

(6) 标出图名、图例、比例尺、方向及剖面上地物的名称，如图 3-15 所示。

二、绘制信手路线地质剖面图

如果是横穿构造线走向进行综合地质观察，应绘制信手路线地质剖面图。它表示横过构造线方向上地质构造在地表以下的情况，是一种综合性的图件，既要表示出地层，又要表示出构造，还要表示出火成岩和其他地质现象以及地形起伏、地物名称和其他所需要表示的综合性内容。信手路线地质剖面图是在野外观察过程中绘成的，而不是在地质图上切下来的。绘好信手路线地质剖面图是地质工作者的一项重要基本功，必须掌握。

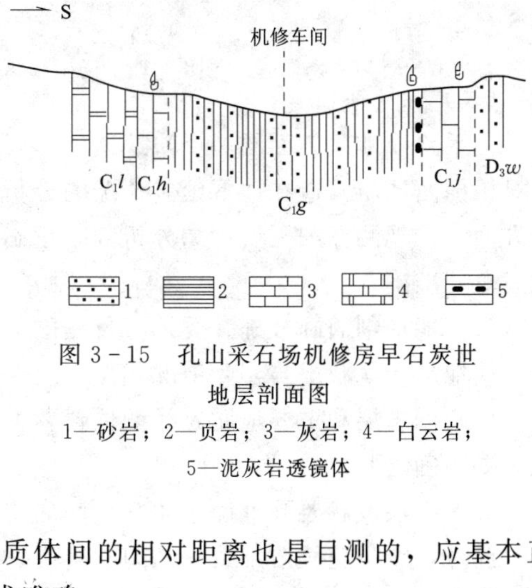

图 3-15　孔山采石场机修房早石炭世地层剖面图

1—砂岩；2—页岩；3—灰岩；4—白云岩；5—泥灰岩透镜体

信手路线地质剖面图中的地形起伏轮廓是目估的，但要基本上反映实际情况；各种地质体间的相对距离也是目测的，应基本正确；各地质体的产状则是实测的，绘图时应力求准确。

图上内容应包括图名、方向、比例尺（一般要求水平比例尺和垂直比例尺一致）、地形的轮廓，地层的层序、位置、代号、产状、岩体符号、岩体出露位置、岩性和代号、断层位置、性质、产状、地物名称等。

（一）绘图步骤

(1) 估计路线总长度，选择作图的比例尺，使剖面图的长度尽量控制在记录簿的长度以内。当然，如果路线长，地质内容复杂，剖面可以绘长一些。

(2) 绘地形剖面，目估水平距离和地形转折点的高差，准确判断山坡坡度、山体大小。初学者最易犯的毛病是将山坡画陡了，事实上一般山坡不超过 30°，更陡的山坡人是难以顺利通过的。

（3）在地形剖面的相应点上按实测的层面和断层面产状画出各地层分界面及断层面的位置和倾向、倾角，在相应的部位画出岩体的位置和形态。将相应层用线条联结以反映褶皱的存在和横剖面特征。

（4）标注地层、岩体的岩性花纹、断层的动向、地层和岩体的代号、化石产地、取样位置等。

（5）写出图名、比例尺、方向、地物名称、绘制图例符号及其说明，如为习惯用的图例可以省略。

图 3-16 为汤山地区信手路线地质剖面略图。

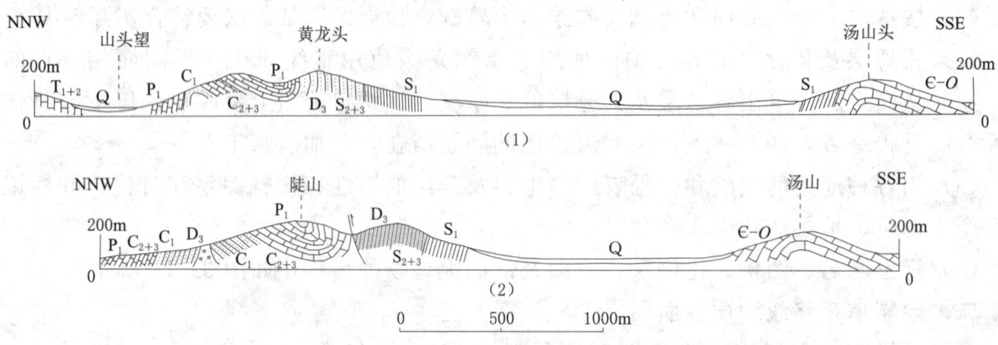

图 3-16　汤山地区信手路线地质剖面略图

（二）注意事项

信手路线地质剖面图是反映地质工作者对该剖面上地质构造的观测结果，并且结合个人对该剖面地质构造在地下延展情况的分析、判断。绘好信手路线地质剖面图必须注意三个方面：①观测仔细无误；②分析判断正确；③作图技巧熟练。从作图技巧方面来说应注意三个“准确”。

（1）地形剖面画准确。要练习目测的能力，力求将水平距离与相对高差的关系反映正确，使地形起伏状况与实际情况相似。

（2）标志层和重要地质界线的位置要准确。如断层位置、煤系地层位置、火成岩体位置等要准确绘制。

（3）岩层产状要画准确。尤其是倾向不能画反，倾角大小要符合实际情况。

此外，线条花纹要细致、均匀、美观，字体要工整，各项注记的布局要合理。

绘图技巧要在实践中反复练习才能掌握。

当观察路线不能始终沿同一方向（一般都是垂直于构造线）连续进行时（如通行困难），可以沿走向平移，如平移距离大，在图上可标示出向何方向平移多少米。如观察路线基本上是横穿构造线，仅有局部性的变化（因道路有转折）时，图上不必改变方向。

三、绘制野外地质素描图

在野外所见到的典型地质现象，小的如一块标本或一个露头上的原生沉积构造，次生的构造变形（断层和褶皱）、剥蚀风化的现象，大的如一个山头甚至许多山头范围内的地质构造特征或内外动力地质现象（如冰蚀地形、河谷阶地、火山口地貌）等均可用地质素描图表示。素描图就是绘画，其原理就是绘画的原理，不过地质素描需要考虑地质的内容，反映出地质的特征。

地质素描类似于照相，但照相是纯直观的反映，而地质素描则可突出地质的重点，作者可以有所取舍。照相需要条件，地质素描则可随时进行。因而地质工作者应当学习地质素描的方法，作为进行地质调查的手段和技能。

四、地景摄影

在地球科学研究工作中，摄影是一种常用的记录手段。

根据科学研究的需要，为地质景观摄录有价值的图像资料，称为地景摄影。地景摄影与一般的人物摄影或风光摄影略有不同。人物摄影表现的是人的容貌、服饰、动作或生活，强调的是形象、性格、气质或精神。风光摄影表现的是山水、田园、城镇或风景，强调的是色彩、画面、气氛或景象。地景摄影则是从特殊的表现层面反映被摄物体的某种地质特征，强调的是被摄物体的代表性（要说明某种地质现象）、真实性（保持原始的客观面貌）和完整性（交代清楚它的地质背景）。

地景摄影的对象可大可小，摄影距离可近可远。小的可以是一块砾石、一个错动，面积几平方厘米；大的可以是整座山脉、整个区域，面积往往为几十平方千米。近景表现细腻，质感强，具有一定的穿透力；远景表现深远，包容力强，可以展现辽阔的整体环境，交代各种地质关系。如何把握被摄物体的具体特征，如何表现被摄物体的地质特点，是地景摄影者需要认真考虑的问题。

地景摄影与野外记录、实验分析数据一样，也是地球科学研究中重要的第一手资料，但是它与文字、图件、表格的表现力不同，应该充分展现它的独特优势。无论地景摄影的最后表现形式是照片、磁带还是光盘，都是一种图像作品，光学影像是它的基本特征，色彩（包括灰阶）、线条、视角、画面是它表现的元素，地质现象才是它的主题内容。

地景摄影的最大好处是它记录方便、内容真实、形象具体、景色逼真。但是它也有自身难以克服的弊端，例如取景框内良莠不分，主次不分，无法删繁就简，无法剔除杂物按需选择。野外的地景摄影受天气干扰，尤其是光线条件、摄影角度的限制明显，有时由于遮挡或取景空间的限制，经常无法取得十分理想的画面。但是即便如此，地景摄影还是作为一种重要的记录手段，为科研工作者所青睐。

要想获得一幅好的地景摄影作品，扎实的地质专业知识是必要的，同时，也需要对摄影知识有基本的了解。关于地景摄影的一些专门建议如下。

对于所有的相机来说，镜头保护都是第一位的。野外工作条件恶劣，随时需要防止意外发生。不拍摄时一定要关闭镜头盖，防止磕碰。防尘措施要到位，风沙天气更要小心。手指绝对不能碰镜头。要知道，镜头上的一个指纹、一根毛发、一滴水印，都会摄入每一个画面，并且被清晰放大。万一镜头不清洁，可以用气囊吹干风清除杂物，不要用掉纤维的报纸等硬物擦拭。即便用镜头布等柔软物品擦拭，动作也一定要轻缓，以免一些肉眼看不见的沙粒等硬物在娇贵的镜头上留下永久的伤痕。在海边等湿度较大的地区拍摄，要小心水汽和海水的侵蚀，用后及时清理干净。

野外拍摄时，地景实物无法随意调整位置，要拍摄出理想的画面，关键是靠光线和角度的合理运用。

最佳的拍摄时间是日出之后或日落之前。从侧后方斜射过来的光线最理想，适当的侧逆光更容易产生强烈的立体感。日出之前或日落之后，即使光线很明亮时，天空中的散射光也十分强烈，此时拍摄的画面容易产生偏色。降水过后或日出之前，大地水汽蒸发强烈，散射光增多，影像容易发虚，画面偏蓝。拍摄远景时，这种情况更为明显。中午时分，阳光直射，不容易产生丰富的层次，不是理想的拍摄时间。

拍摄角度也应注意，高角度拍摄容易产生变形，仰拍容易夸大或加强垂直高度，俯拍容易缩小或压抑高差。拍摄黄土柱、石钟乳、山体等柱状地景时，可以采用仰拍的方式，强化表现它们的雄伟高大。拍摄曲流、断层线、岩脉走向等线状地景时，可以采用俯拍的方式，充分交代它们的形态组合、环境背景和地质关系。

地景摄影中，取景和构图与其说是一种摄影技巧，不如说是一种专业知识和经验的积累，很难用几句话说清楚。可以提供的建议是，首先考虑专业表现的需要，然后才是艺术美观的处理。地景摄影往往需要多角度的表现，特写、全景各有所需，特别是难以补拍的地景，尤其需要一组甚至数组图像资料的记录。有的地景不可能短时间内重游，有的地景无法再现，原本新鲜完好的剖面露头，一场大雨过后，地景已经变得面目全非，如果事先没有完整的记录，就会留下不可弥补的缺憾。再者，地景内容丰富，近景表现和远景表现无法相互替代，所以好的、重要的地景，应该多拍几张，然后才有条件从中选出满足不同需要的图像。例如拍摄断层，首先要拍摄特写，放大断层带的接触关系，表现断层面上的擦痕、阶步等细节。要仔细把握光线和角度，突出被摄物体的层次和立体感。此时宜选用短焦距的近摄镜头、广角镜头。如果没有把握，不妨从不同角度各拍几张，以备事后挑选。光圈要加大一挡，表现质感。为了取得更好的效果，不妨将断层面喷湿，用以明显改善色彩和对比反差。然后改换标准镜头拍摄近景，包括断层两盘的错动、旁侧分支构造、地下水出露等断层综合表现形式。需要特别提醒的是，近距离拍摄时，不容易体现被摄物体的规模尺寸，此时应该摄入必要的比例尺参照物，例如地质锤、镜头盖、记录簿、笔等。最后拍摄远景，重点表现断层的走向、地貌组合、地质背景。此时地景范围较大，宜改用小光圈和长焦距的望远镜头。当地景范围很宽，视角很大时，需要采用接片方式拍摄。拍摄时，尽可能保持相机水平旋转，即拍摄者原地不动，上身慢慢转动，保持相机拍摄点在同一水平线上。相机旋转的角度不宜太大，否则摄入的光线角度相差过于明显，会破坏画面的整体性。拼接的图像应该保持有1/3～1/4的重叠，以利日后室内的图像拼接。拍摄者可以预先选定拼接标志，练习过后再开始实拍。

关于室内的摄影和翻拍，也是地球科学工作者经常遇到的问题，但是这里涉及更多的摄影专业知识，难以简单介绍清楚。至于更多的摄影知识，在此不再一一罗列，感兴趣者可以参阅其他的摄影专业参考书。

第六节 标本的采集

野外地质工作的过程是收集地质资料的过程，地质资料除了文字的记录和各种图件以外，标本则是不可缺少的实际资料。有了各种标本就可以在室内做进一步的分析研究，使认识深化。因此，在野外必须注意采集标本。

根据用途标本包括地层标本、岩石标本、构造标本、化石标本、矿石标本以及专门用途（薄片鉴定、同位素年龄测定、光谱分析、化学分析、构造定向等）的标本等。

标本要求具有代表性，应是新鲜的而不是风化的。

常用的是地层标本和岩石标本，对于这类标本的大小、形态有所要求，一般是长方体，规格是3cm×6cm×9cm。应在采石场、矿坑等人工开采地点或有利的自然露头上进行采集，并进行加工和修饰。

化石标本力求是完整的，构造标本要求能展示构造特征，矿石标本要求能反映矿石的特征。薄片鉴定、化学分析、光谱分析等项标本不求形状，但求新鲜，有适当数量即可。定向标本要在原位准确标志出正北方向后取样。

标本采集后要立即在标本登记簿上登记编号、岩石名称、采集位置、地层时代、采集时间、采集者，并用油漆或其他代用品将编号写在标本的边角上，保证它不致被磨掉。同时在剖面图或平面图上用相应的符号标出标本采集位置和编号，填写标签并包装。化石标本特别要用棉花仔细包装，避免破损。

第七节　实习报告的编写

地质实习报告是对实习中见到的各种地质现象加以综合、分析和概括，用简练流畅的文字表达出来。写实习报告是对实习内容进行系统化并巩固和提高的过程，是写地质报告的入门尝试，是进行地质思维训练的有效手段。报告要求以野外收集的地质素材为依据，要有鲜明的主题、确切的依据、严密的逻辑性，要简明扼要、图文并茂。报告必须是通过实习者自己的组织加工写出来的，切勿照抄书本。报告中文字要工整，语句要通顺，术语要正确，量纲要标准，图件要美观，格式要规范。报告应有封面、题目、写作日期，以及写作人专业、班级、姓名等，并进行装订。

实习报告的编写格式如下：

第一章　绪言

实习地区的交通位置和自然地理状况（附交通位置图），实习的目的、任务、要求，人员的组成及实习安排、时间等。

第二章　地层

首先简述实习地区出露的地层及分布的特点，然后按地层时代自老至新进行地层描述。分段描述各时代地层时应包括分布和发育概况、岩性和所含化石、与下伏地层的接触关系、厚度等，附素描图等。

第三章　岩石

描述各种岩体的岩石特征、产状、形态、规模、出露地点、所在构造部位以及含矿情况，附剖面图、素描图等。

第四章　构造

概述实习地区在大地构造中的位置和总的构造特征，分别叙述实习地区的褶皱和断层。

褶皱：褶皱名称（如玉皇山向斜），组成褶皱核部地层时代及两翼地层时代、产状、褶皱轴向、褶皱横剖面及纵剖面特征，附素描图、剖面图等。

断层：断层名称、性质，上下盘（或左右盘）地层时代，断层面的产状，断层证据，附素描图、剖面图等。

阐述褶皱与断层在空间分布上的特点。

第五章　地质发展阶段简述

根据地层的顺序、岩性特征、接触关系、构造运动情况、岩浆活动过程等说明本地区地质历史上有哪些阶段，每阶段有哪些事件和特征。

第六章　其他方面

包括外动力地质现象等。

后记

说明实习后的体会、感想、意见和要求。

第四章　苏浙皖实习区地质概况及实习内容和要求

第一节　南京汤山湖山地区

一、地质概况

南京是中国最早开展地质调查和研究的地区之一，谢家荣、张更、李四光、朱森、李学清、丁文江等老一辈地质学家均在此进行过开创性的地质研究，不少地质学专有名词、标准剖面、化石等均在此命名，是名副其实的地质研究的摇篮。南京既有完整的古生代至中生代地层，也有汤山猿人洞，江宁、六合的火山群，更有长江发育的河谷地貌，为地质实习和研究提供了丰富的地质遗产。南京汤山方山（汤山猿人洞、地质剖面、温泉、新近纪火山为主题）、六合（火山群、石柱林群、雨花石层群及古冶炼-采矿场等）均已被立为国家地质公园。

汤山位于南京城东约 28km，自南京有沪宁高速公路直达，还有公共汽车等直通汤山、湖山等地，交通方便。汤山湖山地区位于宁镇褶皱束的南带，地形上由三列山组成，走向北东东。北列山海拔高度在 120～169m，包括排山、棒锤山。中列山山势较高，一般标高为 160～250m，主要包括黄龙山、团山、纱帽山、土山、陡山、狼山等山头，主峰孔山高 341.8m。南列山简称汤山，其主峰海拔为 292.3m。三列山之间是两个纵向谷地。中列山由于多年采石，山势地形大有改变。目前该地区北列山与中列山之间的谷地已经建设成为 2021 年第十一届江苏省园艺博览会园区。

（一）地层岩性

宁镇地区的地层单元属扬子地层区下扬子地层分区宁镇地层小区。该区地层自震旦系至第四系均有出露，发育良好，研究程度高。其中古生代和部分中、新生代地层，有达 60 年之久的研究历史，建有许多标准剖面，为广大地质工作者划分和对比地层提供了重要的依据。

寒武系和奥陶系以及志留系下统均分布在汤山。其中寒武系地层未找到化石，尚未细分。奥陶系地层在汤山南坡新建村以及西端之汤山头有良好剖面，下、中、上奥陶统地层化石丰富，划分详细。上奥陶统下志留统高家边组地层为暗色、灰绿色页岩，其下部产出丰富的笔石。下志留统坟头组的标准剖面在中列山之西端坟头村至珠山一线上，产出丰富的三叶虫、腕足类化石。在中列山与南列山体之间的谷地中为志留系地层所在，谷地的形成系该地层岩性软弱，易受侵蚀所致。

中志留统茅山组地层很不发育，仅零星见于中列山。

上泥盆统五通组至中二叠统孤峰组地层发育良好，均产出在中列山内，因采石公路直达山顶，剖面切割得清楚，化石丰富。

中二叠统龙潭组地层位于中列山北侧谷地之中，谷地的形成是该组地层岩性软弱易受侵蚀所致。在谷地中段黄花岸附近因公路通过，有龙潭组中下部的页岩、砂岩暴露，植物化石很多。

下三叠统青龙群地层组成北列山体，在棒锤山西端便道旁其下部地层剖面十分清晰，盛产瓣鳃类、头足类化石。这里也局部暴露了上二叠统顶部的大隆组地层。

在北列山之西北方向有一些低缓的丘岗，系由中三叠统黄马青群与下中侏罗统象山群组成。

现将出露于汤山湖山地区的主要地层岩性特征，介绍如下。

1. 上寒武统观音台组（ϵ_3O_1g）

该组地层南京区域出露厚度约690m。上段为浅灰—灰白色中薄—厚层状白云岩，夹含燧石结核和条带白云岩，顶为含燧石白云岩。下段为浅灰—深灰色薄—厚层灰质白云岩，含灰质白云岩和白云岩交替，夹白云质灰岩，含燧石结核和条带，含三叶虫、腕足类、牙形刺化石。

2. 下奥陶统仑山组（O_1l）

该组地层南京地区出露厚度99m。上段浅灰、灰白色厚层—中厚层含白云质灰岩为主，夹灰质白云岩。中段灰色、浅灰色中厚层含燧石条带白云质灰岩、灰质白云岩。下段深灰色、灰黑色、浅灰色中厚层含灰质白云岩与含白云质灰岩互层，含三叶虫（指纹虫、四川虫）、叠层贝、网格笔石、中华正形贝、房角石化石，与下伏观音台组为整合接触关系。

3. 下奥陶统红花园组（O_1h）

该组地层南京地区出露厚度206m。上段灰、浅灰色生物碎屑灰岩为主，夹具生物碎屑砂岩结构的燧石层。下段浅灰色厚层砂屑亮晶灰岩，夹亮晶含团块藻鲕砂屑灰岩为主，或含砾屑生物碎屑灰岩。含房角石（河北角石）、蛇卷螺（松旋螺）、海绵化石，与下伏仑山组为整合接触关系。

4. 中奥陶统大湾组（O_2d）

该组地层南京地区出露厚度18m。上段灰黄—灰绿色页岩，夹泥质灰岩。中段灰黑色薄—中厚层含碎屑生物碎屑微晶灰岩及微晶生物屑粉屑灰岩。下段灰黄色灰岩，含波罗扬子贝、圆滑雕笔石，中部富含头足类化石，与下伏红花园组为整合接触关系。

5. 中奥陶统牯牛潭组（O_2g）

该组地层南京地区出露厚度12m。灰黄色薄—中厚层微晶生物碎屑粉屑灰岩，含角石、正形贝、小四齿贝化石，与下伏大湾组为整合接触关系。

6. 上奥陶统汤山组（O_3t）

该组地层南京地区出露厚度50m。上段灰、浅肉红色厚层含粉屑生物碎屑微晶灰岩，具干裂纹构造（原称宝塔组，含中华震旦角石）。下段肉红色薄—中厚层含泥质生物碎屑微晶灰岩（原称大田坝组），含角石、腹足类、三叶虫、介形石、海百合化石，与下伏牯牛潭组为整合接触关系。

7. 上奥陶统汤头组（O_3tt）

该组地层南京地区出露厚度20m。上段褐黄色中薄层瘤状泥质灰岩。下段灰白色中薄层瘤状泥质灰岩与薄层泥质灰岩互层为主，夹黏土岩。含南京三瘤虫、介形类、腕足类化石，与下伏汤山组为整合接触关系。

8. 下志留统高家边组（O_3S_1g）

该组地层南京地区出露厚度1556m。上部为灰黄绿色页（泥）岩、粉砂质页（泥）岩，夹粉、细砂岩。中部为黄绿色薄层粉砂质泥岩与同色薄层粉砂岩互层。底部为灰黑色粉砂质页岩、黑色薄层硅质岩（原称五峰组），富含单笔石、耙笔石、雕笔石、曲背锯笔石、半耙笔石、栅笔石、直笔石、叉笔石、小型花瓣笔石、双壳类化石。高家边组岩性以黄绿色页岩、泥岩为主，夹粉、细砂岩，发育斜层理构造。古泉水库西侧新建公路旁（GPS：119.00401°E，32.05930°N）可清楚观察高家边组部分地层，该观察点处岩性为粉砂状页岩夹泥岩和粉砂状细粒石英砂岩，产状173°∠77°，该处可见厚度大于50m。与下伏汤头组为假整合接触关系。

9. 下志留统坟头组（S_1f）

该组地层南京地区出露厚度约214m。上段为土黄色薄—中层粉砂质泥岩及页岩，因植被覆盖露头零星；中段为灰黄—土黄色厚层岩屑石英砂岩夹土黄—灰白色页岩及黏土岩，砂岩中斜层理构造发育；下段为土黄色中层细砂岩夹数层页岩。含霸王王冠虫、宽边宽芽头虫、小郝韦尔贝、沿边后直蛏、隐拟瓢蛤、曲靖链房螺、海百合茎、鱼类等化石。

坟头组岩性以细粉砂质泥岩、细粒石英砂岩为主，石英含量达到70%，粉红色泥质胶结。层理从薄层到中厚层过渡，砂岩中可见大型板状斜层理构造，与下伏高家边组为整合接触关系。

10. 中志留统茅山组（S_2m）

该组见于孔山北侧采石公路东端，厚20余m。为紫红色间夹灰黄色之砂岩、粉砂岩、粉砂质页岩，中厚层状，沿层面常见白云母片，斜层理发育，含双壳类化石。仔细辨认岩石之颜色可以发现，岩石原生色本系灰黄或灰白色，沿裂缝受到氧化作用后颜色变红、氧化作用彻底者，岩石全为紫红色，氧化作用不完全者，紫红色中留有灰黄或灰白色之残余，氧化作用轻微者仅沿灰黄色岩石之裂缝两侧出现紫红色调。产状为170°∠84°，与下伏坟头组为整合接触关系。

11. 上泥盆统五通群（D_3C_1w）

假整合于茅山组之上，接触面略显受侵蚀之痕迹，局部见到细的砾石，砾石成分为茅山组砂岩。雪浪庵五通群——栖霞组剖面示意如图4-1所示。

五通群厚约150m。自下而上又分为观山组和擂鼓台组。

（1）观山组（D_3g）。底部段为灰白色中厚层砾岩、含砾石英砂岩，砾石成分为灰白色石英、黑色燧石、浅色具纹理之硅质岩等，滚圆或半滚圆状，砾径1～3cm为主，砾石可排列成单向斜层理。下部段以灰白色厚层石英砂岩为主，上部段为灰白色中厚层石英砂岩、灰黄色、黄绿色粉砂岩、粉砂质泥岩互层。观山组石英砂岩中石英含量可达95%以上，硅质胶结，具缝合线构造，具单向斜层理。

（2）擂鼓台组（D_3C_1l）。该组地层以页岩、粉砂质页岩为主，夹灰白色薄层—中薄层石英砂岩、粉砂岩、薄层泥岩和泥质粉砂岩，局部夹扁豆体状薄层赤铁矿，厚约30m。在灰黑色页岩及灰黄色砂岩中可找到斜方薄皮木、亚鳞木、楔叶木等化石。与下伏观山组为整合接触关系。

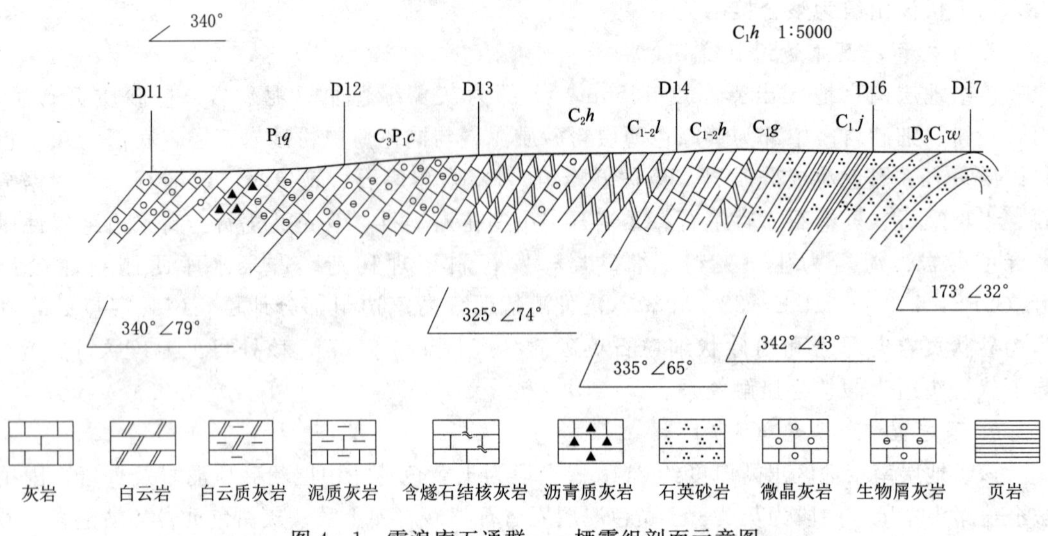

图 4-1 雪浪庵五通群——栖霞组剖面示意图

12. 下石炭统金陵组（C_1j）

该组在孔山北坡环山公路旁人工剖面上，厚约 6m，与五通群擂鼓台组假整合接触。为灰黑色生物碎屑微晶灰岩，厚层状，生物碎屑中主要是海百合及腕足类碎片，有机质及泥质成分较高，底部有一层黄褐色铁锰质粉砂岩与五通组接触。盛产假乌拉珊瑚、笛管珊瑚、始分喙石燕、金陵穹房贝等化石。

13. 下石炭统高骊山组（C_1g）

高骊山组总厚约 36m。假整合在金陵组之上，金陵组顶面有受过侵蚀的痕迹，侵蚀面起伏不平，因受过氧化颜色发红，面上有铁锰质薄层堆积。

该组地层底部为黄褐色、紫红色铁锰质层。下部为灰白色、深灰色、紫红色页岩夹薄层砂岩，含灰褐色泥质生物屑微晶灰岩透镜体，见腕足类化石碎片。中部为灰黄色石英砂岩、粉砂岩夹数层灰紫色、灰绿色、灰色页岩，石英砂岩中斜层理发育。上部为灰白色、灰绿色，紫红色及灰黑色黏土质及粉砂质页岩，夹深灰色中层泥质灰岩和薄层石英砂岩。顶部为 1m 厚含砾砂岩。

中部见亚鳞木化石，上部多见网格长身贝、舌形贝、轮刺贝、海豆芽、异犬齿珊瑚、海百合茎、三叶虫碎片等海相化石。

14. 下石炭统和州组（C_1h）

该组与高骊山组为假整合接触，厚度约 5m。为灰黄色泥质及白云质微晶灰岩，含少量生物碎屑。在陡山南坡、北坡剖面上本层产袁氏珊瑚、贵州珊瑚、巨长身贝等化石。其他地段因露头零星，难以找到化石。

15. 下石炭统老虎洞组（$C_{1-2}l$）

该组与和州组为假整合接触，厚度约 6m。为灰色、浅灰色结晶白云岩，致密，较坚硬，遇酸仅微弱起泡，风化面有刀砍状溶沟。含有灰黑色、灰白色、肉红色之燧石结核，成透镜体或团块状，透镜状燧石结核的伸长方向与层面平行，故可借以判识层面。底部

10～20cm 为紫红色、紫灰色含铁锰质层。产不规则石柱珊瑚、轮状轴管珊瑚等化石。

16. 中石炭统黄龙组（C_2h）

该组出露厚度约 85m，与老虎洞组为假整合接触。底部厚约 5m，为灰白色厚层块状粗晶—巨晶灰岩，含白云岩砾块组成的砾岩，砾块为半棱角、半滚圆状到不规则状，直径以 3～5cm 为主，由方解石胶结，斑块巨粒结晶灰岩晶粒可粗达 1cm 以上。

黄龙组的主体部分厚度约 80m。以灰白色略显肉红色微晶生物屑灰岩为主，夹生物屑灰岩、砂屑灰岩，厚层到块状，层理不清，仅能根据缝合线来判断其产状。产有布克小纺锤蜓、筒形纺锤蜓、刺毛螅、莫斯科唱贝、满苏分喙石燕、犬齿珊瑚等化石。

17. 上石炭统船山组（C_3P_1c）

该组与黄龙组为假整合接触，黄龙组顶面受到侵蚀，起伏不平，并受到氧化颜色发红。厚度约 40m。为浅灰色与深灰色互层的厚层生物屑灰岩、微晶生物屑灰岩、微晶灰岩。具缝合线构造，可借以判识层面。距船山组底部约 6m 为麦粒蜓化石富集带，中部及上部产有核形石，为圆球形，似豆粒大小，色灰白，既见于深灰色灰岩中，也见于浅灰色灰岩中，俗称藻球状灰岩，是藻类生物（葛万藻）聚集而成的，是识别船山组地层的重要标志，也被称为“船山球”。顶部有一层极富海百合茎的生物碎屑灰岩。产有麦粒蜓、假（球）希瓦格蜓等化石。

18. 下二叠统栖霞组（P_1q）

与船山组为假整合接触，厚度约 130m。自下而上分为五段，即碎屑岩段、臭灰岩段、下硅质岩段、栖霞本部段和上硅质岩段。

（1）碎屑岩段，为数十厘米厚的灰黄色泥质页岩、钙质页岩夹薄层生物屑灰岩，产介形类化石。

（2）臭灰岩段，为灰黑色中厚层状富含沥青质生物屑微晶灰岩。新鲜面有臭鸡蛋味，富含燧石结核，发育缝合线构造，内含米斯蜓、米氏珊瑚、三叶虫（菲利浦虫）等化石。风化面上形成沿层面方向延展的眼球状、扁豆状小溶沟。

（3）下硅质岩段，灰黑色薄层硅质岩夹同色具纹层构造的含硅质生物微晶灰岩，露头零星。

（4）栖霞本部段，为深灰色微晶生物屑及生物屑微晶灰岩，中厚层状，盛产灰黑色燧石结核，具有缝合线构造，有时还见微层理。化石丰富，常见早坂珊瑚、奇壁珊瑚、多壁珊瑚、米氏珊瑚、中国孔珊瑚、南京蜓、球蜓等。化石突出于岩石表面，极易找到。

（5）上硅质岩段，为灰黑色燧石岩夹同色具纹层状生物屑微晶灰岩，露头零星。在探槽中可以找到拟纺锤蜓等蜓类化石。

19. 中二叠统孤峰组（P_2g）

该组与栖霞组为整合接触，厚约 20m，出露于山麓低地，露头比较零星。下部为灰黑色燧石岩、硅质页岩，薄—中层状，坚脆，易破裂，风化后成为多孔状，质轻。上部为灰黑色薄—中层状硅质页岩，燧石岩夹页岩，产磷质结核。产放射虫、拟腹菊石、阿尔图菊石等化石。

20. 上二叠统龙潭组（$P_{2+3}l$）

该组与孤峰组为整合接触，厚约 100m，组成由排山村至黄花岸一线之谷地，露头较零星。可分三部分：下部为灰黄色、灰黑色粉砂岩，粉砂质页岩夹砂岩，含同生黄铁矿，厚约40m；中部为灰色、灰黄色中—粗粒长石石英砂岩、粉砂岩、砂质页岩，夹多层煤线、煤层、碳质页岩及菱铁矿层，斜层理发育，盛产单网羊齿、大羽羊齿、栉羊齿、蕉羊齿、楔叶、芦木及鱼类等化石，黄花岸附近公路路堑边坡两侧是化石发掘点，厚30余m；上部为灰黄色、灰黑色页岩、粉砂岩、砂岩、煤层，顶部夹1～3层次黑色生物屑微晶灰岩透镜体，厚30余m。

21. 上二叠统大隆组（P_3d）

该组与龙潭组为整合接触，厚约20m，仅出露于棒锤山西端矿山车间房后。可分三部分：下部为黄绿色页岩夹生物屑微晶石灰岩、钙质页岩、灰黄色泥质粉砂岩；中部为灰紫色页岩、灰黑色硅质页岩与燧石岩互层；上部为黄绿色、灰黑色页岩夹硅质页岩及生物屑微晶灰岩透镜体。在中部页岩中产假提罗菊石、戟贝等化石。

22. 下三叠统青龙组（T_1q）

该组与大隆组为整合接触，厚约500m。自下而上分为湖山段（T_1qh）和沧波门段（T_1qc）（原称上、下青龙组）。在棒锤山西端人工剖面其下部暴露清晰，称为湖山段。

（1）湖山段（T_1qh）。下部为黄绿色、黄褐色为主的页岩、薄层泥岩，夹泥质微晶灰岩，含蛇菊石、克氏蛤、多饰正海扇等化石。中部为灰色薄层微晶灰岩与黄绿色页岩、黄褐色泥岩互层，层理清晰，产佛莱明菊石等化石。上部为灰黄色、灰色薄层微晶灰岩、泥质微晶灰岩为主，夹少量灰黄色、黄褐色页岩和钙质页岩。顶部为灰色中厚—厚层微晶灰岩。

该段厚约170m，缝合线构造发育。

（2）沧波门段（T_1qc）。以浅灰色薄层微晶灰岩、瘤状灰岩为主。底部为紫红色、灰黑色中层瘤状泥质微晶灰岩数层（4～7层），产多瑙菊石、荷兰菊石等化石。中部为灰色中薄层微晶灰岩，蠕虫构造发育。上部为灰黄色中层泥质微晶灰岩夹厚层及薄层微晶灰岩。顶部为纹层状白云质灰岩。

沧波门段南京出露厚度约265m。湖山地区该段地层出露不全，该段可见厚度约为80m，不见其顶，缝合线构造发育。与下伏青龙组湖山段呈整合接触。

23. 中三叠统周冲村组（T_2z）

该组地层南京出露厚度0～633m，与下伏青龙组为整合接触。

上段灰色薄—中层泥质泥晶灰岩，少量粉砂质泥岩、泥质粉砂岩，夹泥晶白云岩。下段灰、灰黄色厚层、块状膏溶角砾岩，灰色薄—中层粉晶灰岩、泥晶含泥灰岩，夹粉（泥）晶砂砾屑灰岩及粉（泥）晶砂屑白云岩。含双壳类介形虫、腹足类及菊石化石。

24. 中三叠统黄马青组（T_2h）

黄马青组地层南京出露厚度（0～1037m），下与周冲村组整合接触，上与范家塘组或钟山组整合—假整合接触。上部紫红与灰紫色薄—厚层砂砾岩、砂岩、泥岩呈不等厚韵律，普遍含钙质或钙质结核；下部灰色、杂色薄—厚层细粒长石石英砂岩与粉砂岩互层。含潜穴（虫管）、双壳类、植物、轮藻等化石。

黄马青组地层在湖山区内被纵向逆断层切断，仅见下部的紫红色粉砂岩、砂岩夹少量粉砂质页岩。湖山可见厚度约20m，地层出露不全，局部与下伏青龙组沧波门段为断层接触。

（二）地质构造

1. 褶皱

从南京到镇江一线全长约 70km，是由若干背斜、向斜组成的线状褶皱束。在南京城东郊褶皱束最宽，由北侧之幕府山算起经钟山到大连山南北宽达 25km。向东逐渐收缩，如从龙潭到汤山，褶皱束宽度变为 15km 左右。褶皱束的走向在西端为北东—南西走向，过汤山以东转为北东东向，在五洲山—十里长山一带明显呈近东西走向。褶皱束内部结构比较复杂，总体看来可分为三个主体构造：①幕府山复背斜带；②钟山—射乌山—金子山大向斜；③青龙山大连山—汤山—仑山大背斜。如图 4-2 所示。

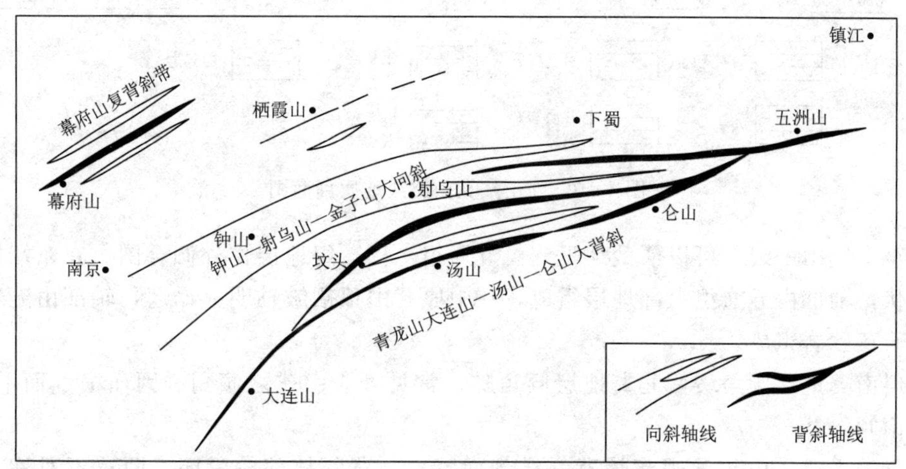

图 4-2　南京—镇江褶皱束纲要图

汤山湖山地区位于宁镇褶皱带南束青龙山大连山—汤山—仑山大背斜中段，背斜轴部在这一带昂起。背斜核部出露了寒武系、奥陶系地层，它们构成一个清楚的短轴穹状背斜。背斜北翼陡，南翼缓，西端向西倾伏，东端向东倾伏。在西端汤山头附近地层表现出外倾合围，寒武系、奥陶系及志留系各地层自核部向外依次作弧形分布。南列山就是一个背斜山。

背斜南翼仅有奥陶系及志留系底部的地层出露，较新地层未出露，可能是因受断层下落，被中生代、新生代地层覆盖所致。

有趣的是汤山背斜的北翼并非单斜层，而是被褶皱成为一个次一级向斜（陡山向斜）和一个次一级背斜（孔山背斜），使汤山背斜成为一个复式背斜构造，如图 4-3 所示。

次一级向斜西起坟头附近之大石碑（向西仍有延伸），向东经团山、陡山而东去，组成中列山之主体。褶皱轴在大石碑明显地向西倾伏，在陡山又向东倾伏，轴部为下二叠统栖霞组构成，在中段孔山南侧褶轴昂起，轴部地层出露上泥盆统的五通组上部。

向斜南翼陡，地层倾角常达 70°～80°，局部直立甚至倒转；北翼缓，地层倾角 25°～35°，褶皱横剖面不对称，轴面向南倾斜。陡山顶为向斜核部，现采场平台仍可见部分向斜核部地层（栖霞组）出露。

孔山背斜紧靠陡山向斜北侧，严格与之平行展布，组成中列山之北坡，但孔山主峰却通过背斜轴部。褶皱轴在西端向西倾伏，轴部由五通组顶部及石炭、二叠系地层组成，在

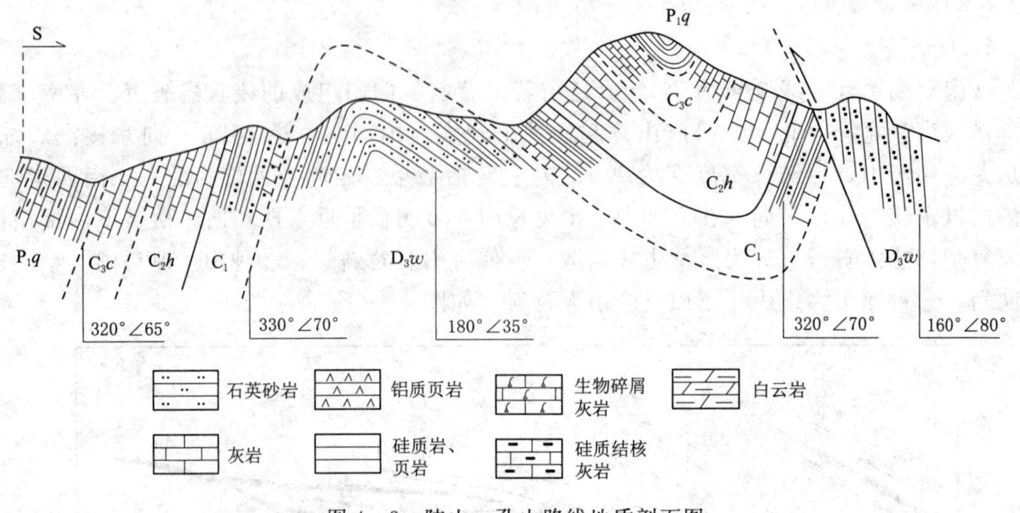

图 4-3　陡山—孔山路线地质剖面图

火石峰至乌龟山一线上可以清楚地见到由五通组—栖霞组地层作外倾合围。在东端褶皱轴向东倾伏，轴部由五通组上部地层组成，在中段孔山顶褶皱轴明显昂起，轴部由五通组底部含砾石英砂岩组成。

背斜南翼地层倾角缓，北翼地层倾角陡，常见 80°～90°之倾角。因而横剖面不对称，轴面向南倾斜。

实习中主要在山头洼观察该背斜横剖面特点，背斜核部较紧闭，两翼不对称，北西翼陡。

有意思的是在背斜核部两翼地层倾角较之远离核部逐渐变缓，尤以陡倾角的北翼最为明显，自山头洼向南沿采石公路从北翼向背斜核部观察测量，很容易看出这一特征。可以肯定，不仅次一级背斜具有这一特征，汤山背斜也具有这一特征，而次一级向斜的情况正好相反，即核部地层倾角较翼部为陡。这说明什么？这是褶皱在表层挤压得紧闭而强烈，向深部挤压和缓的表现！说明这里的褶皱主要是表层的褶皱。

从地貌发展阶段来看，这里剥蚀作用已经进行得相当深刻。背斜成谷、向斜成山的现象比较普遍。如陡山正是向斜轴部所在，而山头洼附近的低地也是背斜轴部所在。也有少数山峰是背斜轴部所在，如孔山主峰，不过它已遭受了深刻的剥蚀，轴部出露的并非原始背斜的表层地层——青龙群，而已剥蚀到五通组地层了。前述的汤山背斜山也是类似特点。因而目前地形上的起伏并非原始构造上的起伏，可以根据目前地层出露的位置，地层的厚度及产状（特别是倾角的情况），考虑到褶皱形态的特征，将原始的褶皱剖面恢复起来。恢复后的褶皱原貌很像一个鸟嘴状，如图 4-4 所示。

2. 断裂构造

在汤山短轴穹状背斜的西倾伏端，中奥陶统汤山组地层内发育了环状断层，横向及斜向断层也很多，具有平移断层性质。此外还有纵向断层，这些断层切割较深，引起地下水的深部循环，这可能是汤山温泉形成的一个条件。

在中列山的范围内发育有纵向断层与横向（或斜向）断层。前者主要为逆冲断层，常

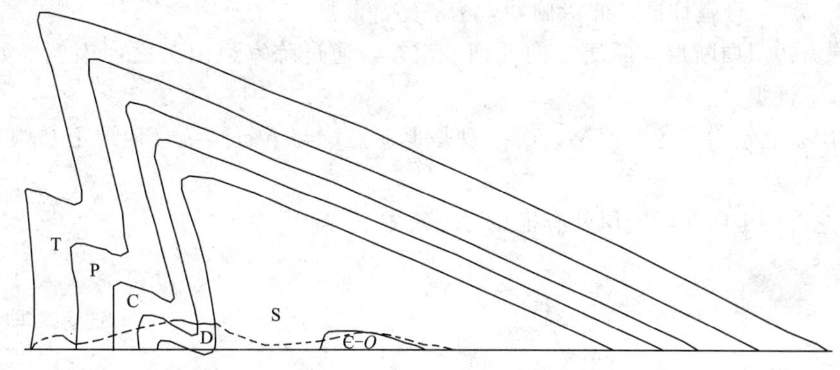

图 4-4 汤山地区褶皱复原图

发生在褶皱的陡翼，沿着软弱岩层带发生，造成地层的缺失，岩层的破碎，地层产状的紊乱，变陡甚至于倒转。横向（斜向）断层常造成地层沿走向的不连续性质，岩层近断层处破碎，地层走向发生拖曳弯曲，地形上常造成横向的山垭口或沟谷，沿断层带有泉水出露。

沿着某些断层带岩层被硅质交代或被赤铁矿质充填，即形成硅化及赤铁矿化。

现选择重要断层介绍如下：

（1）土山—狼山纵断层。断层走向北东东，与褶皱轴的走向平行。西起黄龙山、团山，向东经纱帽山、土山、狼山、赤燕山，抵汤山镇东北之大苏山，纵贯全区。断层现象以在陡山南坡及土山、狼山一线最为清楚，如图 4-5 所示。有以下断层证据：

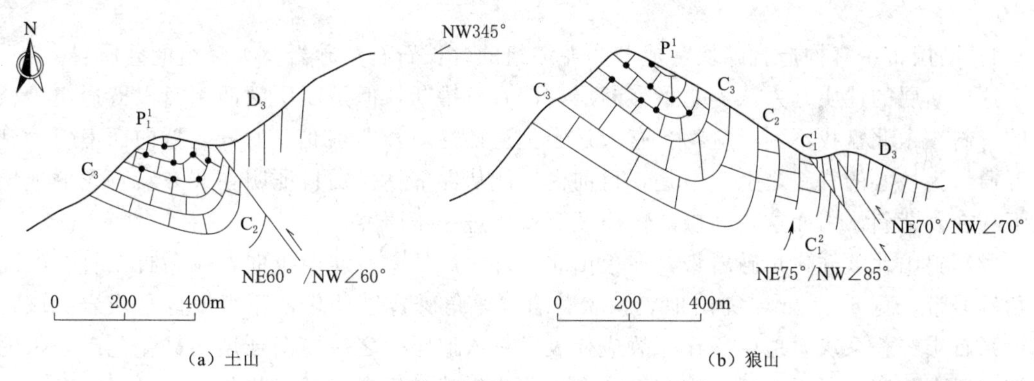

（a）土山　　（b）狼山

图 4-5 土山—狼山纵断层示意图

1）地层缺失，在土山北侧五通组砂岩、页岩（可能包括少量的下石炭统地层）沿断层带的不同部位与黄龙组、船山组及栖霞组之灰岩碰头。这显然是断层接触关系。

2）断层两侧岩层破碎，尤其是五通组的石英砂岩常成为压碎岩，甚至成为断层角砾岩。灰岩中发育密集的剪切节理，岩层产状变陡。

3）断层带内下石炭统的地层成为构造透镜体出现，其产状紊乱，分布零星又不连续。

4）在狼山石炭二叠系灰岩的断层角砾岩已被硅化，在土山、狼山一带有局部的赤铁矿化、软锰矿化。

根据陡山南坡、土山附近的观察，并用三点定面的原理，定出该断层面向南东倾斜，倾角约 65°～70°，南盘仰冲，北盘俯冲，为一逆冲断层。

（2）陈家边斜向断层。断层走向北西—南东，通过陈家边山头之西南侧，如图 4-6 所示。有以下证据：

1）断层东北盘为青龙群地层，西南盘是上泥盆统与下石炭统，地层上和构造上明显的不连续。

2）青龙群的走向在近断层处有拖曳弯曲现象。

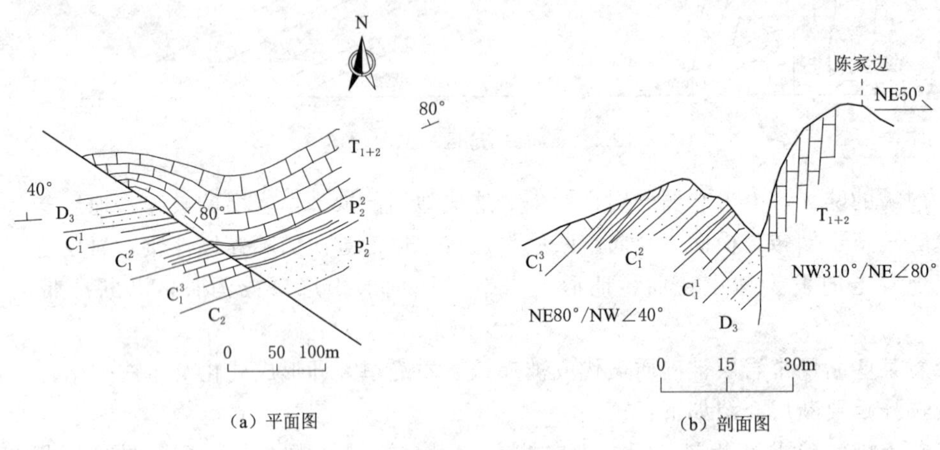

（a）平面图 （b）剖面图

图 4-6 陈家边斜向断层示意图

3）从人工开采面上看到了断层面，面上有擦痕和镜面，断层面向北东倾，倾角很陡，近 80°。

4）断层带中有构造岩碎块，成分为龙潭组的含长石石英砂岩及大隆组的硅质岩。

这一断层的性质有人认为是平移断层，即右行错断，但是断层面西南盘以五通组为核心的背斜在东北盘找不到对应物。有人认为是逆冲性质，即东北盘的青龙群向西南斜冲到以五通组为核心的背斜之上，但是，目前尚未能从深部钻探资料证明在北东盘青龙群地层之下存在着背斜。因而这一断层的性质还有待于进一步研究。

（3）狼山北坡硅化角砾岩带。在狼山北坡近山麓处有一北西走向，倾角近于直立的断层角砾岩带，宽 6～10m，突出地表，状若岩墙，角砾皆已硅化，原岩很像是灰岩。该带附近系石炭二叠系灰岩地层所在，故应代表通过该地层中之一横向断层。硅化角砾岩带的出露位置在陈家边断层的延长方向上，有人认为它就是后者的延长部分。

（4）孔山北坡纵断层。在孔山北坡采石公路东头，在五通组的中上部有一纵向断层，断层附近石英砂岩地层破碎，劈理发育，断层北侧地层产状突然倒转。证明断层性质仍然是南盘逆冲于北盘之上。该断层向东在陡山北坡的五通组内也表现清楚，石英砂岩成为压碎岩，局部变为角砾岩，在陡山东北坡脊上于五通组内也有破碎现象，附近有火成岩体贯入，估计也是该断层影响。向西在火石峰山脊东端的探槽中五通组内也有岩层的挤压破碎现象存在，也是该断层通过的迹象。

（5）青龙山纵断层。在乌龟山南面的采石场内青龙山断层表现清楚。断层发生在栖霞组与黄龙组之间，船山组地层大大变薄成为透镜体产出，断层角砾岩已被采出，角砾主要由船山组灰岩组成，棱角状，砾径数厘米，断层两侧地层产状变陡，尤其是栖霞组地层几近于直立，走向也有扭动，岩层中发育较密集的剪节理。这也是一个由南向北逆冲的逆断层。

(6) 陡山西侧横断层。断层通过陡山西侧之垭口，走向北西。断层两侧地层不连续，同时东侧的陡山向斜向西也被断层错断，证明断层具有平移性质，方向是左行。但是断层东侧在250～280m标高处出露的是石炭二叠系的灰岩，断层西侧同一标高处出露的是五通组地层，证明断层还具有东侧下掉、西侧上升的性质。从断层通过的沟谷中追索观察，并用三点定面原理，求出断层面向北东倾斜，倾角很陡，故该断层具有平移——正断层的性质。

(7) 甘家山南麓龙潭组中小断层。甘家山南麓有龙潭组中部的中粒长石砂岩暴露，岩层产状为NE85°/NW∠76°，其中发育了两组方向的小断层，如图4-7所示。

一组断层的产状是NE40°/SE∠80°，另一组是NW310°/NE∠86°。两组断裂的特点如下：

1) 断面平直而光滑，面上见到擦痕和镜面。

2) 同一层灰色泥质岩沿断层发生错断，北西向断层为右行平移，北东向断层为左行平移。

3) 有断层角砾岩，角砾由砂岩、页岩等组成，有的角砾成为透镜体状。

(8) 大石碑正断层。这是一个小断层，该断层观察点位于阳山古采石场北侧坡面，发育于栖霞组灰岩中，断层走向与大石碑向斜枢纽垂直，断层产状244°∠79°。该断层构造形迹十分直观，如图4-8所示。其证据如下：

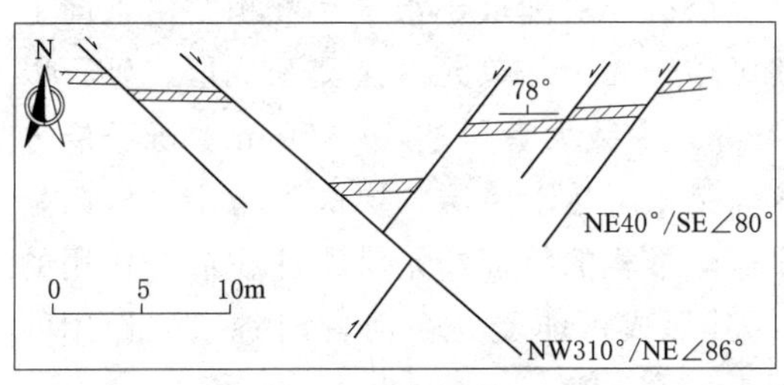

图4-7　甘家山南麓平移断层平面示意图

图4-8　大石碑正断层

1) 断层两盘栖霞组薄层灰岩被错断，地层沿走向不连续，断距约3m。

2) 断层带中发育断层角砾及方解石脉，宽约50～60cm。

3) 断层上盘张性节理发育并被方解石脉充填。

4) 断层带上有泉水出露。

断层性质为正断层。

(三) 地貌及水文地质

1. 排山、湖山次成谷与阶地

(1) 次成谷。次成谷是指河流沿软弱岩层走向下蚀发育而成的谷地，其成谷时间晚于顺向谷，如背斜轴的背斜谷、单斜崖前的河谷、穹窿山后期的环形谷等。

从排山村至湖山为一近东西向发育的次成谷地，谷地北侧为棒锤山、丝山，南侧为火石峰、团山、孔山、陡山、狼山、赤燕山等山岭，这一谷地宽约100～150m，谷坡北缓南陡。这种谷地形成与地层岩性和地质构造有密切关系。从地质构造上看，这一谷地正好发育在孔山背斜的北翼，谷地所在部位岩性恰好是二叠纪龙潭煤系地层，岩性软弱，极易风化，抗蚀能力极差，经地表水流侵蚀作用成了谷地。而其南侧为石炭、二叠纪灰岩与泥盆纪的石英砂岩，岩性相对坚硬，抗风化侵蚀能力较强，故而突出形成山脊。谷地北侧为早、中三叠世青龙灰岩，较之煤系地层相对较坚，故而也突出成山脊，如图4-9所示。

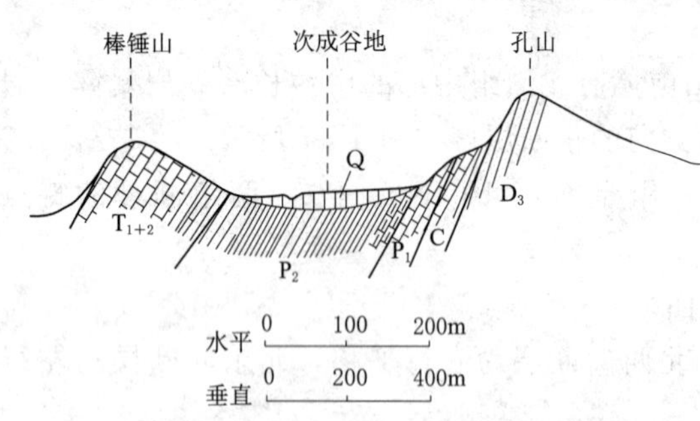

图4-9 排山湖山次成谷剖面形态示意图

孔山南侧宁杭公路经过处也是一次成谷，是早志留世高家边组页岩被剥蚀侵蚀而成的。

（2）阶地。阶地是河流两侧谷坡上呈阶梯状分布的狭长平台。在湖山排山次成谷两侧的谷坡上，发育有两级阶地。

第Ⅰ级阶地，海拔40～60m，即农田、煤矿、公路与房屋所在的位置。阶地组成物为砂质、粉砂质黏土，夹少量砂砾，基岩出露较少，属堆积阶地。

第Ⅱ级阶地，海拔60～70m，湖山公路两侧较高一级的平台，阶地面平坦，略向谷底微倾，受横向冲沟的切割，不很连续，阶地上部是松散堆积物，主要是残积、坡积之碎块石，夹少量冲积成因的粉砂质黏土，下部是大片基岩，为基座阶地。

（3）孔山北坡洪积冲积物。孔山北坡江苏园博园内地质科普馆附近，由于人工揭露，可见层次清楚的洪积—冲积物剖面。沉积物具明显层次，层理近于水平，堆积物由下向上粒度逐渐变细，以粗砾—细砾—粗砂—细砂—粉细砂—黏土等单元多次交互成层。砾石以次棱角状为主，具一定圆度，砾径为5～20cm不等，少数大者可达40～50cm。砾石成分单一，大多为石英砂岩。剖面厚度8m以上，砂砾交互层达十余层，层次不稳定，横向呈透镜状，尖灭很快，显示了水流冲积和洪积冲刷搬运堆积的特征，是洪积冲积混合作用的产物。这种堆积物正好在九乡河的一级阶地上，其形成可能受九乡河古河谷水流作用的控制。

2. 岩溶

汤山湖山地区可溶性石灰岩、白云岩地层分布较为广泛，地表、地下岩溶地貌较为发育。地表可见众多溶沟、溶槽、石芽、石脊、溶洞、溶孔、溶隙等，地下有大型溶洞发育，现发现并开发的主要有汤山古猿人洞（葫芦洞）和雷公洞，主要发育在下奥陶统石灰岩地层中，受断裂构造控制。

（1）古猿人洞（葫芦洞）。1990年，采石工人在汤山半山腰采石时发现了一个形如平卧葫芦的溶洞。1993年3月13日，葫芦洞（古猿人洞）内出土了一具较完整的古人类头骨化石，经中国科学院南京古生物研究所和脊椎动物与古人类研究所的专家鉴定，这块头骨化石属早期猿人头骨化石，属于大约生活在30万年前的南京猿人。由此，南京地区人类史也因此向前推进了20多万年，同时也证实长江流域同样是中华民族的发祥地之一。

南京猿人是我国继“北京人”“元谋人”“蓝田人”和安徽的“和县人”之后又一重大发现，而且是我国目前所有头骨化石中保存最为完整的一个，确属稀世国宝。该洞内还挖掘出了十几种哺乳动物化石，这些动物多生长在距今150万年前的中更新世。其中肿骨鹿和葛锗氏斑鹿都是在长江以南首次发现，这对我国考古工作来说，有着不可估量的科研价值。

葫芦洞洞口为人工开凿，且在入口处放置了大量雕塑，经过一段人工隧道进入洞中。洞中景象颇为壮观，洞顶有很多冰凌似的钟乳石，其中部分钟乳石尖端尚在滴水，而有些钟乳石在后期风化作用下强度下降，其端部掉落到地上。洞壁石幔丛生，晶莹剔透，形状繁多，酷似各种动物、植物，所以人们分别给它们取上各种各样的名字。

从高悬的天然洞口向下发育的锥状堆积体将葫芦洞分为东西两部分，如图4-10所示。西部是古洞穴沉积的红色粉砂岩，钙质胶结。因岩溶发展发生了崩塌，其上覆盖至今仍在形成中的多种碳酸盐沉积——石笋、石钟乳、石梯田、钙板和石花等。中部锥状堆积体呈扇形散开，前端插向南缘产南京猿人化石的小洞，可视高度约20m，开挖剖面厚6.5m，主要由灰岩角砾、粉土和棕红、棕黄色黏土组成，显示倾斜层理，倾角15°～20°，含动物化石和少量红色砂岩碎块。表层局部钙质胶结，发育石笋。锥状堆积体以东近洞壁为厚层钙板，由洞壁向中间倾斜减薄并消失，洞底为黏土堆积，夹灰岩角砾，发育多个个体较大的石笋。考古发掘的小洞堆积分4层，自上而下为：①钙板层，厚2～8cm；②棕红色粉砂黏土层，厚37～52cm，水平层理发育；③棕红色黏土化石层，厚30～90cm，含灰岩碎块和风化红砂岩块，化石富集，发现两具南京猿人头骨和一枚人牙化石；④棕红色黏土层，厚6～20cm，含大量红色风化砂岩和灰岩角砾。洞穴堆积与溶洞演化密切相关，一般认为由于山坡蚀退，距葫芦洞洞顶5m的北支洞壁被揭开，形成高悬的天然洞口。洞外风化物经流水作用进入洞内形成锥状堆积体，前缘即小洞内的黏土化石层，它们的时代基本一致。此后洞口封闭，渗入洞内的主要是含碳酸钙的地下水，以钙板形式沉积下来，保护了其下的各类堆积物。

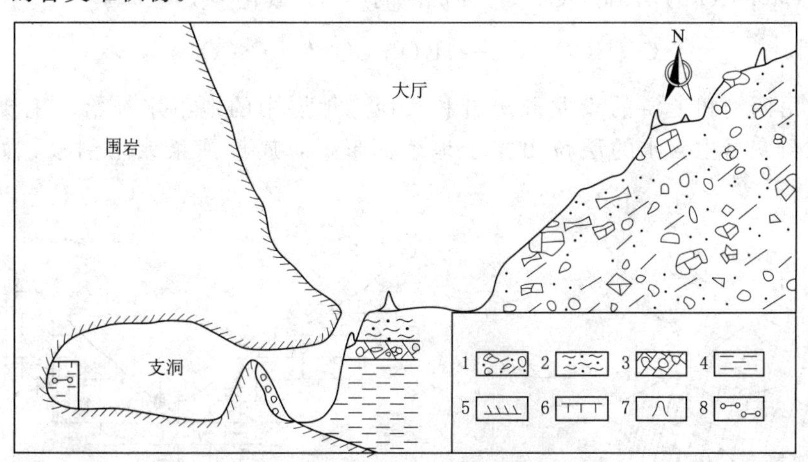

图4-10　葫芦洞洞穴堆积物剖面图

1—灰岩角砾岩；2—斑杂状黏土层；3—钙质胶结角砾层；4—黄红色黏土和泥质物，具纹层构造；5—围岩；6—钙板；7—石笋；8—哺乳动物化石骨骼

(2) 雷公洞。1984 年采石工人首先发现了雷公洞，为裂隙型溶洞。洞内曲折崎岖，迂回幽深，高低跌宕起伏，洞内有 3 个厅室和 6 条廊道，有至今尚未探明的岔洞和洞中洞，有险峻的峡谷和深不可测的水潭，旁有如龟巨石在引颈探水，令人观之称奇。

雷公洞入口高程较低，进入洞中，人工开挖的台阶较陡，而路的上面就是天然的山体石壁，洞中有大量天然形成的裂隙，裂隙一般较大，还有一些不规则的小溶洞和“洞中洞”。洞中台阶顺着一条大的裂隙开挖，此裂隙上下距离较小，入口处尚能让人直立走过，而中间部分则需要弯腰才能钻过，出口处也相对开阔。整个洞中岩石表面很不光滑，且岩石表面很湿润，洞顶一些地方还会滴水。出口处高程较高，且比较开阔，岩石表面也相对较光滑。

葫芦洞和雷公洞紧邻，主要发育在中上寒武统观音台组、奥陶系仑山组、红花园组碳酸盐岩地层中，洞顶为岩溶较弱的大湾组地层，在构造褶皱和断裂的影响和控制下，由地下水长期溶蚀、崩塌作用而产生。

3. 地下水

(1) 孔山寺泉。孔山寺泉出露在孔山北坡山麓的栖霞组石灰岩和龙潭组煤系地层的接触部位，泉水从石灰岩裂隙中流出来，注入孔山寺水库，雨季最大水量在 $400m^3/d$ 以上。由于栖霞组灰岩相对含水导水，而龙潭组煤系相对不透水、不含水，而且又处在较低位置，当处在相对较高位置的灰岩，接受了大气降雨和山区来的地下水补给时，下渗至山脚底碰到煤系地层阻隔，水位上升，露出地表就形成了孔山寺泉，如图 4-11 所示。该泉因出现在不同透水岩性地层的接触界面上，所以又称为接触泉。湖山附近若干生产单位的用水主要依靠这股泉水。

(2) 棒锤山泉。出露在棒锤山北坡山半腰沟谷的顶头，泉附近有一片被地下水浸润长期处于潮湿状态的芦苇、沼泽地。泉水从青龙群灰岩的裂隙中流出，流量有几十立方米每天，雨季可达 $100\sim200m^3/d$。

泉口有石灰华堆积，这是富含 $Ca(HCO_3)_2$ 的地下水在出露地表时，因压力降低，CO_2 逸出，$Ca(HCO_3)_2$ 分解成 $CaCO_3$ 而沉淀的产物，其化学反应式为

$$Ca(HCO_3)_2 \longrightarrow H_2O + CO_2\uparrow + CaCO_3\downarrow$$

该泉水由两侧和上游的青龙群灰岩和其他老地层中的地下水补给。主要因沟谷下切，使青龙群灰岩中含水的层位出露于地表而形成，属侵蚀泉或切割泉，如图 4-12 所示。

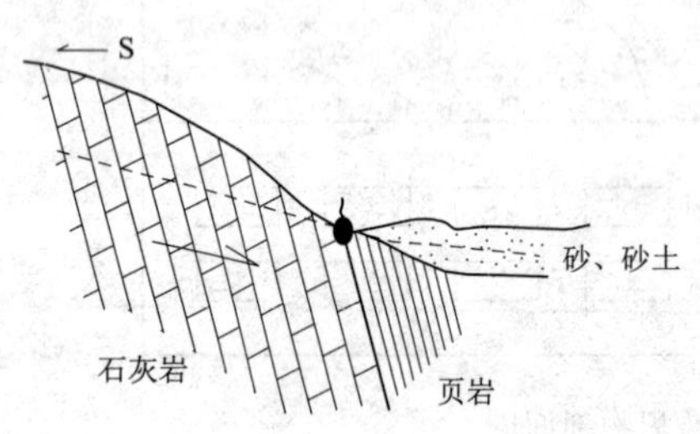

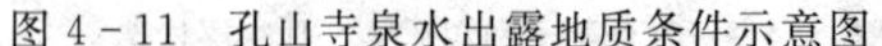

图 4-11 孔山寺泉水出露地质条件示意图

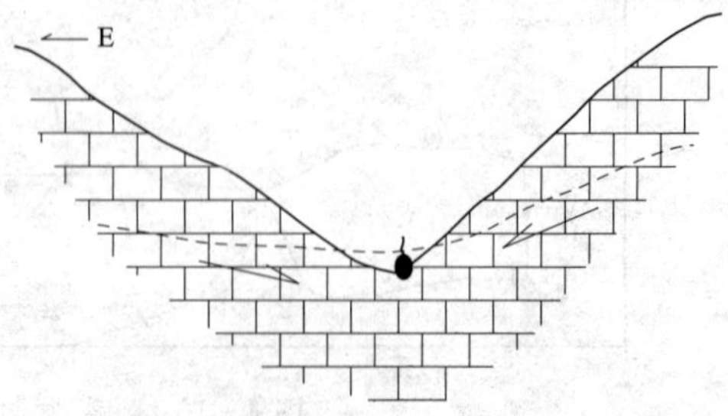

图 4-12 棒锤山侵蚀泉出露地质条件示意图

以上两泉，因补给区位置比泄水区位置要高，所以均具有一定的承压性质，故又可按水力性质称这种泉为上升泉。

(3) 湖山村附近供水井。该水源地在湖山村附近的九乡河河谷，3 号井为主要供水井，井深 12.85m。其上部 12.80m 均为第四系河流冲积、洪积相沉积物质，以砂、黏土夹砾石为主，未胶结、松散，孔隙发育，为孔隙含水层。下部 12.8～12.85m，厚 5cm 揭露青龙群灰岩，灰岩中裂隙岩溶发育，为裂隙岩溶含水层。

上部孔隙水和下部裂隙岩溶水总共出水量达 $442m^3/d$。地下水的补给源为九乡河河谷上游，以及南、北两侧山区的地下水。当井内水位下降后，还可能得到九乡河水的补给。

(4) 汤山温泉。一般地下水的温度大致与当地的年平均气温相当，倘若泉水的温度高于当地年平均气温则称之为温泉。有的温泉中常含有一定数量的特殊化学成分，对人体生理和某些疾病具有特殊的保健和医疗效果，这种温泉又称矿泉。

矿泉水可以用来提取某种特殊化学原料，也可以用来医治某些疾病，高温水可用作热源、发电，也可以用来育苗、育种等。宁镇地区自然出露温泉点较多，有江宁汤山、江浦汤泉、镇江韦岗温泉、安徽和县香泉、巢湖半汤温泉等。

1）汤山温泉简介。汤山温泉位于宁杭公路西侧的汤山山麓。温泉出露有六七处之多，主要泉口有三处。一处在汤山小学内（W506），供汤山浴室使用；另一处在八三医院西边的游泳池附近（W502），供温泉游泳池用水；还有一处在八三医院东北和指挥营内，供军人浴室和工人疗养院用水。

泉水温度在 50～60℃之间，一年四季略有变化，但变化幅度很小。温泉水的矿化度在 1.5～2g/L，主要的成分为 $CaSO_4$，SO_4^{2-} 含量高，水化学类型为硫酸钙（镁）型水，属弱矿化水。汤山温泉水氡气浓度 C_{Rn} 为 159eman 和 201eman，按放射性含氡气的浓度分类，C_{Rn} 在 100～300eman 之间，属中等放射性水。水中 F^-、Sr^{2+} 和 Th 含量也较高。气体成分以 N_2 为主，有少量 CO_2 和 O_2。

据 1962 年 2—5 月各泉用水量统计情况，算出最大开采量情况，游泳池热泉为 $1320m^3/d$，浴室为 $640m^3/d$，汤山小学为 $265m^3/d$，总开采量为 $2200m^3/d$。近年来随着温泉养生健身旅游事业的快速发展，开采量不断扩大，目前汤山温泉已没有自流出露，完全靠钻井抽取，钻井最深处已达数千米。

依靠得天独厚的温泉资源，汤山已发展成为世界著名温泉疗养区，居中国四大温泉疗养区之首，是中国唯一获得欧洲、日本温泉水质国际双认证的温泉，有“千年圣汤，养生天堂”之美誉。

汤山古名“温泉”，因温泉而得名，已有 1500 多年的历史，千年前，汤山温泉就曾于南北朝萧梁时期被皇帝封为“圣泉”。自南朝以来，历代达官显宦、文人雅士来此游览沐浴。据分析测试汤山温泉含 30 多种矿物质和微量元素，对皮肤病、关节炎、风湿症、高血压等多种顽疾疗效显著，故而该地区最适合于发展温泉疗养、健身娱乐、温泉度假等项目。

2）温泉出露的地质条件。温泉大多出露在汤山东南山麓，汤山本身为一短轴穹状背斜构造，组成背斜核心的是寒武系的白云岩，四周为下奥陶统仑山灰岩和中奥陶统的硅质灰岩，温泉露头大多在硅质灰岩中，如图 4-13 所示。

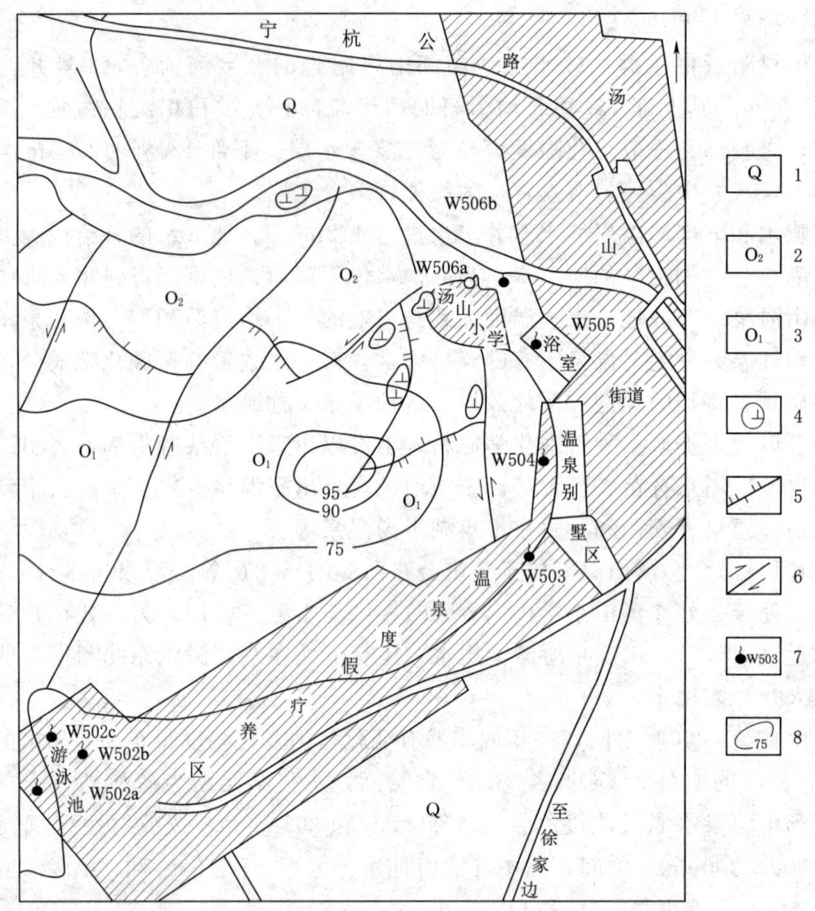

图 4-13　汤山温泉地质图

1—第四系冲积物；2—奥陶系中统灰岩；3—奥陶系下统灰岩；4—玢岩类；5—逆断层；6—平移断层；7—温泉出露点及其编号；8—地形等高线

温泉出露主要和断裂构造有关，这里广泛发育有 NNE 和 NWW 向两组断裂构造。这两组断裂构造将石灰岩切割得支离破碎，构造破碎带延伸很深，使地下水能发生深部循环，补给区补给的地下水，流经径流区使温度升高，到排泄区泄出，由于地下水深部压力较大，使泉水具承压性质，这些泉均属裂隙成因，又称断层泉。如汤山小学温泉就在 NE 向断裂带上出露，八三医院的泉口就在 NWW 和 NNE 两组裂隙的交会点上出露，在枯水季节可以直接看到温泉水从断层角砾岩中流出来。

3）温泉水的补给来源。根据温泉水的水量、水位、水温等动态受季节性变化的影响，可知汤山温泉受大气降雨的影响，但变化幅度不大，并且滞后时间较长，又是承压水，说明水循环深，补给区较远。

根据温泉水气体成分 N_2、O_2 和大气降雨中气体成分相似，化学成分也与一般冷泉相似，为硫酸钙镁、重碳酸钙镁型水，说明水的来源主要是大气降雨的补给。至于水中 F^-、

Sr^{2+}、SO_4^{2-} 和 Th 的异常含量，可能是补给区或径流区的有关矿脉被氧化，这些元素溶解于水后被带来的，也可能是从深部低温热液中带来的。

补给水源可能来自西部、北部甚至东部山区，可以是垂直渗入补给或侧向补给，也可以是通过断层带的越层补给。

4）温泉热源的有关情况。目前关于汤山温泉的热源问题说法不一，主要有以下三种认识：

a. 地热增温，断裂构造通向地壳深部，水经过深部循环而加热。根据每深 33m 温度增加 1℃计算，只要在深达 1000m 以下的地层，泉水温度就能较平均气温增加 33℃而达到 50℃以上。

b. 受地下岩浆热液余热影响，汤山附近地下有多种火成岩岩脉，这些岩浆岩在深部处于相对高温的状态，相当于一只热火盆加温源，而地表水或大气降雨通过断层带入渗或流经它的附近，接受加温，再循环流出地表。这种看法认为水中 F^-、Sr^{2+}、SO_4^{2-} 和 Th 等都是岩浆热液带来的。

c. 放射性元素的蜕变和硫化矿床的氧化作用，均可放出大量的热量。

二、实习路线、内容和要求

汤山湖山地区实习的主要目的是认识沉积岩地层岩性、化石、接触关系，认识和判别褶皱、断裂等地质构造，认识岩溶以及泉水、次生谷、洪积物等地貌及第四纪地质特征。主要观察路线有 9 条（图 4-14），可根据实习时间和要求选择。

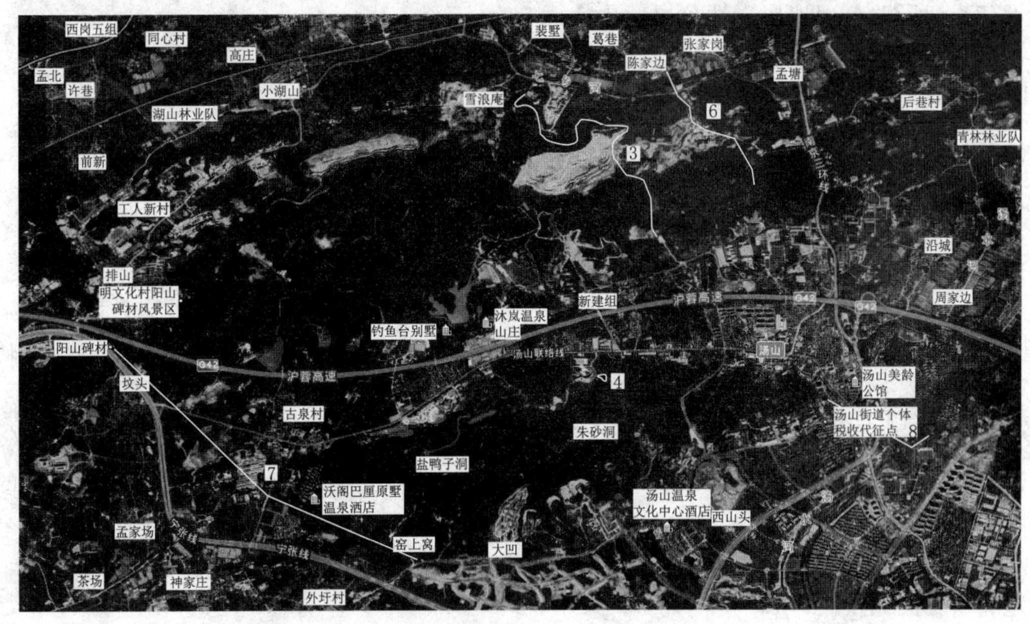

图 4-14　汤山湖山地区实习路线分布图

（一）黄花岸至棒锤山西南端小铁路旁人工剖面

1. 路线

沿黄花岸至棒锤山西南端小铁路旁人工剖面由南东向北西观察。

2. 实习内容

通过现场剖面标识的分层岩性描述，认识中二叠统孤峰组、上二叠统龙潭组、大隆组、下中三叠统青龙群下部之湖山段分层地层岩性、接触关系，分析岩性变化特征及其沉积环境，地质发展史。

3. 观察点

(1) 在黄花岸人工剖面上观察中二叠统孤峰组及上二叠统龙潭组、大隆组地层，认识岩性，找化石，测量地层产状，了解地层接触关系。

(2) 在棒锤山西南端剖面南东进口段观察上二叠统大隆组之地层，认识岩性及其变化，找化石，测量地层产状，目测地层厚度。

(3) 在剖面中部观察下中三叠统青龙群湖山段下部之地层，认识岩性及其变化，找化石，测量地层产状，目测地层厚度，了解与下伏大隆组地层之接触关系。

(4) 在剖面北西段观察下中三叠统青龙群湖山段中部之地层，认识岩性及其变化，找化石，测量地层产状，目测地层厚度。

(5) 在剖面北西端观察下中三叠统青龙群湖山段上部和顶部之地层，认识岩性及其变化，找化石，测量地层产状，目测地层厚度，分析各段岩性的沉积环境和地质运动历史。

4. 作业要求

(1) 绘制下二叠统孤峰组及上二叠统龙潭组、大隆组与下中三叠统青龙群下部的地层剖面图。

(2) 记录并整理地层岩性分层变化特征。

(3) 熟悉地层的主要化石。

(4) 采集和整理代表性的地层标本。

(5) 分析沉积环境变化及地壳运动历史。

(二) 山头洼—火石烽

1. 路线

由山头洼向南沿公路上坡至火石烽。

2. 实习内容

认识背斜在剖面和平面上的表现及褶皱轴的倾伏，认识背斜核部及北翼之地层岩性特征、接触关系。

3. 观察点

(1) 在山头洼之冲沟旁观察上泥盆统五通组地层组成之背斜核心，测量两翼相当层的产状变化，判断背斜轴的倾伏方向，在地形图上定点。

(2) 向西追索观察石炭系地层呈弧形合围的分布状况（外倾转折），测量地层产状，确定背斜轴的倾伏。

(3) 在155.8m高地之北东侧公路边坡观察上泥盆统五通组、下石炭统金陵组、高骊山组、和州组和老虎洞组地层。逐层认识岩性，找化石，测量地层产状。注意老虎洞组与黄龙组之间为假整合接触。

4. 作业要求

(1) 绘制孔山背斜剖面地质素描图。

（2）绘制孔山背斜之平面示意图。

（三）陡山

1. 路线

沿陡山北东侧环山公路观察。

2. 实习内容

认识连续发育的背斜、向斜以及断层。认识上泥盆统五通组至二叠系孤峰组地层岩性，分析地质发展史。

3. 观察点

（1）在陈家庄南面之山麓附近，观察栖霞组、孤峰组地层，测量地层产状。

（2）沿公路向南登至下半山坡，观察船山组、黄龙组地层，测量地层产状。

（3）沿公路登至半山坡，观察下石炭统及五通组之地层，逐层认识岩性，测量地层产状，注意以五通组地层为核心地层的对称式重复出现以及地层产状的变化，判断背斜的存在。

（4）沿公路登至上半山坡，观察黄龙组、船山组以及栖霞组地层的重复出现，测量地层产状，进一步确定背斜的存在，并判识其横剖面形态。

（5）在陡山顶观察栖霞组地层，测量地层产状。注意栖霞组地层本身的对称式重复出现及产状的变化，判断向斜的存在及向斜轴的倾伏状况。

（6）在陡山南坡探槽中观察船山组、黄龙组地层，测量地层产状。

（7）在陡山南坡麓附近观察下石炭统地层与五通组，注意部分下石炭统地层缺失，下石炭统地层与五通组地层的接触带附近岩层破碎，有断层擦痕、角砾岩以及地层产状的不一致等事实，初步判断断层的存在及断层的方向和性质。

4. 作业要求

（1）绘制陡山路线地质剖面图。

（2）记录与整理各时代地层的岩性特征。

（四）阳山碑材—古猿人洞

1. 路线

阳山碑材公园沿旅游步道到古采石场，碑座、碑额、碑身，古猿人洞游览路线。

2. 实习内容

（1）认识栖霞组地层岩性特征，硅质结核和化石。

（2）观察测量和分析研究大石碑正断层特征。

（3）了解碑材开采运输的历史。

（4）认识地表岩溶及地下岩溶洞穴的发育。

（5）研究洞穴堆积物。

3. 观察点

（1）山道沿途选择露头较好的位置观察栖霞组岩性特征，硅质结核，寻找化石，分析层面并测量地层产状。

（2）古采石场崖壁上大石碑正断层。

（3）碑材。

（4）古猿人洞。

4. 作业要求

（1）栖霞组岩性描述。

（2）大石碑正断层判别、产状测量、特征描述及素描。

（3）了解碑材选址、开采、运输的历史、气候和地质条件。

（4）古猿人洞穴的测量并绘制洞穴平、剖面图。

（5）绘制洞穴堆积物地层剖面图。

（6）分析岩溶洞穴发育条件和控制因素。

（五）排山—湖山

1. 路线

由孔山北麓至排山与棒锤山之间谷地。

2. 实习内容

认识泉、次成谷、阶地及洪积物。

3. 观察点

（1）在孔山北坡山麓观察孔山寺泉，了解其流量及其形成条件。

（2）观察排山至湖山公路沿线次成谷两侧次生顺坡谷和逆坡谷地貌，了解次成谷形成条件。

（3）观察次成谷两侧阶地的发育状况，注意阶地面的形态特点，分布状况，阶地的不同级别，并根据地形图判断各级阶地面的高度。

（4）在园博园地质科普馆附近观察更新世的洪积物，注意剖面中砾石层与砂层的交互成层现象，描述砾石的成分、大小、分选性、形态、磨圆程度。观察洪积物的分布地貌形态和位置。

4. 作业要求

（1）分析孔山寺泉形成和出露条件，绘制泉水出露地质剖面图。

（2）绘制次成谷及两侧阶地发育状况的地貌剖面图。

（3）绘制洪积物地层剖面图。

（4）进行砾石的统计分析，在洪积物中选取100个砾石，统计其长轴的大小，作图表示不同大小等级砾石的数量百分比。按小组进行，将取样点标在剖面图上，各组取样位置不要重复，应均匀分配。

（六）陈家边—狼山北坡

1. 路线

由陈家边经狼山北坡至赤燕山坡。

2. 实习内容

观察斜向断层和小断层群。

3. 观察点

（1）在陈家边西侧人工露头上观察青龙群与五通组及下石炭统地层的断层接触关系，注意地层的不连续，产状的变化。断层面的特征，判断断层的产状和性质。

（2）在狼山北坡下半坡观察硅质胶结的断层角砾岩的特征，注意角砾的大小、成分、角砾岩带的宽度、延伸方向。

(3) 在赤燕山北坡观察龙潭组之地层，研究砂岩中之小断层群的断层性质、产状、相互错动关系。

4. 作业要求

(1) 绘制陈家边断层平面示意图与剖面示意图。

(2) 绘制龙潭组小断层群平面示意图。

(七) 汤山头—坟头

1. 路线

由外圩村之东山兵营后面之山坡上开始向南西方向，经侯家塘至坟头。

2. 实习内容

认识寒武系上统及奥陶系、志留系地层。

3. 观察点

(1) 在兵营东北方向山坡上观察上寒武统观音台组、下奥陶统仑山组地层，按岩性分层，找化石，测量地层产状，目测地层厚度。

(2) 在兵营附近山坡上观察下奥陶统红花园组地层、按岩性分层，找化石，测量地层产状，目测地层厚度。

(3) 在兵营西南侧之人工剖面上观察下奥陶统之大湾组、牯牛潭组，中奥陶统之汤山组，上奥陶统汤头组，下志留统高家边组地层，按岩性分层，找化石，测量地层产状，目测地层厚度。

(4) 在坟头汽车站公路旁侧至珠山沿路观察中上志留统坟头组地层，认识岩性，找化石，测量地层产状，注意地层之倒转产状，目测地层厚度。

(5) 在珠山顶观察茅山组地层及其与坟头组的接触关系。

4. 作业要求

(1) 分段绘制仑山组与红花园组，大湾组、牯牛潭组、汤山组，汤头组与高家边组地层剖面示意图。

(2) 绘制坟头至珠山中上志留统地层剖面示意图。

(3) 记录并整理各地层之岩性。

(4) 熟悉各地层的主要化石。

(5) 采集和整理代表性的地层标本。

(八) 汤山镇

1. 路线

汤山镇东北方向之汤泉水库及汤山镇温泉出露点。

2. 实习内容

(1) 认识汤山附近之火成岩及其与上白垩统浦口组地层的接触关系。

(2) 了解汤山温泉的概况。

3. 观察点

(1) 在汤泉水库溢洪道附近观察已风化之闪长玢岩，注意识别其中之斜长石、黑云母、角闪石之斑晶，认识火成岩的结构。

（2）在水库附近人工剖面上观察浦口组底部砂砾岩层的特征，注意观察砾石的成分、大小，测量地层产状。

（3）在溢洪道附近观察浦口组与闪长玢岩的接触关系，注意火成岩体顶面的起伏不平，浦口组底部靠近接触面上有大量闪长玢岩的碎块和碎屑，以及局部地方有白色黏土层的堆积，判断两者的接触关系。

（4）在汤山镇内观测、了解温泉的水温、水质及流量变化（据1962年实测资料，温泉流量为2300m^3/d，现在早已断流，仅依靠钻孔抽取，且水位不断降低），了解温泉的用途及其形成的地质条件，顺便了解冷水池泉水的情况。

（5）在汤山小学后面上山观察奥陶系地层。

（6）了解汤山温泉开发利用现状及环境保护。

4. 作业要求

（1）绘制火成岩与浦口组接触关系素描图。

（2）统计浦口组底部砾岩中不同成分砾石的数量百分比（取100个砾石统计），作图表示之。

（3）分析汤山温泉之成因。

（九）石门埝水库

1. 路线

由石门埝水库西坝头沿公路向北观察至公路隧道口。

2. 实习内容

观察志留系高家边组、坟头组、茅山组、泥盆系五通组地层剖面，认识沉积岩岩性特征（砾岩、砂岩、粉砂岩、页岩与泥岩），寻找化石、标志层、地层接触关系。沿途观察石炭系金陵组、高骊山组、和州组、老虎洞组、黄龙组岩性变化。

3. 观察点

（1）水库西坝头，观察高家边组上部黄绿色薄层泥质粉砂岩和坟头组黄绿色厚层细砂岩整合接触关系，两侧地层岩性，寻找化石。观察坟头组中发育的斜层理构造，根据其在剖面上所显现的“顶截底切”特征，判断地层层序的正常或倒转，并讲述斜层理的地质意义。

（2）坟头组与茅山组接触界限，观察坟头组上部灰黄绿色中层粉细粒岩屑石英砂岩，顶部见2～3cm铁质薄膜，与茅山组暗紫红色铁泥质厚层石英粉砂岩之整合接触关系。

（3）茅山组与观山组接触界限，注意讲述观山组灰白色、中厚层中细粒石英砂岩与茅山组紫红色厚层状中细粒石英砂岩，含泥砾、层面发育波痕等特征，反映两者平行不整合（假）接触关系，搜集确定假整合的证据；并讲述底砾岩和层间砾岩的区别。

（4）隧道口附近采石宕观察和州组、老虎洞组、黄龙组岩性变化、地层接触关系。

4. 作业要求

（1）学习判读地形图，在地形图上定点。

（2）学习野外地质记录的要求，掌握测量地层产状的方法和产状要素的记录方式。

（3）绘制“古泉水库高家边组—五通群地层剖面示意图”，建议比例尺为1∶5000。

（4）绘制斜层理构造素描图。

（5）分析地层倒转特征及其原因。

第二节　南京燕子矶幕府山地区

一、地质概况

南京燕子矶幕府山地区位于南京市北郊，濒临长江。其范围东至燕子矶，南至宁燕公路，西至上元门附近老虎山，北以长江为界，全区面积约 10km^2，属低山、丘陵、河谷（长江）地貌景观区。

（一）地层岩性

幕府山区发育有自震旦系上部至早中三叠统的全套地层，其中震旦系灯影组，寒武系幕府山组、炮台山组、观音台组，奥陶系仑山组、红花园组、大湾组、牯牛潭组、汤山组、汤头组，志留系高家边组、坟头群等，主要分布在本区西北部及沿江一带。而泥盆系五通组，石炭系金陵组、高骊山组、和州组、老虎洞组、黄龙组、船山组，二叠系栖霞组、孤峰组、龙潭组、大隆组，下中三叠统青龙群等，主要分布在本区中部和南部。此外上白垩统浦口组还零星分布在该区东部燕子矶一带及区内山麓部分，与下伏老地层为角度不整合的接触关系。由于后期构造运动影响，全区岩层均遭剧烈褶皱断裂的破坏和改造，造成岩层支离破碎，地层残缺不全和纵横交织的现象。

现将汤山湖山地区外在该区出现的地层叙述如下。

1. 灯影组（Z_2d）

该组上部为灰白色中厚层状白云岩，中部为黑色薄层含沥青质灰岩、含燧石条带及结核，下部为白色内碎屑白云岩。与下伏黄墟组整合接触。

2. 荷塘组（ϵ_1h）

该组由黑色薄层碳质硅质岩、碳质硅质泥岩、页岩、石煤及磷结核层夹灰岩透镜体组成。与下伏灯影组平行不整合接触。

3. 幕府山组（ϵ_1m）

该组上部为灰褐色薄层白云岩、灰黑色薄层灰岩、白云岩及紫红色泥质灰岩，下部为灰白色含燧石结核灰岩、含磷白云质灰岩，夹页岩。与下伏荷塘组呈整合接触。

4. 炮台山组（ϵ_2p）

该组指幕府山组与观音台组间的一套镁质碳酸盐岩。主要为浅灰、浅黄色薄层白云质灰岩，浅红色薄层白云岩及黄色薄层泥质灰岩。与下伏幕府山组呈整合接触。

5. 葛村组（K_1g）

该组上部以杂色泥岩、粉砂质泥岩为主，夹泥质粉砂岩或呈互层，下部以杂色细砂岩为主，夹粉砂质泥岩、砂砾岩、砾岩。与下伏大王山组为不整合接触。

6. 浦口组（K_2p）

该组沉积区边缘自下而上为灰紫、紫红色砾岩、角砾岩、砂岩、岩屑砂岩、粉砂岩夹粉砂质泥岩，夹火山岩；沉积区中部为灰、棕、咖啡色砂砾岩，粉细砂岩，膏质泥岩，泥岩与盐岩互层。与下伏地层呈不整合接触。

7. 赤山组（K_2c）

该组上部为棕红、紫红色粉细砂、粉砂岩、页岩或互层，下部为紫红、砖红色细砂、粉砂岩、钙质泥岩，夹砂砾岩。与下伏浦口组整合接触。

8. 下蜀组（Q_p^3）

该组下部为浅棕红色、棕黄色粉砂质黏土及粉砂和少量粗砂；上部为浅棕黄色、灰黄色粉砂层含铁锰小球，次为细砂及少量粗砂。本层底部有灰白色淋滤条纹或钙质结核（姜结石）和豆状铁锰质沉淀。含腹足类、脊椎动物及孢粉等。厚 10～15m，最厚为 30～40m。不整合覆盖在下伏地层上。

（二）褶皱

幕府山区的褶皱是宁镇山脉西段北带复式背斜的一部分，称为幕府山复式背斜。与东南部的钟山大向斜、汤仑大背斜等为同一级的构造。其内部由若干不同形态的二级褶皱构造构成（图 4-15），自北西向东南依次为：

（1）沿江永清里背斜。核部由灯影组组成，翼部为幕府山组，岩层产状直立，背斜的 NW 翼下掉缺失。

（2）炮台山向斜。核部由炮台山组组成，翼部为幕府山组组成。

（3）幕府山背斜。自幕府山向北东延伸至达摩洞、老燕山一带向北东倾伏。核部由灯影组组成，两翼由幕府山组、炮台山组和观音台组组成。

（4）幕府山向斜。核部由青龙群组成，两翼依次为二叠系—石炭系地层组成，该向斜向北东延至燕子矶附近，形成向斜山地貌。

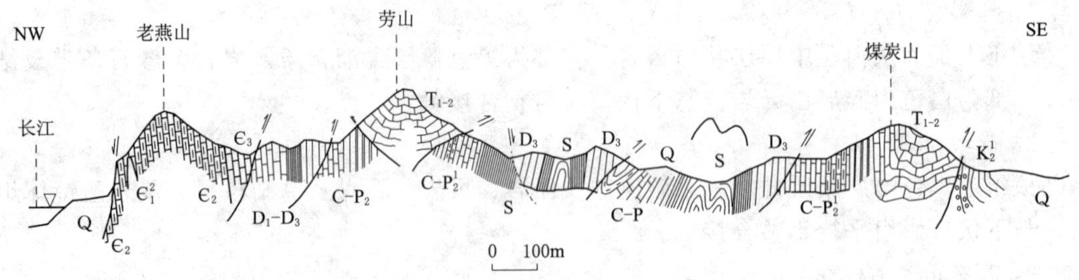

图 4-15 幕府山区地质剖面图

（5）黄方村背斜。核部由高家边组和坟头群组成，翼部为五通组和石炭系地层，由于断裂破坏已不完整。

（6）三元庵向斜。核部由龙潭组组成，两翼均遭断层掩覆，向斜完整性很差，须追溯才能了解。

（7）嘉善寺背斜。核部由高家边组组成，翼部为坟头群和五通组组成，形成背斜谷地貌，出露于嘉善寺至窑上村一带。

（8）煤炭山向斜。核部由青龙群组成，两翼依次为二叠系—石炭系地层，轴向 NE。在煤炭山褶皱轴的两端均昂起。

上述褶皱轴走向均在 N45°～65°E 之间，并向 NE 倾伏，其背斜核部主要由震旦系灯影组或志留系高家边组构成，而向斜核部主要由寒武系炮台山组或下中三叠统青龙群所构成，全属陡倾角的紧闭的线状形态，横剖面观察大都不对称，每一个褶皱内部尚为更次一级（三级）褶皱所复杂化。后期剥蚀作用不但形成与构造一致的背斜山（如永清里背斜山），而且更多地形成地貌倒置背斜谷和向斜山（如劳山向斜山、煤炭山向斜山和嘉善寺背斜谷等）。

（三）断裂

幕府山地区断裂构造特别发育，有平行褶皱构造轴向发育的纵断层，有横切（或斜切）褶皱构造轴向发育的横断层（或斜交断层），它们大多数是褶皱的伴生构造，共同构成蜘蛛网状格局，十分复杂。

断层从性质上可分三类：①逆、逆掩断层，其断层倾角在30°～40°间，主要分布在褶皱构造背斜和向斜的两翼部位，往往造成该地岩层掩覆缺失现象；②高倾角的正断层，横切褶皱构造，使断层两侧相当地层的露头线突然截断不连续，使背斜或向斜的露头宽度在断层两侧明显不相等，地貌上往往使断层两侧山岭高程发生显著差异；③平移性质为主的断层多半是高倾角的，斜切褶皱构造轴向发育，使两侧岩层或山岭错位。

现重点介绍如下。

1. 沿江正断层

自燕子矶向西南达上元门老虎山一带，断层发育在震旦—寒武系和上白垩统红层中，NE走向。沿断裂带除岩层破碎外，构造地貌表现突出，有断层陡崖、三角面山、断层悬谷、串珠状小池塘分布等，由于地貌保存良好，显然其形成时期比较新，如图4-16所示。

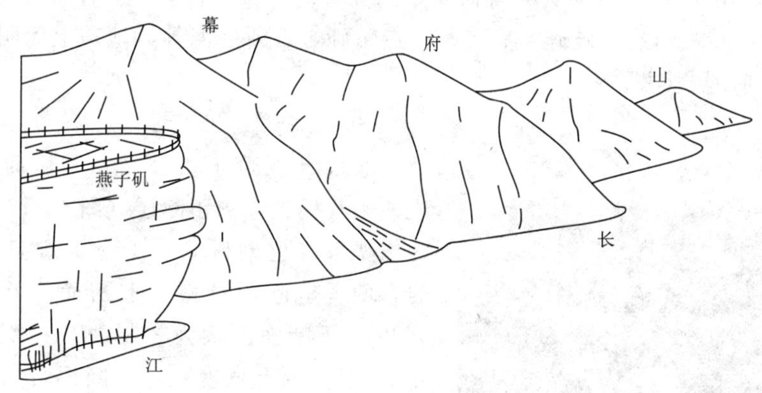

图4-16　幕府山地区地貌素描图

2. 头台洞—耐火磷逆掩断层

自NW向SE逆掩，将寒武系炮台山组和观音台组直接掩覆在石炭—二叠系和下中三叠统青龙群之上。断层带出露奥陶—志留—泥盆系岩层断块，依据这种情况推测断面应向NW倾斜，由于它发育时期早，地貌上反映不明显。

3. 劳山南坡逆断层

自燕子矶南京自来水厂至黄方村一带，为一系列叠瓦式逆冲断层。它们既造成某些地层缺失，又造成某些地层重复，主要在劳山南坡志留—泥盆—石炭—二叠系地层内发育，这些叠瓦状断层的走向均为NE，向NW倾斜。

4. 铁石山逆断层

发育在铁石山南坡，系五通组自 NW 向 SE 逆冲，造成岩层直立、倒转和下伏石炭二叠系岩层缺失、变薄等现象。断层产状为 N40°E/NW∠30°，在地貌上无显著反映。

5. 警备区采石场—老燕山逆断层

断层产状为 N40°W/SW∠35°，由 SW 向 NE 逆冲。采石场上可见构造透镜体、断层擦痕和矿染现象，平面兼有右行平移现象，因此它是平移—逆断层性质，断层发育在寒武系地层中。

6. 佛灵门—联珠村横断层

断层产状为 N45°W/NE∠70°，将劳山向斜错断，原为逆断层，再继承发育为正断层，NE 侧下降，造成 NE 侧青龙群向斜露头宽度大于 SW 侧，地貌上 NE 侧高程为 117.5m，SW 侧为 165.7m，相差较悬殊。

7. 达摩洞—市政采石场逆—平移断层

断层产状为 NNE/NWW∠85°，断层斜切古生界诸地层，呈左行平移，剖面上为逆断层性质，地貌上为沟谷所在。

8. 佛灵门—煤炭山横断层

断层走向 N20°W，高倾角，斜切古生界和青龙群岩层，呈左行平移，地貌上有沟谷、泉水出露等。

9. 乌龟山逆断层

走向近 E—W 向，向 S 倾，中等倾角，系五通组逆冲于石炭—二叠系岩层之上，使下伏岩层直立或倒转，断层带破碎，有各种构造角砾岩、断层泥等，地貌上无明显反映，后期遭受 NNE 向断层切割。

10. 公交总站正断层

2017 年在燕子矶公交总站后面的崖壁上发现一条规模较大的正断层（图 4-17），断层上盘为白垩系红色砂砾岩，下盘为震旦系白云质灰岩，两者呈断层接触，上断面产状为 305°/NE∠69°，下断面产状为 313°/NE∠74°，断层带下宽 2.8m，向上宽度减小，断层带内发育断层角砾岩，断层面上见垂直方向擦痕，反映正断层性质。此断层过去没有被发现和注意，对附近过江通道建设和燕子矶开发建设有一定影响，必须引起重视。

图 4-17　燕子矶公交总站正断层

综上所述，幕府山区各种断层以 NE 向和 EW 向逆断层发育最早，NW 向断层次之，NNE 向和 NNW 向更次之，以二次活动的正断层（如 NE 向沿江断裂）最晚。这些断层中，逆、逆掩断层常组合成叠瓦状排列，而正断层则以阶梯状排列，平移断层又以和褶皱构造轴斜列形式排列。老断层因断裂带经后期胶结愈合，地貌上无特殊的反映，唯新断层由于破碎松散未胶结，剥蚀夷平不够，故都有一定的地貌景观出现。

（四）地貌现象

1. 断层线崖

幕府山沿江陡崖是沿江大断层作用所形成的陡崖，在地表长期侵蚀剥蚀作用，特别是长江的侵蚀作用下残留的陡崖，属于沿江断层线崖。此断层线崖断续延绵很长，可延至栖霞山、龙潭一带。断层线崖的主要表现特征如下：

（1）断层线崖走向稳定，与地层倾向无关，甚至断崖面与地层倾向相反。

（2）断层线崖壁上虽具有构造破碎，有的地段可见有擦面、擦痕、构造岩等特征，但未见较为完整的断层面，所见断层迹象实为次级断层表现。

（3）陡崖方向与河流弯曲无关，受长江侵蚀不明显，非冲蚀陡崖，这也正是其受断层控制的表现。

（4）略具断层三角面山和悬谷等断层切割特征的地貌，也可以反映长江和幕府山小溪流侵蚀能力差异的表现。

（5）沿崖壁下，有串珠状的泉水出露，整个幕府山山体主要由碳酸盐岩类可溶性地层组成，岩溶较为发育，地下水丰富，长江作为区域排泄基准面。

关于沿江陡崖的性质，在南京长江大桥建设选址稳定性论证阶段，曾有过断层崖与断层线崖之争。所谓断层崖是指由于断层面两侧的上、下盘岩层位移时所出露的陡崖，实为出露的断层面，反映断层活动时间新、活动性强。而断层线崖是断层崖经过长期侵蚀剥蚀，崖壁后退，与断层线相差一段距离残留的陡崖。显然断层线崖是受断层构造控制的主要由侵蚀剥蚀作用所形成的侵蚀剥蚀构造陡坡地形，反映断层活动时间较老，活动性较弱。对照断层崖和断层线崖的定义和沿江陡崖的性质，可以认为属于断层线崖更确切。断层崖与断层线崖之争的实质关乎沿江大断层的活动性及其对沿江、跨江工程稳定性的影响，正因为如此当年长江大桥选址建设才得以顺利论证通过。

2. 溶洞

燕子矶附近沿江的头台洞、二台洞、三台洞等溶洞，发育在江边的震旦系灯影组白云质灰岩之中，为地下水溶蚀作用的结果。溶洞大致可分为三层，自低而高第一层大致高出现代长江水面数米，是近期地下水活动溶蚀作用的结果；第二、三层分别高出江面10～15m和30～35m，它们分别代表较早的两次地下水溶蚀作用面。这三层溶洞出露的标高，与当地超漫滩、Ⅰ级阶地、Ⅱ级阶地面的标高相当。可见这种层状溶洞和阶地的形成过程一样，也是地壳在第四纪以来不断抬升，地下水排泄基准面不断下降的结果。

3. 燕子矶沿江阶地和河漫滩

登上燕子矶头，遥望东、南两个方向，可以看到长江三级阶地和河漫滩地貌。

（1）河漫滩分布在燕子矶街上及沿江的工厂、居民区，高出江水面6m左右，漫滩上水田、水塘星罗棋布，有沼泽、水草分布。

（2）Ⅰ级阶地分布在燕子矶向东至笆斗山及稍向南的菜地、厂房一带，高出江面10m，为堆积阶地。

（3）Ⅱ级阶地的分布从笆斗山、燕子矶向南，高出江水面20～25m，呈小山、孤丘及长岗状。

(4) Ⅲ级阶地见于燕子矶以东的一些较高的孤立小山岗地形，高出江水面 40～50m。保存程度较差。

除Ⅰ级阶地为堆积阶地外，Ⅱ、Ⅲ级阶地在不同地方出现堆积、侵蚀、基座等不同的类型。

该区地貌发育完全受构造所控制。除了上述介绍的与褶皱、断裂有关的地貌现象外，岩性对地貌发育也有很大关系，如图 4-18 所示。

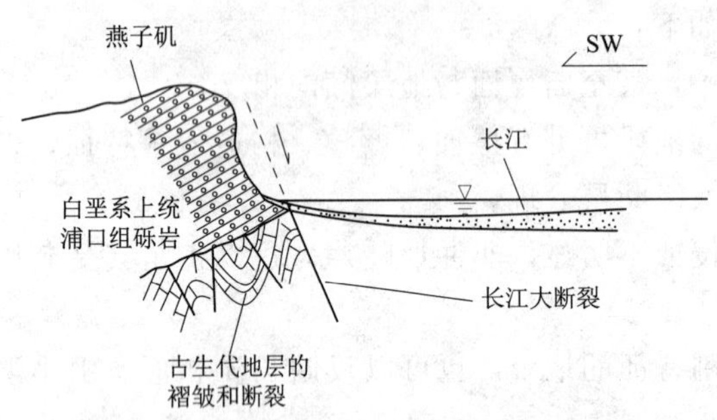

图 4-18　南京幕府山—燕子矶成因示意图

(五) 历史典故

燕子矶位于南京市北郊观音门外，栖霞区幕府山的东北角，海拔 36m，由白垩系浦口组紫红色、砖红色砾岩、砂岩组成，北临长江，属长江三大名矶（燕子矶、采石矶、城陵矶）之一，有“万里长江第一矶”的美称。登临矶头，脚下惊涛拍岸，波浪滚滚，豪气顿生。傍晚观矶，晚霞漫天、江流滔滔、赤壁如火，谓之“燕矶夕照”，为清初古金陵四十八景之一。

矶是指水边突出的岩石或石滩。燕子矶山石直立江上，三面临空，形似燕子展翅欲飞，故得名。燕子矶在长江三大矶中虽然最小，但最负盛名。古代是重要渡口，清康熙、乾隆二帝下江南时，均在此泊舟。乾隆六次南巡五登燕子矶，使它名声大振。1751 年暮春，乾隆首次来游燕子矶时，即被这里的壮丽景色所陶醉，乘兴作诗一首：“当年闻说绕江澜，撼地洪涛足下看。却喜涨沙成绿野，烟村耕凿久相安。”并亲笔御书“燕子矶”三个楷书大字，地方官府制成巨型御碑，造亭一座，屹立在燕子矶山峰之巅（图 4-19）。历代文人骚客、英雄名流慕名游览，纷纷赋诗作词。为弘扬燕子矶丰厚的历史文化底蕴，由现代著名书法家书写的历代诗词被镌刻在山崖石壁上，在燕子矶公园西壁开辟了摩崖石刻区，这些更突出了其欣赏和历史价值。

就在乾隆最后一次游览燕子矶的 62 年后，1842 年第一次鸦片战争的硝烟里，英国侵略军在燕子矶抢滩登陆，直逼南京，迫使清廷签订了《南京条约》，中国自此开始了饱受列强凌辱的历史。再过 95 年，1937 年 12 月间，日本侵略军占领南京，制造了南京大屠杀惨案，其中 5 万多同胞的鲜血染红了燕子矶的江滩，使这里成为南京大屠杀的主要屠杀场地之一。为纪念在此地受害的同胞，在今天的燕子矶公园内树立有“燕子矶江滩遇难同胞纪念碑”。乾隆皇帝的御碑亭也几度成为废墟，现已修复。“一峰飞插长江里，其势翩翩如燕子”，玲珑如燕的燕子矶，却承载了中华民族众多的耻辱和痛苦，那赤色的砂砾岩壁，似乎正昭示着那血与火的岁月，“矶头洒青泪，滴滴沉江底”。

在燕子矶山上临崖处，还有我国伟大的人民教育家、思想家陶行知先生手书“想一想，死不得”的石碑一块，背面尚有几行春风化雨、暖人心脾的劝诫语。这是当年在燕子矶乡晓庄村办学期间，听说经常有失意人来矶头跳崖，先生十分惋惜，于是便带着学生在此竖了劝诫碑，此后确实感化劝导了许多失意轻生者。

图 4－19　御碑

燕子矶附近的幕府山有弘济寺、观音阁等建筑，临江大多是悬崖绝壁，岩山有 12 个洞穴，为地下水溶蚀作用而成，其中以三台洞最为深广曲幽，构成了一幅秀丽的自然山水画卷，是六朝古都著名的风景名胜，在古金陵四十八景中，就占“燕矶夕照”“永济江流”“嘉善闻经”“化龙雨地”“幕府登高”“达摩古洞”六景。现已建成幕燕（幕府山—燕子矶）风光带，成为市民休闲、观光、旅游、了解历史文化的风景名胜地。

二、实习路线、内容和要求

燕子矶幕府山地区实习的主要目的是认识沉积岩地层岩性、化石、接触关系，认识和判别褶皱、断裂等地质构造，认识岩溶发育的成层性与长江河谷地貌，以及泉水、次成谷等地貌及第四纪地质特征。主要观察路线有 3 条，可根据实习时间和要求选择或缩短路线。

（一）幕府山

1. 路线

自幕府山白云石矿矿部北面上山，经采石场顶，沿长山山脊向东约 300m，后向南沿路下山至部队食堂。

2. 实习内容

（1）观察震旦系灯影组、下寒武统幕府山组、中寒武统炮台山组的岩性，主要化石，各组之间接触关系。

（2）观察寒武系白云岩中之断层。

（3）观察下寒武统幕府山组的胶磷矿、磷质结核、黄铁矿结核及石煤特征。

（4）瞭望长江地貌特征。

3. 观察点

（1）白云石矿采石场南坡。观察震旦系灯影组岩性及藻灰结核。

（2）采石场顶之北侧崖壁下，观察寒武系白云岩中之断层。断层证据有：①沿断层面走向和倾斜方向均呈舒缓波状；②断层面上有红色而光亮之镜面，呈薄壳状；③断层面上有一系列相互平行排列的擦痕、擦沟、擦槽；④断层下盘见有小型的相互平行的羽状剪切性质的破裂面，后者与主干断层面交角小于10°，破裂面上也有擦痕；⑤断层上被切截的燧石结核表面上有光亮的擦痕；⑥断层面旁侧白云岩被压碎成细小的棱角状（下盘），或成为密集的挤压破碎带（上盘）。

（3）采石场东面长山山脊瞭望长江地貌。

1）长江在这里分为两股岔道，北支为凸岸方向，江北为一宽缓的漫滩平原，不断在淤积当中。南支为凹岸所在，由幕府山的基岩形成陡峭的谷坡，因凹岸的强烈冲刷作用，水较深，是目前的主要航道所在。

2）江心州即八卦州之西南端为一尖突之鸟嘴形状，指向上游。据观察，自长江大桥建成以来，其尖端不断向上游方向增长，这是江水流出大桥后，河道开阔，流速减低，不断发生沉积所致。

（4）长山南坡路旁，观察幕府山组岩性、含矿物情况，主要化石，与上覆地层接触关系。本组地层夹有石煤层及磷质结核、黄铁矿结核和胶磷矿等。

（5）部队养猪场西200m路旁，观察幕府山组、炮台山组岩性，三叶虫化石和接触关系。

4. 作业要求

（1）记录并整理野外所观察的地层、构造和地貌现象。

（2）采集并整理化石及岩石标本。

（3）绘制下中寒武统地层剖面示意图及断层、地貌素描图。

（二）煤炭山—猪头山

1. 路线

从煤炭山开始向北经猪头山。

2. 实习内容

（1）认识连续发育的背斜和向斜及断层和节理。

（2）认识滑坡、背斜谷、向斜山、次成谷、阶地、冲沟地貌。

3. 观察点

（1）在煤炭山南坡观察青龙群地层及其中之塑性流动小褶皱。测量地层产状，观察不同时代地层的分布状况以判断煤炭山向斜的存在及了解向斜轴的延伸方向。

（2）在铁石岗南侧采石坑内观察龙潭组、孤峰组、栖霞组、船山组、五通组地层，测量地层产状，并进一步观察判断五通组地层和上覆地层之间的断层关系。需要注意的是：①地层缺失；②断层破碎挤压带的存在及其延长方向；③五通组地层产状与石炭二叠系地层产状的不一致，需结合观察滑坡现象。

（3）在铁石山山顶观察五通组岩性及其中之节理，测量地层产状。

（4）在铁石山北坡小冲沟中观察高家边组所组成的背斜，测量背斜两翼地层产状，分析背斜横剖面特征。

（5）在猪头山垭口附近观察以志留系地层为组成核心的背斜全貌，认识背斜谷、向斜山，观察由于志留系页岩所控制而形成的次成谷地及其两侧之阶地。需注意阶地的级别、不同级别阶地的阶地面高度、阶地的保存状况、冲沟的特点。

4. 作业要求

（1）绘制青龙群内小褶皱素描图。

（2）作煤炭山—猪头山地质剖面示意图。表示地貌倒置现象。

（三）燕子矶—三台洞

1. 路线

从燕子矶经二台洞到头台洞再回转到三台洞。

2. 实习内容

（1）认识地下水的溶蚀作用，长江河谷地貌。

（2）认识上白垩系浦口组下部的砾岩岩性。

（3）认识震旦系灯影组与白垩系浦口组的断层接触关系和断层带特征。

3. 观察点

（1）在燕子矶附近观察浦口组下部之砾岩，研究砾石成分、粒径大小、磨圆特征、分选情况、胶结物成分，溶蚀现象等，分析其沉积环境或沉积相。在矶头观察长江南岸的阶地发育状况，注意阶地有三级，根据地形图定出各级阶地的高度。

（2）在燕子矶公交总站后观察震旦系白云质灰岩与白垩系浦口组砾岩之断层接触，测量上、下断层面产状，观察构造岩特征，分析断层性质。

（3）在三台洞、二台洞、头台洞观察震旦系白云质灰岩、寒武系白云岩中的溶洞，注意溶洞的形态、规模、成层性，根据地形图判断各级溶洞的高度。

（4）观察幕府山沿江陡崖与长江河谷的地貌反差，分析其成因。观察沿山脚分布的串珠状河塘，通过水质的简易测试以及地形地貌特征，分析其地下水排泄（泉）成因。

4. 作业要求

（1）在浦口组砾岩露头上选定 $1m^2$ 面积开展砾石统计分析研究。

（2）作燕子矶公交总站后断层素描图、照相。

（3）分析长江阶地与沿江溶洞发育的关系。

（4）分析幕府山沿江陡崖地貌的成因。

第三节　南京六合、江宁地区

六合和江宁虽然分别位于长江的北岸和南岸，但在这两地进行地质实习的内容均为第四纪火山口地质，因此合并介绍。

一、地质概况

（一）六合方山火山口地质

六合地区第四纪火山活动强烈，现存众多火山口，主要有六合方山、灵岩山、瓜埠山、桂子山等，现以六合方山为例进行介绍。

六合方山位于南京市六合区东南约 14km 处，面积约 $2km^2$。它的外形为截头圆锥状，山顶平缓，内部凹陷，凹陷处即为火山口所在位置，其周围是由玄武岩构成的陡壁，北侧有一缺口。因此，从东、南、西三面观之为平顶山，平面上观之则是一座马蹄形火山锥，如图 4-20 所示。

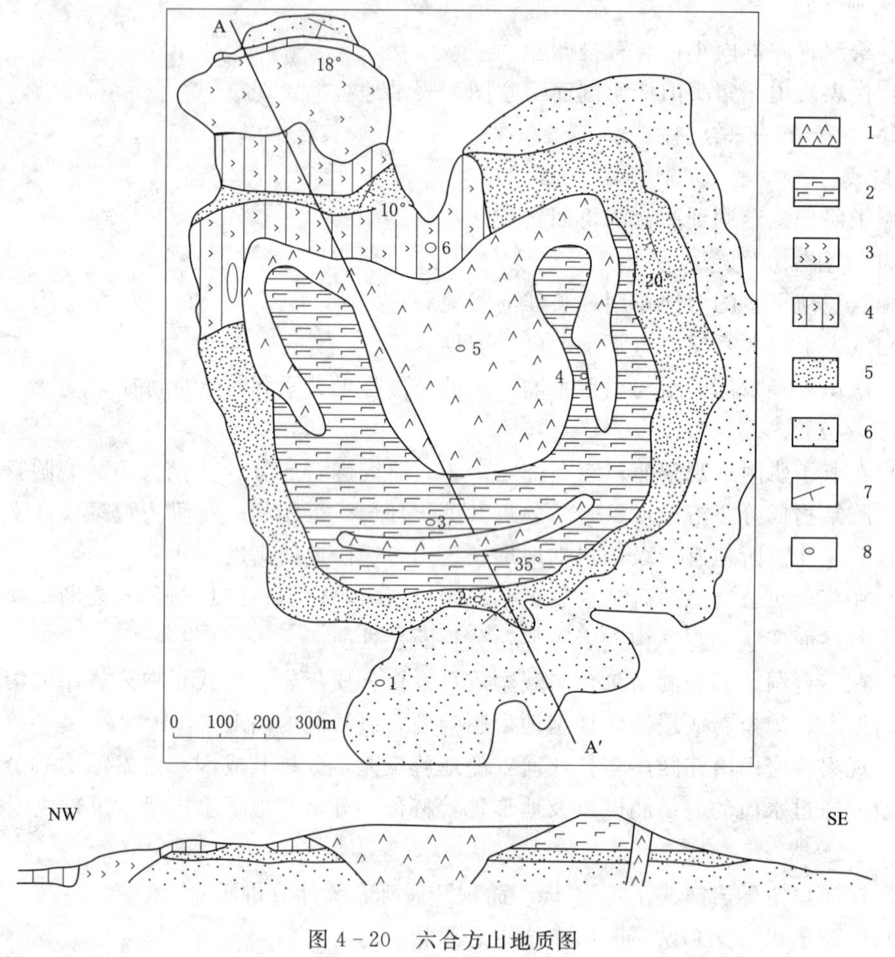

图 4-20 六合方山地质图

1—浅色辉绿岩岩颈及环状岩墙；2—上橄榄玄武岩；3—深色辉绿岩；4—下橄榄玄武岩；5—火山碎屑岩；6—浦镇组（N_1）砂砾岩；7—产状；8—观察点

六合方山火山基底的岩石是新近纪中新世的浦镇组（相当于洞玄观组），它主要出露在方山的东南坡，主要为胶结疏松的砂砾层。下部为砾石层，中、上部为棕黄色砂砾层夹砂质层，砾石形状圆滑，成分以石英岩、石英砂岩及燧石等为主，有清晰的大型单向斜层理，含硅化木化石，属河流相沉积物。覆盖在浦镇组之上的岩石主要为灰黑色火山集块岩及火山角砾岩等火山碎屑岩。火山碎屑成分主要是各种形态的火山弹、火山渣、火山砾，此外还有少量磨圆度很高的浦镇组砾石，胶结物为火山灰。

火山弹有麻花状、纺锤状、梨形等，有螺旋扭转现象，横剖面上为气孔构造发育程度不等的同心层状构造。即自外向内气孔变小而少，往往具有玻璃质外壳。它是熔浆团抛到空中飞行旋转而成。

火山渣是无一定形态的多孔渣状玄武岩碎块，密度较小，外表极似炉渣。它是多孔状熔岩抛入空中冷却后撞击地面破碎而成。

火山砾为玄武岩的碎块。

在火山碎屑岩之上为上橄榄玄武岩，厚 50～70m，岩石呈暗紫红色或深灰色，微晶质或隐晶质，具气孔构造。按气孔分布特征可分出七八层熔岩流，每层厚数米至十余米，底部有少量气孔，中间为致密层，顶部气孔最多。顶面气孔拉长方向与熔岩流面一致。每层玄武岩顶部具有红色烘烤面。方山西北部未见有基底岩石出露，自下而上出露岩石是下橄榄玄武岩、火山碎屑岩、上橄榄玄武岩。

下橄榄玄武岩是一种灰黑色斑点状致密玄武岩，气孔不发育，含较多的橄榄岩和辉石晶体的包体，具清晰的柱状节理（图 4-21），有的呈五边形，有的呈六边形。火山碎屑岩及上橄榄玄武岩性与东南坡所见相同。

图 4-21　六合瓜埠山玄武岩柱状节理（孔雀开屏）

火山口内充填有辉绿岩，属火山颈相。其岩性特征是灰白色、中粒到粗粒、辉绿结构（长条状斜长石晶体所造成的格架内充填有粒度较小的辉石），具晶洞构造，边部有少量气孔，主要矿物成分是橄榄石、辉石和斜长石。

方山火山主要形成于新近纪上新世。在浦镇组沉积之后，开始有小规模的爆发，形成方山周围浦镇组之上的火山碎屑岩的堆积，然后是熔岩溢出，形成下橄榄玄武岩，接着喷发作用趋向强烈，从火山口中喷出大量的熔浆及熔岩团块，形成含有火山弹、火山砾、火山渣等的火山碎屑岩。此后喷发作用减弱，又一次溢出玄武质熔岩，即现在所见的上橄榄玄武岩，它多分布于方山顶部，产状平缓，其岩性是一套气孔状玄武岩。随着火山喷溢活动的逐渐减弱，最后熄灭，残留在火山颈内的熔岩缓慢冷凝结晶，形成辉绿岩，填塞在火山颈以及火山口周围的环状裂隙中，至此火山活动暂告结束。由于大量熔浆从火山口喷出地表，岩浆房空虚而萎缩，加之内部压力减小，在上覆岩石重力的作用下造成火山口塌陷，地貌上成为一低凹盆地，也造成周围岩层产状向火山口倾斜（内倾合围）。

（二）江宁方山火山锥地质

江宁方山是江苏新生代上新统方山玄武岩的命名地点，位于南京市江宁区天印大道南端，距离南京中华门约 15km。江宁方山为方形平顶山，海拔 208m，面积约 5km^2，具放射状水系和冲沟。大约海拔 100m 以下的山坡均为上白垩统赤山组砂岩和中新统洞玄观组砂岩、砂砾岩，它们是方山火山锥的基底。其上为方山玄武岩构成的火山锥，出露面积约 1.5km^2。方山火山锥由上新统下方山玄武岩和上方山玄武岩以及介于其间的火山砂岩和包括在上方山玄武岩中的辉绿岩岩颈和玄武岩岩墙等构成，如图 4-22 所示。

岩石层序由上往下依次为：上方山玄武岩（N_2^2）—碱性橄榄玄武岩及火山砂岩（含玄武岩砾石）；下方山玄武岩（N_2^1）—碱性橄榄玄武岩；洞玄观组（N_1）—砂岩、砂砾岩；赤山组（K_2^2）—砂岩。

方山玄武岩形成于上新世，继中新世早期洞玄观组河湖相沉积之后。其中下方山玄武岩仅见于方山东南，其底部为火山集块岩和火山角砾岩（厚约 2m），与洞玄观组为假整合

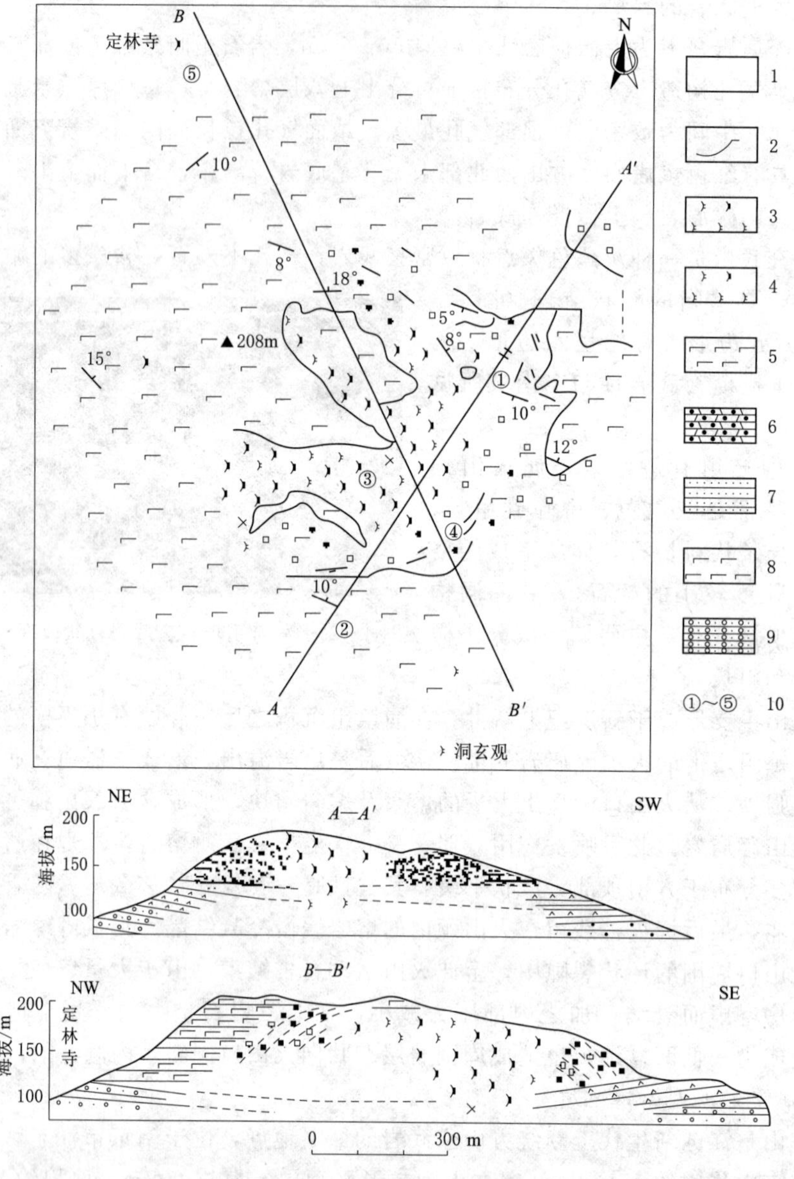

图 4-22 江宁方山地质略图

1—第四系；2—上方山玄武岩—碱性橄榄玄武岩墙；3—上方山玄武岩—暗色碱性橄榄辉绿岩；4—上方山玄武岩—碱性橄榄辉绿岩；5—上方山玄武岩—碱性橄榄玄武岩；6—上方山玄武岩—玄武质火山碎屑岩；7—火山砂岩；8—下方山玄武岩—碱性橄榄玄武岩；9—洞玄观组砂岩、砂砾岩；10—实习观察点

接触关系。

火山砂岩呈环山分布，以山的南坡和西北坡冲沟内出露最好，山的西坡由于植被覆盖未见露头，但有巨大滚石（定林寺南），厚度不均匀，变化在 5m（南坡）和 30m（西北坡）之间。主要成分是石英和石英岩碎屑，并含大量下方山玄武岩碎块，数量往往可达总体积 1/3，粒径 0.5～50mm，最大有粒径 50cm 的巨砾。有时还含一些赤山组砂岩碎块和

橙玄质玻璃，后者充填于砂岩和玄武岩砂、砾间隙，可能是上方山玄武岩火山喷发时贯入的产物。由此可见，火山砂岩是下方山玄武岩喷发后火山作用间歇期形成的，是由陆源火山物质参与的河、湖相沉积，是上、下玄武岩之间不稳定的沉积夹层。

上方山玄武岩是方山火山锥的主体，由火山碎屑锥和复式岩被两部分组成。火山碎屑锥主要由玄武质火山角砾岩和集块岩组成，夹杂一部分成层性较好的层状玄武质凝灰岩，含大量火山弹（主要是火山渣状火山弹，也有不少面包壳状、纺锤状火山弹）、扭曲状熔岩碎块和凝灰粒级火山碎屑物。同时含少量从下伏地层挟带上来的石英碎屑。火山碎屑锥底座直径约 700m，上部直径 300m，垂直高度约 50～70m。产状外倾，外缘最大倾角 26°～35°（南坡），与喷发时火山碎屑物静止角相当，向内部和顶部倾角渐缓，减少至 6°，局部内缘的倾角为内倾，但一般不超过 10°。因此，从产状变化看，火山碎屑锥形如馒头状，耸立于下方山玄武岩和火山砂岩之上，代表上方山玄武岩火山作用早期猛烈爆发的产物。

继火山碎屑锥形成之后，熔岩喷溢形成大规模的复式岩被，呈面式展布，分布于火山碎屑锥的四周和顶部，与火山碎屑岩的产状有时平行，有时不平行，构成了方山的平顶和峭壁。在定林寺南面山坡，岩被数目达十余层，故称复式岩被。单层厚度一般为 2～16m 不等，同一层也有大的变化，以至于尖灭。顶部气孔较多，下部较少，中部最少，气孔扁平状，一般成层排列，大致平行流动面。顶部熔岩由于强烈氧化，颜色较红，称为“红顶”，其厚度往往不足单层厚度的 1/8。此外，顶部熔岩常见绳状构造或自碎角砾，或二者同时存在。具绳状构造者称绳状熔岩，具自碎角砾的岩流称自碎碎屑岩。它们位于单层岩流的上部，其下部为气孔状熔岩。因此，气孔的不均匀分布，氧化“红顶”，绳状熔岩和岩流自碎碎屑岩带，都是岩流分层的重要标志。

方山火山作用的晚期，形成岩颈相辉绿岩侵入体，它不规则地贯入火山碎屑锥中，基本上是火山通道的充填物。上部直径约 500m，面积约 0.23km^2。环状玄武岩岩墙和不规则的暗色辉绿岩小侵入体，是火山作用最晚期的产物，与火山锥的塌陷有关，但略早于放射状断裂活动（不强烈，见于东北坡）。环状岩墙主要侵入于火山碎屑锥中，在方山的东部和东北部（老石龙池东北侧）最发育，呈环状分布，数目众多，基本直立，或高角度（一般大于 70°）内倾，因此属锥状岩席性质。一般厚 0.5～1m，最大厚度 1.5m。单个岩墙可见最长延长达 150m 左右（东北坡），岩墙两端走向方位角差 60°以上。估计上述几种次火山相形成深度不超过 40m。

二、实习路线、内容和要求

六合、江宁地区实习的主要目的是认识第四纪火山地质地貌，火山岩岩性、结构构造，与围岩的接触关系等，实习中一般选择一条剖面观察即可。

（一）六合方山

1. 路线

六合方山南坡至北坡及桂子山采石场。

2. 实习内容

（1）观察六合方山火山地貌特征，了解组成方山火山岩系的各种岩石类型、岩性、产状等。

(2) 观察六合桂子山玄武岩的柱状节理。

3. 观察点

(1) 浦镇组 (N_1) 砾石层。观察砾石的成分、磨圆度、分选性、排列方向、交错层理、砂矿层等。说明其为山间河流相沉积，并根据砾石排列方向判断河流流向。

(2) 玄武质火山碎屑岩（火山集块岩和火山角砾岩）。

1) 观察火山碎屑物的成分（火山弹、火山渣、火山砾）及浦镇组砾石层中砾石。

2) 测量火山碎屑岩产状，判别它的倾斜方位以及它与浦镇组之间的接触关系。

(3) 上橄榄玄武岩。

1) 观察上橄榄玄武岩的岩性特征。

2) 根据气孔层及红色烘烤面对玄武岩进行分层。

3) 推测上橄榄玄武岩的喷发次数（根据玄武岩的层次来推测）。

(4) 猫儿石火山地貌。

1) 远眺方山全貌，为向北开口的马蹄形；中间为塌陷盆地，即为火山口所在位置。

2) 遥望各类岩石的分布情况。

(5) 辉绿岩岩颈。观察岩性和产状。

(6) 下橄榄玄武岩。

1) 观察下橄榄玄武岩的岩性特征及柱状节理。

2) 观察下橄榄玄武岩中橄榄岩和辉石包体的岩性、形状、大小，着重了解其成因和地质意义。

(7) 六合桂子山玄武岩（玻基橄辉岩）柱状节理。

1) 观察桂子山玄武岩柱状节理的形态（横切面为六边形或五边形），并了解其形成机理。

2) 根据柱状节理的柱体倾斜方位判断玄武岩的层面。

4. 作业要求

(1) 绘制火山岩综合地层剖面示意图。

(2) 绘制火山地貌素描图。

(3) 根据各类岩石的分布位置总结六合方山火山喷发过程。

(二) 六合瓜埠山

1. 路线

由瓜埠山景区大门进入，沿旅游步道从北东向南西行进观察测量，从西南角上山翻过小山梁，绕到公园南门再进入公园。

2. 实习内容

(1) 观看六合火山群国家地质公园宣传片，了解六合火山活动历史及文化。

(2) 观察火山口地貌特征、火山岩系的各种岩石类型、岩性、产状等。

(3) 观察玄武岩的柱状节理，注意其截面形状、产状、粗细、长短，分析其成因。

(4) 观察上白垩统赤山组红砂岩、下更新统雨花台组砂砾层岩性、层理构造。

(5) 观察玄武岩与白垩系赤山组红砂岩、下更新统雨花台组砂砾层的侵入接触关系。

(6) 观察上更新统下蜀组黄土岩性及其分布特征。

3. 观察点

(1)“孔雀开屏”观察柱状节理。瓜埠山玄武岩柱状节理极为发育，产状有陡直的、水平的、倾斜的，有的呈放射状，有的呈收敛状，形成了“孔雀开屏”“雄狮之塔”等丰富多彩的石柱林景观。

1) 观察玄武岩柱状节理的形态（横切面为六边形或五边形）、产状、粗细、长短等特征，并分析了解其形成机理。

2) 根据柱状节理的柱体倾斜方位判断玄武岩的层面。

(2)“雄狮之塔”观察玄武岩岩性、柱状节理。

1) 观察火山熔岩、火山碎屑物的成分（火山弹、火山渣、火山砾）。

2) 观察火山岩气孔、杏仁构造。

3) 根据柱状节理展布特征和火山岩岩性，分析火山颈及火山地貌。

(3) 西南山包观察赤山组、雨花台组、下蜀组的岩性、接触关系、热液及烘烤作用形成的圈层构造。观察砾石的成分、磨圆度、分选性、排列方向、层理等，分析地层成因类型。

4. 作业要求

(1) 绘制柱状节理地貌素描图。

(2) 绘制火山岩与围岩以及上覆地层接触关系素描图，分析火山喷发时代。

(三) 江宁方山

1. 路线

江宁方山南坡洞玄观西侧—山顶雷达站—方山东坡—（经雷达站）方山西北坡。

2. 实习内容

(1) 认识赤山组（K_2c）和洞玄观组（N_1d）岩性。

(2) 观察江宁方山玄武岩火山结构，包括火山碎屑锥、复式岩被、环状岩墙、岩颈相侵入体等。

(3) 认识玄武岩和辉绿岩岩性，认识爆发的火山碎屑岩和自碎的岩流碎屑岩鉴别特征。

3. 观察点

(1) 在方山南麓观察赤山组的岩性，测量其产状，观察洞玄观组的岩性，注意其砾石的成分、大小、磨圆度和胶结状况以及成层性，测量其产状，分析两者之间不整合接触关系。

(2) 下方山玄武岩（N_2xf）和上方山玄武岩（N_2sf）及夹于其间的火山砂岩。主要观察以下方面：

1) 玄武岩的岩性特征及其成层性，沿途测量其倾角的变化。

2) 火山砂岩碎屑的成分、粒度，胶结特征，与上、下玄武岩的接触关系。

(3) 岩颈相辉绿岩，观察它的岩性与上玄武岩差别及与玄武岩的侵入接触。

(4) 环状岩墙，观察它的岩性和粒度，观测岩墙的产状变化。

(5) 观察上方山玄武岩的分层和自碎的岩流碎屑岩特征。

4. 作业要求

（1）绘制火山岩综合地层剖面示意图。

（2）绘制火山地貌素描图。

（3）根据各类岩石的分布特征总结江宁方山火山喷发过程。

第四节 镇 江 地 区

一、地质概况

镇江地处江苏省中南部长江下游南岸，宁镇丘陵山脉的东段，西邻南京，仅1h左右车程。镇江实习区指东至象山、焦山，西至金山、云台山，南达九华山，北以长江为界的区域，其中包括了镇江市区。这个地区范围不大，但地质情况也很复杂。

（一）地层和地质构造

镇江地区岩层主要由上古生界和中生界地层组成，由老到新依次为奥陶系、志留系高家边组、坟头组，泥盆系五通组，石炭系黄龙组、船山组，二叠系栖霞组、孤峰组、龙潭组、大隆组，三叠系青龙群、黄马青群，侏罗系象山群、大王山组，白垩系浦口组和第四系下蜀组等，其中缺失下中泥盆统茅山组，下石炭统金陵组、高骊山组、和州组、老虎洞组。震旦系、寒武系诸岩层亦无出露。上述岩层除侏罗系上统大王山组为火山喷发堆积外，其余均为海相、陆相的沉积岩层，总厚度比宁镇山脉其他地区小。此外各时代岩层后期因受岩浆多次侵入活动影响，发生了程度不同的变质。

镇江地区的构造比较复杂，褶皱构造常因断层破坏及浮土掩盖而出露不完整。北边在江边象山一带出露的奥陶系仑山组应代表该区最老地层所在，是复背斜的核部，但背斜全貌不完整，如图4-23所示。南边在黄山附近出露志留系地层，向北倾斜，也应代表一个背斜，但背斜北翼出露不全，如图4-24所示。象山与黄山间的向斜受覆盖而不显露，仅黄山之南边九华山一带可见到以青龙群为核部的较完整的向斜，并被次一级背斜复杂化。褶皱轴向EW，并向东倾伏。断层构造表现明显，其中纵断层为近E—W向，主要在黄山背斜南翼，早期的为逆、逆掩断层性质，以叠瓦状形状出现，自北向南逆冲。晚期发育成正断层，位于象山焦山间、大小焦山间、小焦山白头山间等，形成陡壁，断裂带为江水掩覆，各山头彼此孤立，如图4-25所示。横断层有两组方向，一组为NNE，另一组为NNW，都是褶皱形成后的断裂，既有上下滑动也有平移。象山焦山与西部诸山为NNE向

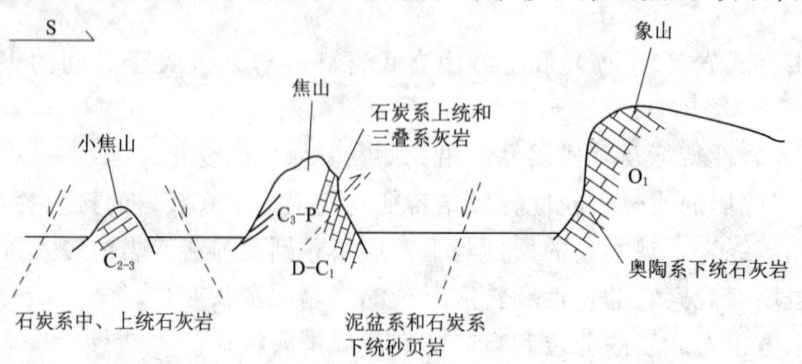

图4-23 象山—焦山地质剖面示意图

左行平移错断，金山与黄山间为NNW向右行平移错断，这样整个镇江市区南移，形成良好的镇江港。

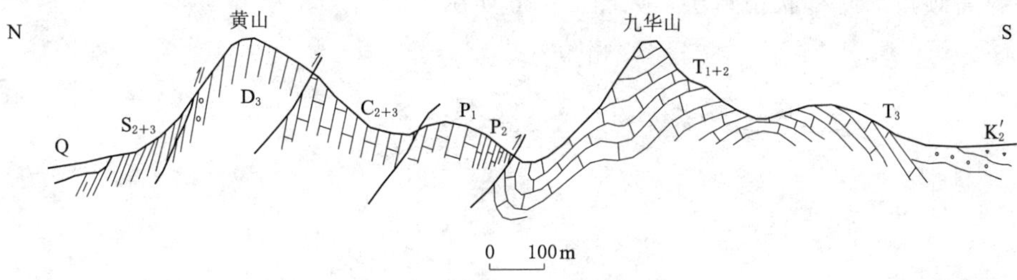

图4-24　黄山—九华山地质剖面示意图

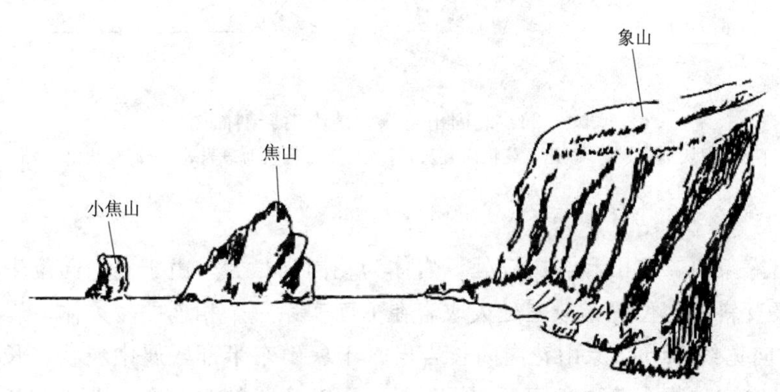

图4-25　隔江相望的象山与焦山

（二）火成岩类型及其分布

1. 喷出岩

镇江地区喷出岩主要分布在北固山。该处位于市区东北，濒临江滨，其上有甘露寺和北固铁塔等名胜古迹。此山南北延伸，形似一哑铃。全部由侏罗系大王山组火山岩组成，岩层产状为N20°E/SE∠26°，按岩性和喷发堆积顺序可分为五层：

（1）粗面块集岩。分布于北固山的西北，沿山麓分布，露出地表厚度不大，仅2m余。色紫灰，风化面呈灰绿色。碎块大者如拳，平均直径都在2cm以上，形态滚圆或稍带棱角。其成分为含黑云母及长石斑晶的致密粗面岩，胶结物为火山灰，胶结较疏松。

（2）硅化石英粗面凝灰岩。覆盖于粗面块集岩之上，分布于北固山西坡，厚度5m。岩石色灰紫，碎屑结构，碎屑成分为淡黄色、棱角形之长石，及少量黑云母类矿物。

（3）黑云母粗面斑岩。分布于北固山北端及山之狭长马鞍形地带，构成山的主体，厚度最大。岩石暗紫红色，斑状结构，斑晶数量很少，基质为隐晶质，斑晶为黑云母和正长石矿物。

（4）流纹状粗面岩。岩性与黑云母粗面斑岩相同，唯流纹构造发育（这也是它的特点），由灰色与紫色条带相间排列，相当美观，此层出露于北固山顶处。

（5）粗面角砾岩。角砾碎块直径大于4mm，成分均为粗面岩及粗面斑岩，分布于北固山东麓。

构成北固山主体的不含石英的粗面岩，其内节理发育。大致有两种方向：其一为近EW向，其二为近SN向，均可演化为断层。在山的北端水文站附近可见SN向的一系列向西倾斜高倾角的阶梯状小断层，如图4-26所示。

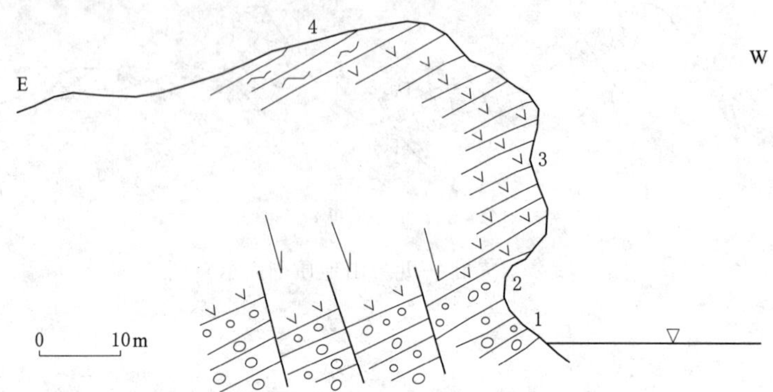

图4-26　北固山上侏罗统火山岩剖面图

1—粗面块集岩；2—硅化石英粗面凝灰岩；3—黑云母粗面斑岩；4—流纹状粗面岩

2. 侵入岩

侵入岩出露象山、焦山和金山三处，岩体为花岗闪长岩。由于它们同位于EW向褶皱构造的次一级背斜轴部位置，故三处火成岩在下面实系一个相连的侵入体。岩体EW向长约6km，SN向宽约1km。象山花岗闪长岩出露于象山东半部，属中粒状，长石有肉红色与白色两种，铁镁矿物为普通角闪石和黑云母，石英含量较少。金山花岗闪长岩出露于金山北麓，铁镁矿物全是黑云母。岩体和上述两地下奥陶统仑山组都为侵入接触关系，围岩并遭受变质。焦山花岗闪长岩出露于焦山东麓，长石全部呈肉红色，铁镁矿物大部分变化为绿帘石及绿泥石，岩体侵入砂页岩中。

3. 脉岩类

该区脉岩发育，有基性、中性和酸性，以岩墙形式侵入于各时代地层及花岗闪长岩裂缝中，其几种重要的岩性如下：

（1）玢岩类。此类岩石斑晶由斜长石组成，按岩体成分分为以下三种：

1）黑云母闪长玢岩。见于黄山东南坡，脉岩走向N20°W，宽约12m，长约80m，岩石呈斑状结构，斑晶为长石和黑云母，有少量普通角闪石、磁铁矿，基质结晶极细。围岩为黄龙组及船山组。

2）花岗闪长玢岩。见于九华山南麓之八公祠，脉岩呈N70°E走向延伸，宽40m，肉眼观察，呈灰白色，风化较深，斑状结构，斑晶大部为长石，有少量普通角闪石。围岩为青龙群。

3）英安玢岩。见于黄山南麓采石坑。脉岩走向N70°E，宽约1.8m，脉岩呈岩床型式，沿地层层面平行侵入接触。岩石呈灰白色，风化后略呈红色，斑状结构，其内节理发育，一组平行脉壁，另一组垂直脉壁。围岩为栖霞组。

（2）辉绿岩类。在镇江地区广泛出露。岩石具典型辉绿结构，铁镁矿物以普通辉石为主，斜长石为拉长石，岩石并受强烈碳酸盐化。可分为以下几种：

1）辉绿岩。见于焦山食堂背后，岩墙延长方向为N10°E，宽约2m，围岩为砂页岩。象山北麓陡壁上亦见有此类脉岩两条，其一为N50°E延长，侵入于仑山组中，宽约1m；其二为N10°E延长，宽约4m，侵入于花岗闪长岩与仑山组接触处。岩石新鲜面呈黑绿色，略能辨出辉绿结构。

2）橄榄辉绿玢岩。见于黄山采石坑，有两条，其一为N76°W延长，其二为N24°E延长，前者直立，后者倾角54°，岩石呈黑色，斑状结构。

3）细粒状辉绿岩。见于黄山东南麓采石坑中，产状为N54°E/SE∠36°，宽0.5m，色灰绿，细粒，略见长石矿物，并有一颗颗由钙质组成的灰白色圆粒，粒径2～3mm。

(3) 花岗细晶岩。仅在岩体内出露，有三组，均沿节理侵入。一组产状为N45°W/NE∠20°，作平行式贯入；另两组走向为近南北向，作X形相交。脉岩宽10～20cm，个别达5～6m（象山东端），部分具带状构造，脉壁为长石与石英互生成文象结构，中心为块状石英。少数为不具带状构造的一般细晶岩。

上述火成岩均属燕山期的产物。

（三）围岩变质现象

由于区内岩浆活动引起了围岩的热变质和交代变质，有相应的变质岩发育，现择要介绍如下：

(1) 镁橄榄石大理岩。见于象山北坡，邻近火成岩体附近地方岩石纯白色，呈糖粒状结构。镁橄榄石矿物在手标本上看不见，在薄片中则可见自形晶体散布在岩石内，系石灰岩经热变质作用而生成。

(2) 透闪石大理岩。见于象山西北坡，透闪石为放射针状，长达2～3cm，局部非常密集形成透闪岩。在透闪岩中，透闪石围绕许多核心呈放射状。透闪石的形成也是石灰岩经热变质作用的结果，只是因稍远离岩体，其形成温度较镁橄榄石稍低。

(3) 绿帘石角页岩。见于南部的回龙山，为黄马青群经热变质而成，圆粒和粒状石英嵌生。

(4) 绿泥石角页岩。见于焦山，为砂页岩经热变质形成。岩石呈黑绿色，带状构造很显著，薄片中可见绿泥石、石英、黄铁矿和碳酸盐类矿物，岩石变质不深。

(5) 蛇纹大理岩。见于象山北坡，岩石呈蜜黄色、黄绿色、深绿色，有滑感，具油脂光泽，色泽十分艳丽，它们系蛇纹石进一步交代镁橄榄石而形成。

(6) 滑石大理岩。见于象山大理岩中，滑石呈小脉状穿越在蛇纹大理岩中，并使后者发生剧烈滑石化。岩石表面腻滑，滑石脉中滑石结晶粗，呈类似白云母鳞片状，滑石可能系蛇纹大理岩进一步受到SiO_2热液蚀变的结果，形成晚于蛇纹大理岩。

（四）地貌及第四纪地质

镇江地处长江下游，登上长江边的北固山、焦山、金山、象山的山顶，鸟瞰大江南北，长江水流的侵蚀、搬运和堆积等地质作用现象及其所塑造的各种地貌形态，历历在目，蔚然壮观。

1. 河谷

这里地处长江下游，河谷横剖面呈浅平的碟状，金山、北固山、象山一线之高地为其南侧的谷坡，北侧的谷坡在江北很远，因而这里河谷十分开阔。

2. 心滩

心滩又称江心洲，是河床中的沉积地貌，常常在平水期时高出河水面，洪水期被河水淹没。长江下游的河床中这种心滩很发育，南京附近的八卦洲、镇江东面的扬中市都是较大的心滩。心滩的形成有各种具体条件，在这里所看见的焦山首尾的沙洲是心滩的一种形式，显然是受着焦山阻碍的影响而形成的，上游水流流至焦山首部时，受焦山阻挡，向两边分流，动力相对分散，使这里水流流速减低，物质发生沉积，形成首部沙洲。焦山尾部，两股水流汇合，发生回流，焦山下游背水处动力减弱，水流流速也变慢，从上游搬运来的物质也发生沉积，形成尾部之沙洲。

3. 河床底部的冲刷作用

焦山和象山之间江面狭窄，但河道很深，大轮船多沿此航道而行。而焦山以北江面很宽，河道很浅。为什么焦山与象山之间的河道窄而深呢？这可能是受焦山和象山之间的地质构造条件控制。焦山和象山均由坚硬的基岩组成，两山挺立，对峙于河道两岸，锁住江流，迫使流水沿此狭窄水道通过，流速加快，增强了水流对河床底部的冲刷能力。另外，两山之间有一断层带通过，岩性破碎，易被水流冲刷，使此处河床变深。但是，河道的深浅是随着各种条件的变化而不断改变的，原来以侵蚀为主的地带可以变成以沉积为主。种种迹象表明，现在濒临象山一侧的河道已出现以沉积为主之趋势，长期下去，淤平这一曾经是深槽的航道，而使焦山与象山联结起来也不是没有可能的。其表现如下：

(1) 过去的金山寺是位于江心的小岛，而现在已和市区相连了。

(2) 镇江港码头一直是停靠大轮的理想码头，近年来出现不断沉积淤塞，码头深度逐年变浅，现在每年必须花费较大的人力物力，排积挖淤才能保持港口的正常使用。为此，镇江市不得不在东郊大港新建码头。

(3) 河床中的江心洲，在靠近南岸一侧逐渐扩大，并有与南岸逐年靠拢连接的趋势。

(4) 北岸一侧出现明显的侧蚀冲刷、坍塌等现象。

4. 河漫滩

河漫滩是指河床之外平水期露在水面以上，洪水期被淹没的部分谷底。这里堆积作用盛行，沉积物多为细粒的砂或黏土，为漫滩沉积。象山以东滨江标高高出长江江面5m以下的农田所在处，均属长江漫滩。它微向河床方向倾斜，边缘多生长芦苇等水草植物，洪水时易被淹没。

5. 阶地

河谷两岸与河谷延展方向平行，平面上呈条带状，剖面上呈阶梯状的平台地貌形态称为河流阶地。阶地面平坦，特大洪水也不致淹没。根据阶地面的高程，从低到高可以划分Ⅰ、Ⅱ、Ⅲ、…若干级阶地。低者表示形成较晚，阶地面一般保存较好，宽阔而平坦，高阶地形成时代较早，由于受到后期水流切割、侵蚀等外动力作用，原来的阶地面被分割成残留的孤立小丘或条形岗地，但同一阶地面留下的孤立小丘或条形岗地基本上还是在同一高程上。

自北固山或焦山向镇江市及其南郊瞭望，可见长江的三级阶地。

第Ⅰ级阶地，高出江面5m左右，紧接河漫滩向外，是大多数菜地、房屋街道、农田所在位置。平坦的阶地面保存良好，基本上未被破坏。组成物质为灰黑色砂质黏土，属全新世长江冲积洪积物，是堆积阶地。

第Ⅱ级阶地，高出江面约25～30m，如象山园艺场一带和非正规耕地所占位置，许多工厂分布其上。呈长条状地形，系遭受后期侵蚀破坏的结果。组成物全由更新世晚期的下蜀组黄土状粉砂质土壤组成，也属堆积阶地。

第Ⅲ级阶地，高出江面40～50m，如金山、人民公园、华盖山、北固山、象山、焦山等处已被侵蚀破坏呈孤山岗丘状，但连贯起来仍可见高程差不多的残留面。其上部的组成物是更新世晚期下蜀组灰黄色粉砂质壤土，黄土状，含各种螺类化石，其下部为不同时期的基岩，属基座阶地。

阶地的形成受多种因素控制，首先与地壳运动有关，地壳上升，水流下蚀，刷深河床。如果地壳停止上升，保持稳定，则下蚀作用转为以侧蚀作用为主，侧蚀作用和相应的沉积作用使河谷拓宽，谷底变平，并形成漫滩。此后，地壳再上升，河流下切，原来的平坦谷底包括河漫滩就高出河水面以上，当洪水也淹不到时，就变成了河谷阶地。这样的过程进行几次，就形成了几级阶地。此外，因气候变化河流来水量的改变也影响到河流的侵蚀和沉积作用的方向和进程，并造成相应的阶地。如果海平面周期性地发生升降，从而改变了侵蚀基准面的位置，因而影响到河流的侵蚀与沉积作用的方向和进程，也能造成相应的阶地。因而研究阶地的发育状况可以帮助分析河谷的发育史和地壳运动的发展史以及古气候状况等。该区阶地的形成，看来受地壳运动的控制是主要的，其他因素可能只起到次要的作用。

6. 长江三角洲

河流在入海处堆积而成外形呈近似三角形的堆积地貌形态，称为三角洲。三角洲顶角朝向河流上游，洲上地势低平，略向下游倾，多岔道，沼泽丛生。镇江地区是近代长江三角洲的起点，自此以东再无明显的山陵起伏，长江过去就在这一带入海，镇江以东的大片平原是在近10000年以来由长江输送入海的泥沙堆积而成的现代三角洲平原。据历史资料统计，1900多年以来，海岸线向外迁移了近50km，沉积了面积达5000km^{2}的肥沃土地，长江三角洲平均每年以25m的速度向外扩展着。

二、实习路线、内容和要求

镇江地区实习的主要目的是认识侏罗系粗面火山岩组岩性、结构构造，花岗闪长岩以及多种脉岩等火成岩岩性、结构构造，围岩蚀变变质现象、变质岩性、结构构造，长江地貌、地质构造等特征。主要观察路线有2条。

（一）象山—焦山

1. 路线

实习路线为象山—焦山。

2. 实习内容

认识火成岩及其与围岩的侵入接触关系，热变质作用及其变质矿物、岩性。观察长江地貌。

3. 观察点

（1）在象山观察石灰岩受火成岩侵入后发生的接触变质现象，认识透闪石、蛇纹石、磁铁矿、方解石等变质作用形成的矿物。

（2）在象山渡口附近观察火成岩体，注意其中的主要矿物和结构并定名。判识火成岩的出露范围、规模，确定火成岩的产状。

（3）在象山渡口附近观察火成岩岩体中的辉绿岩脉，注意岩脉中的矿物与结构，并测量岩脉的走向、倾向、倾角以及岩脉的宽度。

（4）在象山渡口附近观察火成岩岩体中的花岗伟晶岩脉与细晶岩脉，注意其矿物成分和结构，测量其产状和宽度，并注意分析判断岩脉与火成岩岩体中节理之关系。

（5）在焦山东麓观察火成岩并与象山火成岩进行比较。

（6）在焦山西麓观察石炭系的砂页岩与灰岩地层，测量地层产状。

（7）在焦山山顶观察长江南岸的阶地及河谷地貌（镇江一带的阶地有三级，第Ⅰ级阶地面高度约 5m，第Ⅱ级阶地面高度约 25～30m，第Ⅲ级阶地面高度 40～50m。象山、焦山的高度即为三级阶地面所在）。

4. 作业要求

（1）记录并整理火成岩的特征。

（2）绘制象山素描剖面图。

（3）绘制焦山、象山地质剖面示意图。

（4）采集并整理代表性的标本。

（二）北固山

1. 路线

实习路线从北固山到甘露寺。

2. 实习内容

认识中生界的中性火山熔岩和火山碎屑岩以及阶地地貌。

3. 观察点

（1）北固山江边观察粗面质凝灰角砾岩和块集岩。

（2）甘露寺与气象台间观察粗面质疑灰岩。

（3）气象台下观察硅化粗面质角砾岩。

（4）登甘露寺，越北固山观察流纹黑云母粗面斑岩。

（5）在甘露寺综观镇江地区之阶地。

4. 作业要求

（1）记录并整理火山岩的特征。

（2）绘制北固山—气象台地质剖面图。

（3）采集并整理代表性的火山岩标本。

第五节　苏州无锡及太湖地区

一、地质概况

（一）苏州花岗岩地质

1. 岩性特征

苏州花岗岩位于苏州市西约 13km 处木渎镇附近。出露面积达 10.2km^2，掩盖面积达

$70km^2$，为一岩株，其地质略图如图 4－27 所示。苏州花岗岩因其色泽鲜洁，质地坚实，作为良好的建筑和装饰石料而久负盛名，开采历史悠久。而且由于花岗岩中节理发育，风化作用得以深入进行，造成非常陡耸的奇峰异石，形成如“一线天”“万笏朝天”“鳄鱼石”“鹦鹉石”等地质景观和秀丽的景色。

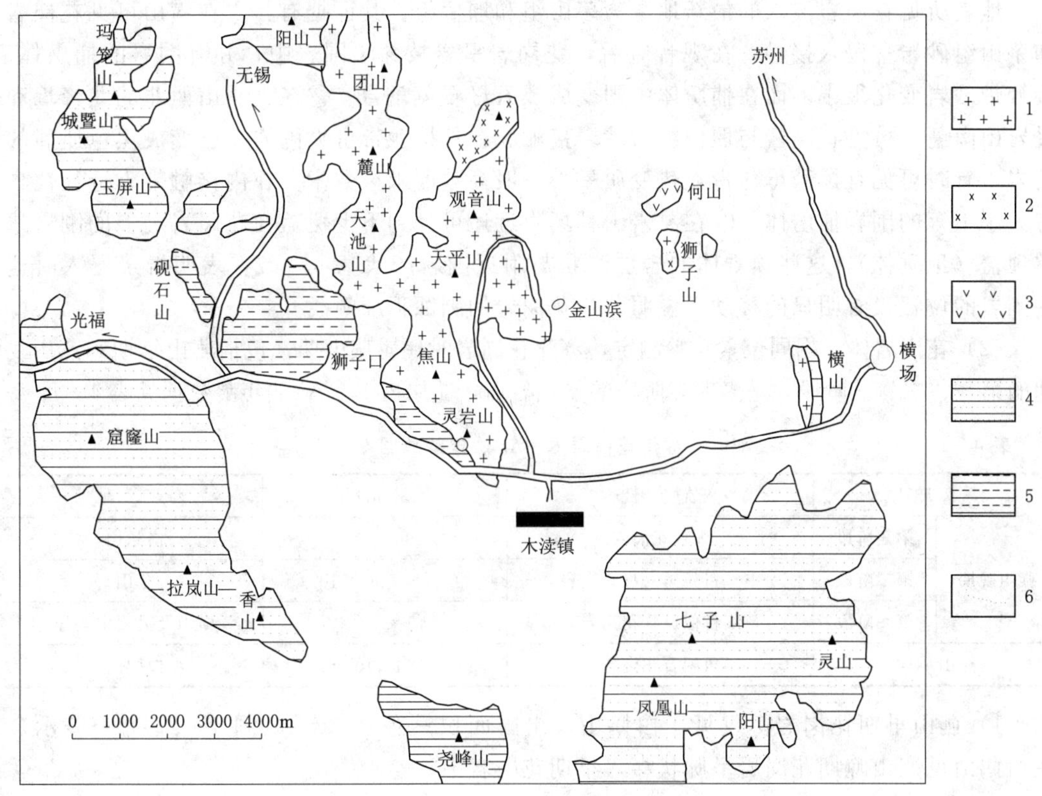

图 4－27　苏州花岗岩地质略图

1—燕山晚期第二阶段花岗岩；2—燕山晚期第三阶段花岗岩；3—中生代火山岩；
4—茅山群-五通组砂岩；5—堰桥组砂、泥岩；6—花岗岩接触界限

（1）围岩。花岗岩周围地层除北部和东北部被第四系所掩盖外，其东、南、西三面均为茅山组，局部为五通组砂岩所环绕。在西南和西北与花岗岩体接触的尚有堰桥组（为早二叠世晚期砂页岩），其余地层大多未见出露。花岗岩周围地层岩性如下：

1）茅山组（D_{1+2}）。下部为灰、浅灰色中层和厚层岩屑砂岩、石英砂岩，夹有粉砂岩、泥岩；上部为紫红色石英砂岩夹泥岩等。

2）五通组（D_3）。白色厚层与薄层石英岩互层。下部为含砾粗粒和中粒石英砂岩，夹薄—中层泥质粉砂岩、泥岩等；上部为紫红色、灰黄色粉砂岩，夹石英砂岩。本层有部分白色石英岩，质地纯，SiO_2 含量为 99.89%～99.92%，在七子山、尧峰山均已开采用作为制造玻璃原料。

3）堰桥组（P_1^2）。下部为青灰色泥岩、粉砂岩；中部为灰色粉砂岩、细砂岩夹泥岩和长石石英砂岩；上部为灰、灰白色细—中粒长石石英砂岩夹粉砂岩。青灰色泥岩中富含化

石，且质地坚韧，常开采来制作砚石。

花岗岩体东部，围岩地层向NWW倾斜，东南部转为NW倾斜，至南部尧峰山又转为向NNE倾斜，西部则为NEE向倾斜。根据其岩层层序以及岩层倾向的变化，可知该区的地质构造为一向NE延伸的短轴向斜，向NE倾伏。苏州花岗岩适侵位于向斜核部。

地表所见花岗岩侵入的最新地层为茅山组和堰桥组。其证据有：①在横山可见花岗岩和茅山组砂岩呈侵入接触，在观音庵后，花岗岩呈岩枝穿于围岩中，并有围岩的捕虏体。接触带砂岩变化很小，而在捕虏体中则变成黑云母石英角岩。②在大头山西北的北峰坞和灵岩山南麓，可见花岗岩与堰桥组粉砂岩接触。在外接触带可见围岩多已变成黑色质脆的角岩，有时可见有黑云母化带，热变质晕带一般为数厘米至数米。在内接触带附近往往含有大小不等的围岩捕虏体。③在灵岩山林场附近还可见到不少覆盖在花岗岩之上的围岩残留顶盖（顶垂体），这些顶垂体的岩层产状与附近围岩产状基本一致，表明岩浆侵入时这些围岩的位置没有明显的移动，说明苏州花岗岩的剥蚀程度颇浅。

（2）花岗岩体。据同位素年龄测定，苏州花岗岩时代属燕山期，包括燕山早期和燕山晚期的第一、二、三阶段，是多期多阶段的复式岩体，花岗岩K-Ar法年龄数据见表4-1。

表4-1　　苏州花岗岩K-Ar法年龄数据

侵入顺序		岩　性	年龄值/年	产　地
燕山晚期	第三阶段	细粒花岗岩	106×10^6	高景山
	第二阶段	中—粗粒黑云母花岗岩	$(130\sim136)\times10^6$	金山
	第一阶段	细粒似斑状花岗岩		横山及灵岩山南麓
燕山早期		角闪石花岗岩	154×10^6	白鹅山

1）燕山早期花岗岩。仅见于白鹅山，出露面积只有$0.7km^2$（图4-27上未表示）。在白鹅山见燕山晚期花岗岩呈脉状穿入早期花岗岩中。

岩石为青灰色，块状构造，似斑状结构，斑晶主要是钾长石、石英和少量斜长石，基质呈细粒结构，粒径为0.1～0.3mm，主要由钾长石（30%～35%）、斜长石（25%～30%）、石英（20%～25%）、黑云母（2%～3%）和角闪石（2%～3%）组成。该期花岗岩以含少量角闪石为特征。

2）燕山晚期花岗岩。分三阶段侵入：

a. 第一阶段，中—细粒似斑状花岗岩，岩石为灰白色，中—细粒似斑状结构，主要矿物成分有石英、钾长石和少量黑云母。该阶段花岗岩未见成片出露，仅在横山、灵岩山南麓等地作为第二阶段花岗岩的捕虏体出现。

b. 第二阶段，为苏州花岗岩的主体，分布广泛，岩石相变较清楚，可分为内部相和边缘相。

a）内部相。为肉红色中至粗粒黑云母花岗岩，粒径为3～5mm，主要矿物为钾长石（60%）、石英（30%）、斜长石（7%）和黑云母（3%）。位于岩体中央，分布于天平山、灵岩山一带。

b）边缘相。为肉红色似斑状花岗岩，斑晶主要由钾长石和石英组成，粒径一般为3～6mm，基质为中—细粒花岗岩结构，由钾长石、石英、斜长石和少量黑云母组成。主要分布于金山一带。

内部相和边缘相花岗岩的矿物成分极为相似，仅结构呈渐变过渡状态。

c. 第三阶段，为灰白色细粒和中粒花岗岩，局部含少量斑晶，其岩石由钾长石（60%）、斜长石（8%）、石英（28%）和极少量黑云母（1%～2%）组成，一般粒径为0.3～1.8mm，主要分布于横山、高景山、狮子山以及天平山和灵岩山间。

3）析离体。在苏州花岗岩中常见到黑云母比较集中的析离体，其形状多为浑圆形、圆形，部分为不规则棱角状。

（3）岩脉。苏州花岗岩中伟晶岩脉、细晶岩脉、石英脉和萤石脉广泛分布，主要发育于燕山晚期的第一阶段侵入的花岗岩中。

1）伟晶岩脉。分布于仰天坞山、金山、横山、高景山等处，多沿NW向节理充填，主要有黑云母伟晶岩和电气石伟晶岩两种，其次有萤石伟晶岩等。在伟晶岩中有时可见晶体发育完美的长石、石英晶体。

2）细晶岩脉。为灰白色糖粒状岩石，由细粒石英和长石组成，见于金山及天平山东麓路旁，多沿NW向节理分布。

3）石英脉、萤石脉。多沿SN及NE向节理分布。

2. 花岗岩中的断裂构造

（1）节理。苏州花岗岩中发育多组节理，其中最明显的是N70°～80°W/NE∠85°及N10°E/NW∠85°两组。

1）N70°～80°W节理组。贯穿整个花岗岩并进入围岩之中。该组节理产状稳定，延伸远，节理面光滑，有水平擦痕，属剪节理。从小型反阶步分析，表明为右旋移动。本组节理在天平山最发育，它切割岩石形成如“刀劈石”“一线天”等奇景。它还与N10°E节理组及其他方向的节理组相结合，切割花岗岩，从而塑造了花岗岩的“石林”地貌，这就是“万笏朝天”景致的成因。

2）N10°E节理组。在金山采石场附近表现较清晰，节理光滑，有水平擦痕，从反阶步可判断，它属左旋移动的剪节理。该组节理中有萤石脉充填，它与N70°～80°W剪节理构成X形共轭剪节理，倾角均近于垂直，前者为左旋，后者为右旋移动，反映形成两组节理时，挤压应力作用方向为NW—SE，且是水平状态，如图4-28所示。

（2）断层。在金山西边采石场有一断层，可称金山平移断层，断层产状为N10°E/NW∠88°。该断层在地貌上表现为“丫”字形，有15～20m宽的破碎带，沿破碎带有石英脉充填，石英脉又搓碎成断层角砾岩，表明该断层曾多次活动。断层面上发育有水平擦痕，据对与该断层面相伴生的小构造分析，断层最后一次运动为右旋平移。

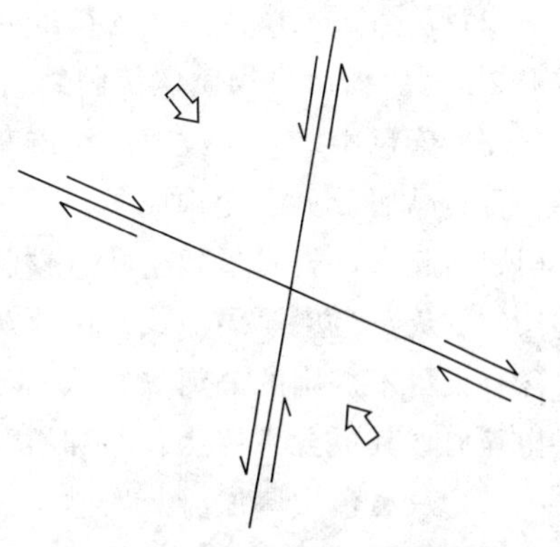

图4-28　共轭剪节理及其受力方向平面示意图

综上所述，花岗岩及部分围岩的断裂构造的走向为N10°E，属剪性；N70°～80°W向断裂既有剪性又有张性，有过多次活动，并出现力学性质的转化。根据控制地貌形状、地下水活动以及倾角较陡、大多数断层没有被充填等特点，可分析出它们是较新的断层系统。

（二）苏州虎丘地质简介

虎丘位于苏州市北部，是著名的风景区之一，享有“吴中第一名胜”之美誉。它是由晚侏罗世火山爆发喷出的火山碎屑物堆积而成的山丘。由于岩层产状平缓，并有多种方向的垂直节理切割，造成了宽阔的平台（千人座）以及重叠壁垒的山岩，加之清澈的泉水从裂缝中涌出，形成秀丽的景色。

1. 火山喷发层序及岩性特征

构成虎丘的基岩是晚侏罗世喷发的流纹质火山碎屑岩，岩石新鲜，层次分明。岩层产状为 N45°W/NE∠8°。

进无梁殿，沿路北上，经试剑石、枕石、千人座至点头石边，可看到一套较完整的火山岩剖面。下部以火山角砾岩为主，往上角砾逐渐减少，并过渡为含砾凝灰岩；上部火山碎屑物逐渐减少，正常沉积物增多，形成正常沉积岩与火山碎屑之间过渡类型的岩石—凝灰质砂岩和沉凝灰岩。苏州虎丘火山碎屑岩剖面如图 4－29 所示。虎丘火山岩岩性如下：

图 4－29　苏州虎丘火山碎屑岩剖面

（1）紫红色厚层块状火山角砾岩。该火山角砾岩由火山角砾、火山灰及火山尘经压实固结而成。火山角砾大小一般为 2～5mm，少数大于 5mm，成分主要有英安岩、流纹岩、石英岩、燧石、砂页岩等，角砾含量约占岩石总数量的 1/3～1/2。凝灰物质由粒径小于 2mm 的碎屑组成，主要是长石和少量石英、角闪石等晶体碎屑，呈棱角状或不规则状。在凝灰物质中有时也可见少量岩屑。火山尘由于颗粒太细，肉眼无法分辨。

（2）灰白色厚层流纹质含砾凝灰岩。它与火山角砾岩的区别是含角砾少，主要由粒径小于 2mm 的火山灰物质压实固结而成。

（3）紫色中厚层流纹质熔结凝灰岩。呈紫酱色，略具玻璃光泽，主要由玻屑和少量长石、石英晶屑及火山尘构成，具假流动构造。由于玻屑在较高温度和上覆碎屑物压力下，互相熔结起来，岩石呈致密状，性脆。

（4）灰黄色中厚层流纹质沉凝灰岩。属火山碎屑岩和沉积岩之间过渡性岩石。岩石中除含有大量不规则的晶屑（粒径小于 2mm）外，还混杂有磨圆的、分选性较好的正常沉积物碎屑，其成分主要为长石和石英。

（5）灰黄色中厚层凝灰质砂岩。碎屑物主要是长石，含少量黑云母和石英以及各种岩石碎屑，磨圆度和分选性较好，颗粒集中在 1～2mm 之间，大多为正常沉积碎屑，在显微镜下可观察到一定数量的经搬运的火山碎屑物（以晶屑为主）。

(6) 紫红色中厚层沉凝灰岩。

(7) 灰黄色中厚层凝灰质砂岩。

从上面的描述可以看出，虎丘地区火山作用以较猛烈的爆发式喷发为主，未见岩浆溢出痕迹，因此形成各种类型的火山碎屑岩，而缺乏熔岩。

2. 断裂构造

(1) 节理。在虎丘火山碎屑岩中出现多组节理，其中以 N30°E/NW∠88°及 N80°W/SW∠88°两组节理最发育。前者称 N30°E 节理组，后者称 N80°W 节理组。

1) N30°E 节理组。节理产状稳定，沿走向、倾向延伸较远。节理面光滑、平直、有擦痕，节理壁距小，故该组节理可确定为剪节理。试剑石中的裂隙属该组节理。剑池也是由该组节理在该处密集发育而成，因此剑池也是节理组控制的裂隙水露头。

2) N80°W 节理组。节理产状较不稳定，节理面粗糙不平，无擦痕，壁距较大，故确定该组节理属张节理。在千人座上，张节理中充填物有片理化现象，表明该组节理具有多次活动的特征，其性质是先张后压。

(2) 断层。虎丘断层见于江南第三泉所在地，并截过剑池沿 SEE 向延伸，产状为 N80°W/SW∠85°，如图 4-30 所示。该断层存在的证据如下：

1) 熔结凝灰岩及含砾凝灰岩重复出现。

2) 断层两侧岩层产状不一致，北东盘为 N65°E/SE∠10°，南西盘为 N35°W/SW∠20°。

3) 沿断层面出现陡壁，并发育反阶步。根据反阶步所指动向及两盘相同地层的相对位移，可以确定断层南西盘（上盘）相对于北东盘（下盘）下降，为正断层性质。垂直地层断距在 6m 左右。

图 4-30　虎丘第三泉正断层

(3) 水文地质现象。虎丘高 36m，四周为低平地区。这里地下水的类型可分为两大类：

1) 孔隙水。主要赋存于虎丘周围的山麓堆积和第四纪松散沉积物中，大都属于潜水。它具有统一的地下水面，地下水面深 1～2m（从当地民用井的静止水位可以测出），水质良好，可以饮用。

2) 裂隙水。主要赋存于坚硬岩石的裂隙中。可分为成岩裂隙水、构造裂隙水和风化裂隙水。这里的成岩裂隙不太发育，风化壳也不厚，大部分都是裸露的基岩，所以此处主要以构造裂隙水为主。

现场观察表明，这里普遍有两组构造裂隙。一组是 N80°W，近乎直立的张性节理，在千人座北缘特别发育，其中有 3～4 条等距离分布的张裂隙，在地面张开的宽度可达 20～30cm，间距约为 4～6m。裂缝中有砂、泥质充填物，有的地段被人工乱石和水泥填塞。这组裂隙是地下水最有利的储水和导水裂隙。另一组是 N30°E，近乎直立的剪性节理，这一组裂隙在剑池和白莲池一带特别密集。节理面平直，延伸性和切割性较好。富水性和导水性稍次于第一组张性节理。由于节理密集（间距 5～10cm），条数众多，延伸切割好，可与远处地下水沟通，所以仍然是很好的富水裂隙。

千人座东北角的白莲池是人工开凿而成的。池中的积水主要来自上述两组裂隙中的地下水和大气降水，池中的点头石是基岩受上述两组构造裂隙切割后并经风化剥落而成的方形块体结果。

剑池据说是为了埋葬春秋时期吴王阖闾而沿 N30°E 向节理密集带开挖的墓道，因为这里岩石破碎，便于施工，现在积水成池。岩层被切割成块体状，较利于开挖，因此选址作为吴王墓道反映当时的工匠已经具有一定的地质认识。

据地方志记载，剑池下面是吴王阖闾埋葬的地方，因入葬时把他生前喜爱的 3000 把宝剑作为殉葬品埋在他的墓里，故名“剑池”。《吴越春秋》等古书记载：“阖闾之葬……葬经三日，金精上扬，化为白虎，蹲其上，因号虎丘。”镌刻在千人石正北石壁上的“虎丘剑池”几个大字赫然在目，每个字有两尺见方，笔力遒劲，是唐代大书法家颜真卿所书。经风霜剥蚀，“虎丘”两字几近湮没，到了明代万历年间，有人照原样钩摹重刻。所以苏州人称这里是“假虎丘、真剑池”。

第三泉是沿 N80°W 向近乎直立的张性节理进一步发育而成的正断层——虎丘断层中出露的地下水天然露头。第三泉和憨憨泉都属于裂隙泉水。

总的来说，虎丘的裂隙水富集带比较明显，它主要是接受大气降水入渗补给，在开采条件下还可以得到周围第四纪松散沉积物中孔隙水以及附近地表水的补给。水质好，具有一定的开发利用价值。

（4）工程地质问题。登上虎丘山顶，可以看到一座古老壮观的斜塔，这就是云岩寺塔，俗称虎丘塔。据考证现存的虎丘塔建于五代后周显德六年（959 年），落成于北宋建隆二年（961 年），距今已有 1000 多年的历史，为七层八面砖身木檐仿楼阁形古塔。现存塔高为 47.7m，塔体由外壁、回廊、塔心壁、塔心室等构成，显得格外敦实笃厚、雄浑古朴。更引人注目的是古塔向 NE 方向明显倾斜，据初步测量，塔顶中心偏离塔底中心达 2.34m，塔身倾斜度为 2.47°，底层对边南北长为 13.81m，东西长为 13.64m，有“东方比萨斜塔”之美称。

虎丘塔倾斜的原因是由于它建造在呈南高北低倾斜的弱风化基岩面之上，上覆人工夯实的土夹石覆盖层，覆盖层南薄北厚，从 0.9m 向 3.6m 变化，塔体主体结构采用黄泥砌砖，塔体重量约达 600 万 kg，采用了浅埋式独立砖墩基础，作为软土基础的土夹石覆盖层压实后引起不均匀沉降，造成塔身倾斜。因此在始建阶段即出现塔体倾斜，这从塔体第二、第三、第四层南北塔壁高度和砖层之不等可以得到证明。故在虎丘塔的建造过程中，砌作和纠正交错在一起。在明代崇祯十一年（1638 年）改建第七层时，发现明显倾斜，当时曾将此位置略向相反方向校正以纠正倾斜，因而形成如今向北偏东方向倾斜且塔体呈香蕉形的弯曲形状。虎丘塔在建成后的 1000 余年间，又多遭兵火和自然灾害的劫难，至 20 世纪 50 年代初期，由于地基不均匀沉降，塔身倾斜持续发展，塔体残破不堪，倾斜发展，裂缝纵横，渗漏严重，岌岌可危。1956—1957 年，苏州市首先对塔身进行加固，即在每层塔身加钢箍三道，并在每层楼面的东西方向和南北方向加置十字钢筋，与塔身钢筋拉结一起，由此保住了虎丘塔不坍塌，并对塔体裂缝和塔壁缺损部位喷灌水泥砂浆进行修补，结果使塔体重量增加了大约 20 万 kg，但塔体倾斜的趋势并没有得到控制。1981 年 12 月底，虎丘塔的倾斜达 2.34m，北侧沉降总量较南侧多达 45cm。1981—1986 年，苏州市对虎丘塔进行了第二次大修，这次以加固塔基和基础为主，在将近五年的时间内先后进行了排桩、地基注浆、改筑地下壳体基础和修补底层砖墙体等几个阶段的施工，简称为围、灌、改和补四个施工工序。排桩是指在距塔体 2.8～3m 的地基处灌筑直径为 1.4m、深至基岩的钢筋混凝土桩柱共 44 个，环绕塔体一周，其上部又以环形钢筋混凝土连接，使之成为一个整体的基础工程。地基注浆是指在塔体下部及排桩所围的地基部分加压注入水泥浆液以充实地基土层的空隙。改筑地下壳体基础是指在塔体下部至排桩上部构筑一个复置碗状而连接两者的钢筋混凝土基础工程，作用在于将部分塔重转移到排桩之上，从而调整地基对塔体的承重分布状况。修补底层砖砌墙体是指用钢筋铆固等新技术将新的砖材补换底层砖砌体外壁业已变形和破坏的砖层，使之更新加固，从而改善底层砖砌体强度。虽然以上四道工序均直接触及塔体的基础和地基，特别是排桩和改筑地下壳体基础两道工序对塔体影响扰动更大，但未出现破坏性影响，整体加固工程竣工后，险情排除，塔体形体变化趋转稳定，虎丘塔获得新生。

（三）太湖地质地貌简介

1. 太湖成因及湖滨地貌

太湖是我国五大淡水湖之一，位于长江三角洲的南缘，跨江苏、浙江两省。流域面积为 36500km^2，湖泊面积为 2250km^2，湖长为 68.8km，平均宽度 36.2km，岸线周长为 393km。

太湖是怎样形成的呢？这一直是地质、地理学家探讨的课题。关于太湖的成因至今说法不一，主要有“潟湖说”“构造下沉成湖说”“河道淤塞说”“风瀑流侵蚀成湖说”“综合观点说”“陨石撞击说”等，其中较流行的是“潟湖说”。按照这一说法，在中、晚侏罗世时，该地区受燕山运动的影响，产生东西向断裂。在北面有一条穿过光福、木渎与东西洞庭山之间的断裂，南面有一条断裂通过湖州向东延伸。在中、晚白垩世时，这里受后期燕山运动影响，又产生北东向和北西向两组 X 形的共轭断裂。从总体上看就是这四组断裂构造控制了后来太湖的范围和轮廓。至于太湖水域的形成还是最近时期的事情。据研究，约在 6000 年前，这里还是东海之滨，海水对于海岸岩石不断进行侵蚀破坏，残留了若干小岛。后来由于长江南岸的沙嘴和钱塘江北岸的沙嘴相向生长，像两把钳子似的逐渐汇合起来，终于把以太湖为中心的浅水区域封闭成潟湖。潟湖再经淡化的演变并由大变小，最终形成了今天的太湖及太湖附近的湖群。据研究，太湖最后形成的时间为距今 2000～2500 年。

太湖湖滨发育有两级阶地，Ⅰ级阶地为基座阶地，局部为堆积阶地，相对高度 5～6m。上部由河流成因的细粉砂及亚黏土组成，下部为基岩；Ⅱ级阶地为侵蚀阶地，相对高度 20～25m 左右。阶地的形成可能是湖泊与河流联合作用的结果。

2. 太湖西山国家地质公园

太湖西山国家地质公园位于太湖的东南隅，包括西山本岛及桃花岛、三山岛、横山群岛等20多个小岛。

江苏太湖西山国家地质公园于2004年被批准成立国家地质公园，陆地面积约83km^2，其中60%为低山丘陵，且大部分为基岩组成，从志留纪到早三叠世的地层发育齐全，余则大部分为第四系湖相、河湖相沉积，岛屿四周溶蚀地貌发育。主要地质遗迹包括6大类66个遗迹景点，主要有二叠—三叠系界线剖面、晚石炭世地层剖面、缥缈峰推覆构造、断裂形成的峰崖壁、蜓和四射珊瑚及古人类活动遗迹、林屋山岩溶地貌与林屋洞、石公山构造与湖蚀地貌、幽谷中的泉水与瀑布、煤矿与紫泥矿出露地、具有瘦漏透皱的太湖石及各类造形石，还有诗情画意的湖岛风光等。

苏州西山岛地区动物资源较丰富，特别是水生动物种类繁多，其中有鱼类106种、甲壳类11种、软体动物23种，太湖三白（白鱼、白虾、银鱼）驰名海内外。在三山岛的东泊小山的溶洞中，发现有大量人类活动遗迹，已出土刮削器、尖状器、石核、石斧等新旧石器5000余件。缥缈峰是西山岛主峰，也是太湖第一高峰，海拔336.6m，飞来峰巍峨耸立于园区的中央，四周群山环抱，山势平缓，谷深坞长，谷中有泉水、小型瀑布、水库等，环境优美，是健身、度假、休闲的好去处。

苏州西山地区在大地构造上处于扬子准地台下扬子台褶带的南东部，地质构造十分发育，其中最负盛名的是缥缈峰推覆构造。在晚石炭世石灰岩地层出露的地方，以岩溶地貌发育为特征，山上奇石嶙峋，状若羊群，裂隙发育处形成或曲或直的“一线天”和千姿百态的石林。由于地下水与地表水的长期作用，喀斯特地貌十分发育。林屋溶洞受北东和北西向两组断裂的控制，经地下水长期溶蚀而成。目前仍处在发育之中，是一个十分年轻的溶洞。同时由于地层产状近于水平，在重力作用下，岩层崩塌形成顶平如屋、或直或曲、或长或短、姿态万千的石堑等洞内“重力作用遗迹”奇观。在园林中常见的太湖石最早发现于太湖西山，石面凹凸有致、涡洞相通、洁白圆润，具有“瘦、透、漏、皱、奇”五大特点。

主要地质遗迹如下：

（1）黄犊山向斜构造。过太湖大桥至大桥路7号金色艳阳度假酒店后面（东侧）采石宕。

1）泥盆纪擂鼓台组（DC_1）地层。上部灰白色中细粒石英砂岩，具板状交错层理、楔形交错层理；中部紫红色、土黄色等含铁泥岩、泥岩，局部夹砂岩，具平行层理，产叶肢介化石；下部灰绿色、灰黄色细粒石英砂岩，局部夹泥质粉砂岩。该组中部紫红色、土黄色等含铁泥岩、泥岩可作为紫泥矿开采。

2）黄犊山向斜构造发育在擂鼓台组地层中，核部为擂鼓台组中上部石英砂岩，两翼在黄犊山出露的是擂鼓台组下部地层石英砂岩夹泥质粉砂岩。该向斜北西翼倾角相对较陡，南东翼较缓。

（2）辛村地层及地质构造。辛村与鹿村之间的采石宕内。

1）黄龙组（C_{2h}）。该组主要出露在元山—辛村一带、大龙山、石公山及三山岛等岛屿。岩性上部为浅灰色—灰色厚层—巨厚层生物碎屑灰岩、微晶灰岩，产大量的蜓、有孔虫、四射珊瑚等化石，下部为浅灰色中厚层粗晶灰岩。

2）船山组（C_3P_{1c}）。该组出露与黄龙组类似，但它是林屋山景区、石公山景区的主要岩石类型。岩性为灰、深灰、灰黑色厚层—巨厚层生物碎屑灰岩、核形石灰岩、鲕粒、球粒灰岩等，产大量四射珊瑚、蜓及少量的腕足类化石。特别是蜓，它组成了蜓灰岩，是制作工艺品的好材料。

3）小南山推覆构造。位于园区东北部的辛村湾小南山，出露清楚，易于观测，由老虎洞组白云岩直接推覆于黄龙组灰岩之上组成，推覆面平缓且平整，倾向北，倾角为27°。

（3）马石山二叠—三叠系界线剖面。位于马村西侧马石山，出露地质现象如下：

1）长兴组（P_3c）。该地为浙江长兴二叠—三叠系“金钉子”的重要辅助剖面之一，主要出露在徐石山和马石山。岩性上部为灰白带肉红色中层—巨厚层藻球粒微粉晶灰岩、生物屑灰岩，具水平层理，下部为浅灰、灰带肉红色厚—巨厚层白云质粉细晶灰岩、细晶白云岩、粉细晶灰岩等。灰岩中产蜓化石。

此处的长兴组以其独特的“灰白色”与浙江长兴葆青标准剖面的长兴组“灰黑色”有明显的区别，俗称“白长兴”，为国内唯一出露好的“白长兴”。

2）青龙组（T_1q）。区内三叠纪地层出露较零星，仅在马石山东侧见有青龙组底部地层。岩性为深灰、青灰色泥岩、泥灰岩夹中—薄层泥晶灰岩，产双壳类、腕足类、牙形刺等化石。

3）逆掩断层。该断层走向NNE、倾向NWW、倾角10°左右，地表局部较陡，可达40°以上。在马石山南侧志留世茅山组推覆在二叠纪长兴组之上，而长兴组又以上盘断块的形式逆冲在三叠世青龙组之上，并使其内部发生多重顺层滑动，形成了近于平卧的褶曲。

（4）石公山公园。石公山山体由石炭系船山组灰岩组成，喀斯特地貌和湖蚀地貌十分发育，据查它们往往受到断裂的控制，如石公山第一胜景“巨型石壁”云梯、断山亭、来鹤亭明月坡后的悬崖，均发育在断裂之上，“一线天”更是沿着一条北东向断裂发育而成。

该处溶洞甚多，较大的有归云洞、夕光洞。归云洞是地下水沿两条NE向断裂长期溶蚀而成，平整的断面上垂挂着幔帘状的钟乳石，由断裂夹持的岩块被凿，塑成送子观音像，其通体都由细小的生活在3亿多年前的蜓科化石组成，她确有送不完的“子”。夕光洞沿一条NW向断裂发育，断裂切穿了岩块，使阳光射入，应了那句“凿壁偷光”的成语。山之东麓明月坡，相传吴王夫差与西施玩水赏月于此，古景“石公秋月”指的就是这里。这块面积达5600m^2的巨型石灰质层面，以5°角微微向湖水倾斜，经查面体光滑平整、遍布滑动的痕迹，可见薄薄的磨砾岩与方解石层属于层间滑动面性质，与区内广泛分布的逆掩推覆面本质上没有什么区别，如此规模的层间滑动面，世所罕见。

1）地层岩性（蜓灰岩）、古生物化石。石公山主要分布石炭系黄龙组、船山组灰岩，露头良好，所含化石丰富。特别是船山组中的蜓化石形成蜓灰岩、藻球状灰岩以及珊瑚化石等。

2）喀斯特与湖蚀地貌。

a. 喀斯特地貌。地表岩溶形态有溶痕、溶沟、石芽（石林）、落水洞等。

b. 湖蚀地貌。石公山的湖蚀崖，距离湖面高差为3～8m，湖蚀崖陡峭壁立，与太湖广阔的湖面相接，甚为壮观。

湖蚀洞是一连串的小型溶洞，由太湖水冲刷而成。稍大一点或特殊的给起个名字，如花冠洞、蟠龙洞等。处于湖面附近的，常因湖浪冲击而发出有节奏的如鼓如瑟的响声，水面如锦缎抖动，其景其情令人乐不可支。

湖蚀平台（湖成阶地）是湖岸受湖水波浪及其挟带物的侵蚀、磨削，逐渐形成相当于波浪作用高程的湖蚀平台。湖蚀平台与湖面的相对位置发生变化，高于或低于湖面，这样湖成阶地形成。引起湖面相对稳定状态发生变化的原因主要是地壳升降运动及气候的干湿变化。地壳上升或气候变干，湖面缩小，原来的湖蚀平台高出湖面，成为水上阶地；地壳下沉或气候变湿，湖面扩大，原来的湖蚀平台低于湖面，成为水下阶地。研究湖成阶地的发育情况，有助于了解和恢复湖区地理环境的变化。

3）地质构造。在“云梯”等处考察断层悬崖以及边坡稳定性，在“一线天”观察断裂构造，在明月坡考察层间滑动构造。

4）太湖石。太湖石原岩是石炭纪、二叠纪灰岩，久经波浪冲刷而成空石，形态各异，柔曲圆润，玲珑多窍，皱纹纵横，涡洞相套，大小有致，是大自然创造的天然艺术品。

太湖石特点可用“瘦、透、漏、皱、奇”五字来形容其特点。瘦者体态苗条、挺拔露骨，有清癯俊秀之风采；透者纹理纵横，四通八达，有轻盈窈窕之佳姿；漏者洞孔众多，嵌空嶙峋，有玲珑剔透之情趣；皱者折皱丰富，凹凸起伏，有古拙隽永之神韵；奇者筋脉毕露，丑态百出，有鬼斧神工之魅力。天然玲珑的太湖石又称“花石”，早在唐代就闻名天下，有“石有聚族，太湖为甲”的美誉。在园林建筑中，太湖石发挥了独特的作用。

（四）无锡鼋头渚附近地质地貌现象

鼋头渚地区出露的地层是茅山群石英砂岩与粉砂岩。由于岩性的软硬交替以及节理的发育与湖水的侵蚀作用，逐步形成了湖嘴、湖弯、湖蚀崖等湖蚀地貌。在砂岩与粉砂岩中发育了很好的波痕和交错层。

1. 波痕

在包孕吴越附近可以见到极为清楚的波痕。波痕是沉积岩中的一种层面构造，是由风、流水或波浪等作用于沉积物表面所造成的起伏不平的波纹状痕迹，这种痕迹表现在层内则是交错层理。

波痕的形状类似于水面的波浪，可以有波峰与波谷之分。在剖面上可以表现出迎水面（向风坡或上游边）与背水面（背风坡或下游边）的长度几乎相等或相差很大的两种情况，从而可分出对称波痕与不对称波痕。前者多属波浪成因，后者为流水或风吹成因。波痕的波长与波高的比值称为波痕指数。波痕指数为 3～10 者，属流水成因；波痕指数为 20～50 者，属风吹成因。

在平面上观察，波峰的脊线有直线状、弯曲状、舌状等形状，其形状与水深和流速有关，即随着水深减小，流速增大，从直线状变为弯曲状以致舌状。

该处波痕发育于茅山群石英砂岩层面上，波高小于 3cm，据波峰的形态，属舌状波痕（鱼鳞状波痕），说明是极浅水高流速条件下的产物，即在湖滩或河滩环境下形成。

2. 交错层理

在憩亭旁的山崖上“天开峭壁”等刻石景点附近可见到交错层理。层理是岩石性质沿垂直方向变化所产生的层状构造，它通过岩石的物质成分、结构及颜色的突变或渐变而表现出来，是沉积岩中常见的原生构造。按细层的形态以及细层与层系界面的关系，可把层理分为水平层理、波状层理、交错层理（斜层理）等几种基本类型。

交错层理是一种多层系的层理，其特征是层系的界面彼此交错，相邻层系中细层的倾斜方向多变，是由沙垄（大型）、沙浪（中型）或沙纹（小型）的迁移造成的。该处交错层理发育于茅山群砂岩中，层系厚变一般大于 3cm，细层倾斜方向多变，属大中型交错层。交错层对于判别古水流的流向与地层的顶底很有意义。层系中细层的方向指示水流方向，从细层与上下界的交角及形态可以判别地层的顶底，一般来说，细层与顶面的交角大于与底面的交角。

此外，这里的节理也很发育。如灯塔附近砂岩中发育多组不同方向的节理，其特点是：①大多数为剪节理；②有两组节理垂直于岩层层面，为褶皱早期形成的共轭节理；③倾角陡的剪节理基本上垂直于地面而不垂直于岩层层面，为褶皱后期或褶皱之后形成的节理。

二、实习路线、内容和要求

苏州、无锡、太湖地区实习的主要目的是认识花岗岩岩性、结构构造、侵入接触关系，侏罗系流纹质火山岩组岩性、结构构造，湖蚀地貌以及沉积岩岩性、化石、波痕层理等结构构造，地质构造等特征。主要观察路线有 4 条，可根据实习时间和要求选择。

（一）花岗岩地质

1. 路线

从横山至灵岩山经天平山至金山。

2. 实习内容

观察苏州花岗岩的岩性，花岗岩与围岩接蚀关系，花岗岩侵入阶段的划分。观察花岗岩风化现象、断裂裂隙发育特征。

3. 观察点

（1）横山。

1）观察茅山群岩性、花岗岩与茅山群地层接触关系，花岗岩内外接触带岩性变化；测量接触面产状，绘制接触关系素描图。

2）确定燕山晚期两阶段花岗岩岩性，以及它们的侵入顺序。

3）认识伟晶岩，鉴定伟晶岩矿物。

（2）灵岩山。

1）南麓停车场观察堰桥组地层与花岗岩接触关系，绘制接触关系素描图。

2）灵岩山往北上至印公之塔，观察花岗岩岩性，判别花岗岩中捕虏体、析离体和顶垂体。

3）观察“痴汉石”，了解它的形成与节理关系。

4）观察灵岩山大佛像，分析燕山晚期两阶段花岗岩的侵入顺序。

5）分析灵岩山顶（琴台），对照地形图观察灵岩山附近地形。

（3）天平山。

1）观察花岗岩球状风化现象及“摇摆石”。

2）观察花岗岩峰林地貌“万笏朝天”及其与节理发育的关系。

3）观察天平山“一线天”，测量花岗岩断裂产状，探讨“一线天”形成机理。

4）观察生物风化现象“根劈石”。

5）观察飞来峰，分析两期花岗岩岩性特征。

6）寻找并观察花岗岩中俘虏体、析离体。

（4）金山。

1）采石场内观察花岗岩岩性，采集花岗岩标本。

2）观察石英脉、萤石脉，注意它们与花岗岩节理关系。

3）观察金山断层。

4. 作业要求

（1）绘制花岗岩与围岩接触关系及不同侵入顺序素描图。

（2）综合整理苏州花岗岩的地质资料。

（二）虎丘地质

1. 路线

从试剑石沿路往北至虎丘塔。

2. 实习内容

（1）观察苏州虎丘火山岩岩性及层序，了解火山喷发过程。

（2）观察火山岩中断层、节理发育和水文地质现象。

（3）观察虎丘塔，分析倾斜原因，了解加固整治技术方法。

3. 观察点

（1）从试剑石到千人坐，观察虎丘火山岩岩性、层序。

（2）在千人坐、第三泉、剑池，观察节理、断层、泉水等现象。

（3）观测虎丘斜塔，分析塔身倾斜的原因，了解塔基塔身加固的技术方法和措施。

4. 作业要求

（1）绘制虎丘火山岩信手剖面图。

（2）绘制第三泉断层剖面图。

（3）分析虎丘塔倾斜原因，了解治理技术措施。

（三）太湖西山

1. 路线

自黄犊山至石公山。

2. 实习内容

（1）观察沉积岩断裂、褶皱构造。

（2）观察石炭系岩性、化石、接触关系等。

（3）观察岩溶发育、湖蚀地貌。

3. 观察点

（1）黄犊山。

1）观察泥盆纪五通群擂鼓台组地层岩性。

2）观察褶皱构造，测量不同部位地层产状。

（2）石公山。

1）观察归云洞及地表，分析石炭纪船山组地层岩性（蜓灰岩）、古生物化石。

2）考察夕光洞、花冠洞喀斯特与湖蚀地貌（湖蚀崖、湖蚀洞穴等）。
3）考察明月坡、一线天层间错动及断裂等地质构造。了解断层崖地貌特征。
4）考察地表太湖石。
5）考察太湖成因。
4. 作业要求
（1）素描黄犊山褶皱。
（2）素描蜓化石结构。
（四）无锡鼋头渚
1. 路线
从无锡鼋头渚灯塔经“包孕吴越”至光福寺。
2. 实习内容
（1）观察沉积岩中的波痕及交错层理等构造和节理构造。
（2）观察太湖地貌，了解太湖成因。
3. 观察点
（1）灯塔处观察太湖湖滨地貌，了解太湖成因。
（2）观察石英砂岩中的节理构造。
（3）在“包孕吴越”和光福寺两处，观察波痕及交错层理等层面构造。
4. 作业要求
（1）层理素描。
（2）节理统计。

第六节　连云港地区

一、地质概况

连云港市位于江苏省东北部，东濒黄海，距南京约310km，由宁连公路可达，连镇高铁也已开通。连云港地处亚欧大陆桥和陇海铁路的东端，有“新亚欧大陆桥东方桥头堡”“中国优秀旅游城市”“中国水晶之都”等美誉。实习区位于北固山、东西连岛、高公岛等海岸地区。

（一）变质作用和变质岩

连云港地处郯庐大断裂带东侧，归属秦岭—大别山—苏鲁造山带，属变质岩地区。变质作用类型为区域变质作用，从中低级变质到高级变质作用均有发育。

在海岸地区观察的变质岩有片岩、变粒岩、石英岩、片麻岩等。变质岩原岩为中元古代中酸性火山岩，时代归属海州群云台组。变质岩中岩石变形强烈，褶皱、节理构造和面理构造极为发育。

1. 片岩类

片岩类变质岩分布广泛，在北固山、连岛浴场、高公岛均有出露，岩性主要有云母石英片岩、石英片岩、绿泥石片岩。

（1）云母石英片岩、石英片岩。主要分布在北固山东坡、山顶处，由片状矿物云母、粒状矿物石英组成，岩石具有明显的片状构造特征。

（2）绿泥石片岩。主要分布在连岛浴场入口处和栈桥入口处，主要矿物由墨绿色的绿泥石和灰白色的石英组成，绿泥石含量大于60%，片状构造明显，在岩石风化面上片状构造尤其明显。可见风化作用使绿泥石流失而石英突起在岩石表面。

2. 变粒岩

变粒岩主要分布在北固山西坡至海岸。岩石为肉红色，风化后为微红色，是一种片理不发育的、具有粒状变晶结构的变质岩。主要矿物有肉红色的正长石、灰白色的石英，有时岩石中可见暗色矿物黑云母。由于岩性坚硬，常见节理、裂隙分布在岩石中。

3. 石英岩

石英岩主要分布在片岩类变质岩、变粒岩中，呈脉状分布，当石英脉较细、较薄时，由于受到构造应力作用，常呈弯曲柔皱状产出。

4. 片麻岩

片麻岩主要分布在连岛浴场栈桥东部地区，主要矿物有长石、石英、黑云母。岩石中常有细小的柔皱（褶曲）现象发育。

5. 糜棱岩

糜棱岩见于高公岛，岩石呈肉红色，主要矿物成分为石英和钾长石，含有少量的石榴子石、绿帘石、白云母、磁铁矿等，长石和石英均有被拉长呈条状的现象，微颗粒密集定向排列。变斑状结构。斑晶矿物为钾长石和石英，沿钾长石斑晶的边缘有变质重结晶生长的新生边带，基质普遍发生变质重结晶，呈细粒粒状结构，围绕斑晶的基质呈极细粒粒状或粥状。野外露头呈块状构造、眼球状构造、肠状构造等。原岩可能为酸性火山岩。

（二）海洋外动力地质作用及其地貌

1. 潮汐作用

潮汐现象是沿海地区的一种自然现象，是海水在天体（主要是月亮和太阳）引潮力作用下所产生的周期性运动，习惯上把海面垂直方向涨落称为潮汐，而海水在水平方向的流动称为潮流。古代把白天的河海涌水称为“潮”，晚上的称为“汐”，合称为“潮汐”。

潮汐具有能量大、作用时间持久的特点。潮汐使海浪持续对海岸产生的作用，在基岩海岸主要表现为侵蚀作用，形成海蚀崖、海蚀洞、海蚀沟和海蚀平台等侵蚀地貌；在沙质海岸，表现为对堆积物的淘洗、分选和搬运。

根据潮汐作用的范围，海岸带可划分为如下几部分。

（1）潮上带。指平均大潮高潮线以上至特大潮汛或风暴潮作用上界之间的地带。常出露水面，蒸发作用强，地表呈龟裂现象，有暴风浪和流水痕迹，生长着稀疏的耐盐植物。常被围垦。

（2）潮间带。指平均大潮低潮线至平均大潮高潮线之间的地带。此带周期性地受海水的淹没和出露，侵蚀、淤积变化复杂，滩面上有水流冲刷成的潮沟和浪蚀的坑洼，是发展海水养殖业的重要场所。

（3）潮下带。指平均大潮低潮线以下的潮滩及其向海的延伸部分。水动力作用较强，沉积物粗。

2. 海岸地貌

海岸带是陆地和海洋的交汇地带，是海岸线向陆、海两侧的扩展，包括海岸环境及其毗连的水域。现代海岸带一般包括海岸（潮上带）、海滩（海涂、潮间带）、水下岸坡（潮下带）三个部分，如图 4－31 所示。在海岸发育中，海浪、潮汐、海流、海面变化、地质地貌条件、河流和生物等因素影响其形态和演化过程，形成错综复杂的海岸类型。

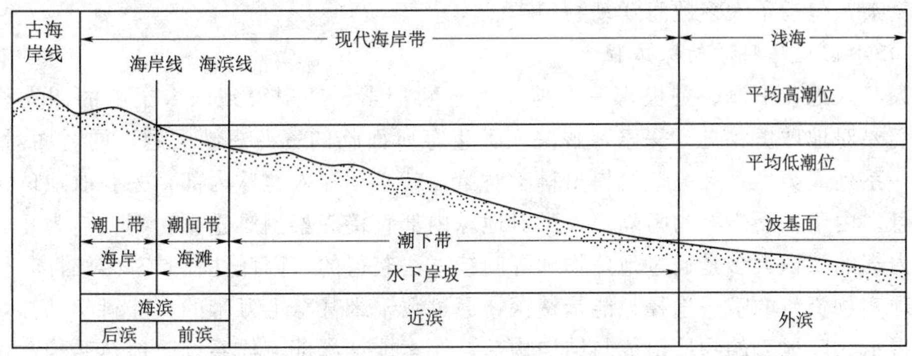

图 4－31　海岸带及其组成部分

连云港依山傍海，地处新沭河下游丘陵滨海平原，由变质岩构成的云台山、锦屏山和马陵山等高耸于沿海冲积平原之上，云台山为江苏省第一高峰，海拔 625m。所临黄海完全是大陆架海，最大岛屿为东西连岛。

所谓海岸地貌是指海岸在构造运动、海水动力、生物作用和气候因素等共同作用下所形成的各种地貌的总称。海岸地貌类型复杂，有不同的分类方式。

（1）根据作用方式可分为以下两种地貌：

1）侵蚀地貌。岩石海岸在波浪、潮流等不断侵蚀下所形成的各种地貌。

2）堆积地貌。近岸物质在波浪、潮流和风的搬运下，沉积形成的各种地貌。

（2）按海岸的物质组成及其形态可分为以下三种海岸：

1）基岩海岸。由基岩构成，一般有海蚀崖、海蚀平台、海蚀洞、海蚀穴、海蚀沟、海蚀拱桥、海蚀柱等。

2）沙质海岸。由基岩岩屑、砂砾和海洋生物贝壳等构成，一般为沙滩，通常成为天然浴场。

3）泥质海岸。由陆地河流搬运的泥质物构成，常常是地表径流入海和海湾避风处。

据史料记载，连云港云台山在 300 多年前还是海中岛屿，在公元 18 世纪早期（1711 年）云台山才与大陆连接起来。此外在高公岛侵蚀崖上发育的侵蚀洞穴高于现代海面位置，云台山向海一侧存在海蚀平台，高于现在的高公岛、连岛。由此表明，连云港沿海地区在最近数百年内，经历了海平面位置的下降、海岸带向黄海方向迁移的海陆变化。

3. 海洋生物

（1）植物。包括浮游植物、小型底栖藻类和海草、沼泽草和海藻等大型水生植物。

（2）浮游动物。是一类异养性的浮游生物，也就是不能自己制造有机物，而必须依赖已有的有机物作为营养来源的生物，有终生浮游生物和季节性浮游生物之分，主要包括鱼卵、鱼的幼体和许多底栖无脊椎动物（如蛤、螺、藤壶和海星等）的幼体等。

（3）游泳生物。是指那些具有发达的运动器官而游泳能力强的动物，包括鱼类、哺乳动物（如鲸、海豚、海豹）、爬行动物（如海蛇、海龟）、软体动物（如乌贼、章鱼）和一些大型虾类（如对虾、龙虾）等。

（4）底栖动物。是指栖于海洋基底表面或沉积物中的生物，底栖动物在海底的生活方式有固着、附着、穴居、爬行、游泳、共栖、共生及寄生等多种，因此底栖生物种类多样性极其复杂，包括了大多数海洋动物门类。

（三）中国大陆科学钻探工程

上天、入地、下海、登极，一直是人类不断探索、期望得到深入了解的四大科学领域。人们要对地球奥秘进行探索，解决人类生存所面临的资源短缺问题，同时面对火山、地震等一系列人类生存环境危机提出科学对策，就必须深入地球内部，去获取地球深部的各种信息。由于坚硬岩石的阻隔，人类对地球内部直接观察困难重重。到目前为止，人类对地球内部的认识大多是通过地球物理等间接方法获得的，因此往往具有多解性。而取得深部地球实物资料的唯一途径只能是钻探，通过数千米甚至上万米的大陆科学钻探，科学家可以揭示大陆地壳的物质组成与结构构造，探索地球深部流体系统、地热结构，可以解决一系列重大基础科学问题。因此，大陆科学钻探工程被形象地誉为“伸入地球内部的望远镜”。

国际大陆科学钻探组织在全球不同地质热点地区进行了大量科学钻探活动。位于我国东部的全球最大的变质带——大别—苏鲁超高压变质带吸引了全球地质学家的目光，江苏的东海就位于这一变质带的关键部位。

早在印支期（约 2.5 亿年前），中朝板块（以华北大陆为主）与扬子板块（以华南大陆为主）是隔海分离的，距今 2.3 亿年前后，两个板块发生汇聚、碰撞，形成了大别—苏鲁超高压变质带。地表的物质、甚至深部物质如下地壳、地幔也卷入了其中。其碰撞过程是怎样的？大陆物质发生了何种变化？这是地质科学家探讨的热点问题，也是中国大陆科学钻探工程立项的依据。

位于连云港东海毛北的我国第一口大陆科学钻探工程，利用具有自主知识产权、世界首创的“螺杆马达—液动锤—金刚石取心钻进技术”，首次在坚硬的结晶岩中成功钻进 5158m，取得了 5118.2m 的岩心和气流体样品。通过这次科学深钻，我国科学家获得了一系列创新成果，揭示了板块会聚边界深部连续的物质组成、超高压变质区的深部物质组成；证明了地质历史上曾发生的板块携带巨量物质俯冲地幔深处的壮观地质事件，以及发生在 700 万～800 万年前的重大裂解事件；标定了结晶岩地区典型的地球物理场；提出了地壳分层拆离的多重性和穿时性“深俯冲—折返”新模式。

中国大陆科学钻探工程的实施，揭开了我国地质科学研究新的一页，对于探索地球深部动力学过程，发展大陆动力学理论具有重要的科学意义，同时建立的适用于深孔硬岩恶劣条件的新型钻探技术体系，也使我国的钻探技术水平上了一个新台阶。

二、实习路线、内容和要求

连云港地区实习的主要目的是认识区域变质岩岩性、结构构造，海岸侵蚀和沉积地貌特征，海岸生物等。主要观察路线有 3 条，可根据实习时间和要求选择。

1. 路线

（1）由连岛大堤西端沿北固山山道至海边。

（2）由苏马湾沿海边栈道至大沙湾。

(3) 沿高公岛海边环线。

2. 实习内容

(1) 认识变质作用及变质岩岩性、地质构造。

(2) 认识潮汐作用。

(3) 认识海岸侵蚀地貌。

(4) 认识海岸沉积作用及沉积物和堆积地貌。

(5) 地理变迁分析。

3. 观察点

(1) 连岛大堤西端。观察变质岩岩性、结构、构造，测量裂隙产状。

(2) 北固山山腰或山顶。观察变质岩岩性变化，海蚀穴的发育和分布特征，与海平面的关系。

(3) 北固山北侧海边。观察石英岩脉、断裂裂隙，观察基岩海岸侵蚀地貌特征、底栖海洋生物。

(4) 连岛环岛路边。观察变质岩中发育的褶皱构造，分析岩层产状、构造裂隙等对边坡稳定的影响。

(5) 苏马湾。观察变质岩岩性变化，分析海岸沉积地貌和沉积物，认识海洋生物。

(6) 苏马湾至大沙湾沿途。观察变质岩岩性、断裂及其拖曳构造、裂隙地下水、石英脉以及揉皱构造、海岸地貌。

(7) 高公岛环线。观察片岩、糜棱岩、海岸地貌、断裂构造。

4. 作业要求

(1) 综合整理变质岩岩性、结构、构造。

(2) 总结海岸侵蚀地貌和堆积地貌特征。

(3) 认识海洋生物。

(4) 分析当地海岸地理变迁特征。

第七节　宜兴—广德—长兴地区

宜兴市位于江苏省最南端，西北距南京直线距离120km，东去太湖26km，西南分别与安徽省广德市和浙江省长兴县为邻。宜兴—广德地区主要分布古生代及中生代地层，形成以短轴向斜和背斜为特征的盆地、丘陵地貌，可溶性石灰岩地层分布广泛，岩溶发育，形成了以善卷洞、太极洞等为代表的地下溶洞暗河系统，长兴金钉子剖面、红村新四军苏浙军区司令部旧址等地质及人文历史景观，为认识喀斯特地貌、研究地层地质构造、传播红色基因提供了丰富的实习素材。

一、地质概况

(一) 地层岩性

宜兴—广德地区的地层单元属于江南地层区，修水—钱塘江地层分区，常州—宜城地层小区。江南地层区大致相当于江南台背斜的范围，跨苏、浙、皖、赣及湘、黔诸省。其北与扬子地层区相接，南与华南地层区毗连。因此这里的地层特征有别于南京附近，对于了解晚古生代时期岩相和古地理的变化具有重要意义。

宜兴地区的地层属江南地层区的东部。志留系和泥盆系为碎屑沉积，石炭系以碳酸盐岩类为主，夹少量碎屑岩及黏土岩类，二叠系发育较为完全，是一套碳酸盐岩、硅质岩及含煤碎屑沉积，栖霞组分布于宜兴市的张渚、湖㳇、庙桥等地，岩性及化石与宁镇地区相似，孤峰组分布于湖㳇、庙桥及野山等地，岩性为硅质页岩、页岩及燧石岩，岩石节理发育，性脆易碎，含磷质结核。产腕足类乌鲁希腾贝、网格长身贝、新轮皱贝及戟贝等。岩石厚度比宁镇地区大得多，可达125～130m。龙潭组广泛分布于砺山、张渚、川準及胡㳇等地，系海陆交替相沉积，下部为陆相碎屑岩夹煤层，产烟叶大羽羊齿、蕉羊齿、栉羊齿、瓣轮木、带羊齿及枝脉蕨等植物化石。上部以灰黄色砂页岩为主，局部夹生物屑石灰岩透镜体，产华南菊石、网信菊石及华夏贝和海登贝等。该组厚度变化较大，南薄北厚，其厚度在125～250m左右。大隆组分布在张渚清水圹，湖㳇九里山、象牙山及川埠等地。九里山是大隆组和长兴组相变的过渡地带，岩性以浅海相硅质页岩、燧石岩及页岩、粉砂岩为主，夹有中厚层生物屑石灰岩。产马平细肋菊石、戟贝、欧姆贝等化石。川埠、蜀山一带，生物屑灰岩夹层增厚，逐渐向长兴组灰岩相过渡，该组厚度为30～50m。二叠纪地层在宜兴地区均为连续沉积，呈整合接触。三叠系中下统为一套浅海相微晶石灰岩沉积，称青龙群或划分为下青龙组和上青龙组，岩性与宁镇地区相似，与下伏二叠纪地层为假整合接触。青龙群岩溶发育，著名的善卷洞、张公洞、灵谷洞等溶洞就发育于该地层中。同时青龙群之薄层、条带状石灰岩常可作建筑材料之用。该区缺失相当于黄马青群之地层，侏罗系发育不全，仅有上统火山岩系，缺失相当于南京地区的中下统象山群地层。上统火山岩系主要由一套中—酸性熔岩及相应之火山碎屑岩组成，按其岩性及喷发旋回可分为三部分：下部龙王山组（J_3l），由紫色砂砾岩、安山岩、辉石安山岩、晶屑凝灰岩等组成，总厚度为820m左右；中部云合山组（J_3y），为一套含火山碎屑的沉积岩层，其岩性为杂色凝灰质砂页岩，局部含透镜状泥灰岩，产植物化石碎片，厚约168m；上部大王山组（J_3d），由辉石安山岩、安山岩、流纹岩、英安岩及安山凝灰熔岩，夹少量凝灰质砂页岩等组成，厚2523m。白垩系仅见上统浦口组，出露于丁蜀白泥山北坡及张渚牛犊山等地。该组岩性变化较大，太湖边缘以砾岩为主夹砂岩，而向西在牛犊山则为含砾砂岩与角砾岩互层。第三系地表未见。第四系分布较为广泛，成因类型复杂，随地而异。

以丁蜀镇和张渚盆地所出露的地层较为代表性，介绍如下。

1. 五通组（D_3C_1w）

该组岩性可分为两部分：下部以含砾中粗粒石英砂岩为主夹薄层粉砂质页岩和细砂岩；上部为灰白色石英砂岩夹紫红色粉砂质泥岩及黏土质页岩，产奇异亚鳞木及无锡亚鳞木等植物化石。

2. 金陵组（C_1j）

该组为浅海相碎屑岩沉积，厚度小于10m，未找到可靠化石。在宜兴扬店其剖面下部为褐黄色细粒含铁石英砂岩，产腕足类宜城穹房贝，厚3.7m。中部灰黑色粉砂质页岩、夹褐色含云母细粒石英砂岩，产腕足类宜城穹房贝，厚4.7m。上部为浅黄色及灰色细粒石英砂岩，含大量云母碎片，产穹房贝及其他腕足类化石碎片，厚1.4m。

3. 高骊山组（C_1g）

该组岩性以杂色砂岩、粉砂岩和黏土为主，局部夹含铁砂岩，产奇异亚鳞木及须羊齿等植物化石，厚37～60m，与下伏地层为假整合接触。其中的黏土岩是宜兴陶瓷的优质原料。

4. 黄龙组（C_2h）

该组出露于丁蜀镇后之青龙山，厚度约90m。岩性可分为两部分：下部为灰色厚层状结晶白云岩，内夹中厚层生物屑灰岩、白云岩、硅化生物灰岩，白云岩底部有0.4m厚的石英砾岩，产原小纺锤蜓及假史塔夫蜓、小石柱珊瑚及刺毛媳等化石，厚23m；上部为灰白色及微带肉红色厚层微晶生物屑灰岩为主夹团块灰岩，局部含燧石结核及燧石条带，产小纺锤蜓、纺锤蜓、泡沫星珊瑚等化石，厚67m。与下伏地层为假整合接触。

5. 船山组（C_3c）

该组见于丁蜀镇后之青龙山，厚度为37.6m。自下而上可分为四部分：下部灰白色厚层生物屑灰岩与灰黑色厚层生物屑灰岩互层，产麦粒蜓、似纺锤蜓、始拟纺锤蜓及希瓦格蜓、似石柱珊瑚、船山珊瑚等化石，厚13.9m；中部灰色厚层生物屑灰岩、生物屑微晶灰岩，岩层中具少量且局部集中的核形石（藻灰结核），产假希瓦格蜓、犬齿珊瑚、阿曼特珊瑚等化石，厚2.3m；上部灰褐色厚层生物屑微晶灰岩，夹微晶核形石灰岩，并含少量燧石团块，厚18.3m；顶部为灰褐色生物屑微晶灰岩，产蜓类化石，厚3.1m。与下伏地层整合接触。

6. 栖霞组（P_1q）

该组以浅海相含燧石之灰岩为主，底部为含煤线的黑色页岩，含珊瑚、蜓、腕足类化石。

7. 孤峰组（P_2g）

该组以浅海相灰色硅质页岩，灰黑色薄层页岩、燧石层为主，含腕足类、菊石化石。

8. 龙潭组（$P_{2-3}l$）

该组为海陆交互相的含煤碎屑岩，上部夹生物碎屑灰岩，黄绿色、黑色粉砂岩、页岩。

9. 长兴组（P_3c）

该组为浅海相薄—中厚层灰岩夹燧石层、粉砂岩、粉砂质页岩、硅质岩。

10. 下青龙组（T_1x）

该组主要是浅海相页岩，泥灰岩和灰岩，具薄层理，灰岩中还有同生角砾状、条带状构造。

11. 上青龙组（T_1s）

该组为浅海相灰岩，下部为灰色薄层泥灰岩，中部为灰色白云质灰岩、灰质白云岩及白云岩，上部灰色中厚层灰岩。

12. 浦口组（K_2p）

该组仅见于张渚镇北之牛犊山，为一套红色陆相碎屑岩，不整合于下伏地层之上，上部为砾岩，下部为砂岩。

此外该地区岩浆岩也有分布，但规模小，几乎全部属燕山晚期的侵入、喷出岩，其类型主要有花岗岩、花岗斑岩、闪长岩以及煌斑岩。

（二）地质构造

1. 褶皱

（1）张渚向斜。向斜核部由上青龙组组成，局部被白垩系上统浦口组不整合覆盖，并被NWW向张扭性断裂切割成三大块段，中段相对向东南位移1.5km，这是张渚河及其两支流形成的构造基础，翼部为二叠—泥盆系地层，区域产状向中心倾斜，倾角10°～40°，且北翼大于南翼，它的北侧祝陵—芙蓉一带，受NWW向断裂切割几乎全部断失，坟头群直接逆冲于青龙群及龙潭组之上，而在东部、南部龙潭组保存较好，是该地区主要采煤地段，石炭系、二叠系地层因受弧形断裂破坏而断续出露。

（2）狮子山—大涧复式背斜。位于张渚河西岸构成张渚盆地西缘，核部由坟头组及茅山组组成，其东翼受NNE向张渚—桥下断裂切割几乎全部断失，仅在里干见坟头群（80°∠40°）、天顶山一带见茅山组（90°∠10°），西翼受NNE向鸡笼山—野山断裂切割大部断失，仅在南段出露较好。

2. 断裂

（1）蒲墅—张渚—桥下冲断层。断层证据有：①里干一带钻孔中见坟头群逆冲在下青龙组和龙潭组不同层位之上，并有中酸性侵入岩侵入；②狮子山—大涧复式背斜东翼的缺失；③牛犊山见浦口组与龙潭组接触并有花岗斑岩侵入，龙潭组强烈碎裂岩化及角岩化；④五道桥钻孔见花岗岩侵入，茶亭—祝陵一带青龙群中北北东向压扭性结构面相当发育。

经研究，断裂的东盘向北作相对位移。

在该主干断裂两侧，特别是东侧，伴生断裂相当发育。其中以NWW向张扭性结构面最发育，NEE向次之，NNW向最差，NWW向断裂在主干断裂东侧的祝陵—洛家庄、张渚—大庙由数条断层组成两个明显的地堑式破碎带（成为祝陵河和东河河谷），长10km，宽1～2km，将张渚向斜核部切成两段，地堑式破碎带中有零星侏罗系上统火山岩系出露。另外，祝陵南北青龙群中NNW向张扭性断裂中常被煌斑岩脉和花岗岩脉充填，根据断裂两侧次一级小褶皱（近SN向）构成的“入”字形构造分析，表明断层南盘向东位移。

（2）小规模断裂。规模较小的横断层大量分布于全区，尤以盆地四周低山丘陵区更多，它们横切主断层及地层，使地形更加破碎，山峰高差变大并形成许多垭口，对内区水系格局产生影响。

3. 新构造运动

该地区属新构造中等隆升区，且为间歇性上升，目前仍在强烈上升过程中，其在地貌上的表现有：低山区深切的V形河谷；地面倾斜的山麓剥蚀面；河流的两级阶地，溶洞的成层现象等。

4. 地质发展简史

该地区自志留纪中期至三叠纪中期，受华夏系海底隆起和凹陷的控制，沉积了以海相为主的中上志留统的坟头组到下三叠系的青龙组地层，下三叠世后直到中侏罗世，该地区发生了深刻的构造变动，三叠系以前的地层全部褶皱，张渚构造盆地的边缘形成逆断层。

侏罗世的燕山期是岩浆活动，内生矿床形成的重要时期，从大量中酸性岩浆岩体之间的关系看，中性岩先形成（燕山期第一幕），酸性后形成（燕山期第二幕）。

晚白垩世在局部地段沉积了浦口组（K_2）砂砾岩，后受喜马拉雅运动影响而大部被覆盖，地表仅见于牛犊山。

（三）喀斯特

该地区的青龙群中喀斯特发育，有溶洞、溶蚀丘陵—洼地、漏斗和落水洞，其发育受断裂构造和岩层产状控制。著名的善卷洞、张公洞及灵谷洞等溶洞就发育于该地层中。所以这里既是著名的旅游场所，又是观察喀斯特地貌的较为理想之地。

1. 溶蚀丘陵—洼地

该地区地处中、北亚热带，喀斯特地貌，以溶蚀丘陵—洼地为代表，在盆地内广泛分布，其成因以溶蚀为主，形态浑圆，山坡和缓而盆地宽浅，由于地层倾角小，所以山坡比较对称，洼地是夹于几个丘陵之间的小盆地，以老虎山下的社山村最为典型。

2. 漏斗、落水洞

善卷洞附近有一塌陷漏斗，形状近方形，深十余米，宽五六米，边坡陡立，机械破碎的砾石块在坑底堆积，平时干涸无水。

3. 溶洞

善卷洞与张公洞在国内早负盛名，电影《智取威虎山》的内景即在张公洞中拍摄，善卷洞又以地下河朝天撑桨“船在洞中行，桨朝天上撑”而著名。之后又发现并整理出灵谷洞，景致奇丽，更是引人入胜。加之宜兴位于宁杭公路上，交通方便，从南京出发乘公共汽车当日可以往返，这里成为中外游人争相旅游的场所。离灵谷洞西南不足20km的太极洞，位于江苏与安徽两省交界处的安徽广德境内，更有“太极归来不看洞”的赞誉。这些溶洞共同构成了宜兴—广德地区溶洞群。

（1）善卷洞。善卷洞位于宜兴市城区西南28km、张渚镇东北2.5km的螺岩山东北坡麓。山高100～120m，由三叠系下统下青龙组构成，岩层走向NW—SE，倾向SW，倾角20°。善卷洞发育在下青龙组灰岩中，面积约5000m^2，游程约800m，共分三层（标高分别在56～70m、51～62m、30～45m），层层相连；有上洞、中洞、下洞和水洞四部分，洞洞相通。主洞方向为N60°E，几乎平行于燕山晚期的煌斑岩脉，与一组断裂构造有关。另外，洞顶有NNE和NWW两组裂隙呈网状切割地层，洞内沿这两组裂隙滴水、渗水，形成石钟乳，可见这两组均为导水裂隙。

1）中洞。为善卷洞入口处。

a. 洞穴形态。天然的弯形大厅，长60～70m，宽14～15m，高11～12m，可容纳两三千人。

b. 洞穴堆积。在洞顶岩层裂隙处有近期化学堆积物。洞口兀立的大石笋高超7m，如中流砥柱，故名“砥柱峰”。经考证，其高度每30～50年增加1cm，据此推算该石笋已形成30000多年。左右洞壁上石灰华堆积形似狮象，故中洞又称为“狮象大场”。洞顶、洞底均经人工修饰，洞穴堆积不发育。在中洞的东南侧，有NE向裂隙，现今上洞之水仍流经中洞转入地下，说明洞穴的发育与该组断裂构造有关。

2）上洞。原属中洞，因崩塌后经人工处理而成上洞。

a. 洞穴形态。宽度大于高度，为一倾斜状扁形溶洞，形似螺壳，规模比中洞还要大一倍。

b. 洞穴类型。上洞仅一个出口，向高处封闭，为一个盲洞。由于该洞正处在螺岩山的中心部位，洞中不见曦日，常年气温保持在23～27℃，冬暖夏凉。洞内霞雾迷漫，烟云缭绕，故又称“云雾大场”。

c. 洞穴堆积。洞内石钟乳、石柱、石幔等堆积物形态怪异，琳琅满目。特别是洞中央的两株五六人才能合抱的石柱，连绵到洞顶，享有“万古双梅”之誉。

上洞东南侧NE向裂隙以及沿此裂隙排列有序的堆积形态，证明溶洞延伸方向与此断裂构造的密切关系。上洞内青龙群灰岩中发育有极为复杂的原生滑坡褶皱，对于研究石灰岩形成时的沉积环境颇有意义。

3）下洞。

a. 洞穴形态。为裂隙状和锥状溶洞，长180m，宽18m，高20m。

b. 洞穴类型。有进口与出口，为一穿洞。

c. 洞穴堆积。发育良好，形态各异。

4）地下河（水洞）。下洞有地表水贯入，人工垒砌的石陡坎高达6m，形成“飞瀑”景观。随着高程的降低，水流到后洞形成地下暗河。地下河长达125m，最深处4.5m，河面最宽处6m，水面距洞顶2m左右，常年可通小船。地下河的洞顶与洞壁灰华都不发育，显示出溶蚀、冲蚀的特点。地下河码头处有圆度较好的石英质砾石堆积，证明地下河有异地成分加入，为不完全溶洞河，而是地表河伏流段。地下河为NE方向，接近后洞时，有三个近90°的大转折即到豁然开朗的后洞口。

（2）张公洞。张公洞又名庚桑洞，位于宜兴西南22km处，相传汉代张道陵曾在此修道，唐代张果老在此隐居，故称张公洞。丁蜀镇以西的湾头村南盂峰山中，西北距善卷洞18km，有公路相通。盂峰山高约60～80m，由三叠系下统上青龙组灰岩组成，岩层走向NE，倾向NW，倾角25°～30°。张公洞发育在上青龙组中，全洞面积约3000m^2，虽没有善卷洞庞大，但游程约1000m，却比善卷洞长。

1）洞穴形态。洞中有洞，洞中套洞，72个大小洞穴，洞洞各异，互相贯通，奇异天成。而且人们在洞中要经历春夏秋冬四季的气候，可谓“山中方一日，人间已一年”。其中下洞的“海屋大场”，是一个弯状的大石厅，可容2000人。厅前有一个洞底幽暗、深不可测的大石海，四周怪石嶙峋。从这里步步登高，盘旋无数石阶，便到了全洞精华所在的海王厅。海王厅比善卷洞的“狮象大场”还要大，宛如一座非常高大的海底龙宫。穹顶奇岩怪石，峥嵘多姿，加上云雾缭绕，犹如海洋澎湃，气象万千。

2）洞穴类型。有进口（下洞）与出口（天洞）。游览或考察张公洞，一般从下洞进，天洞出，先低后高，先暗后明。

3）洞穴堆积。洞内石柱、石钟乳、石幔、石帘等堆积各具特色。

一般来说，张公洞内可观察的内容同善卷洞，但值得注意的是：①洞厅十分开阔，洞顶是因层面崩塌，呈屋顶状，顶棚上石钟乳沿裂隙吊挂，如同一根根平行的屋脊顶梁；②NE20°、NE60°、NW30°、NW70°几组裂隙将洞内岩层切成块伏，又由于层面倾角缓，在重力作用下易于掉块，在洞底形成许多崩塌堆积；③近年来洞内水位降低，洞内气候变得干燥，使石钟乳发生干裂下掉；④洞口呈直立状，洞顶至洞底最深处，高差百余米，水位很深，说明地壳不断在上升，地下水不断在下切中。

(3) 灵谷洞。灵谷洞位于阳羡茶场镜内，其东北方向离张公洞 6km。洞穴所在层位与张公洞相同，洞穴平面形态为不规则半圆形，全长 1200m，可分 7 个大厅，总面积约 $8000m^2$，最高处高程 92m，最低处 -6m。洞内石钟乳、石笋等洞穴堆积形态多样。近年来，还在洞内发现过古人类化石和宋代文人的岩壁题诗等珍贵文物。

(4) 太极洞。位于安徽省广德市城区东北 38km 处的苏、浙、皖三省交界的石龙山。此洞发育于二叠系栖霞组的石灰岩地层中，有 2 条地下河、3 层水平溶洞、4 座洞厅及 1 座竖井式壶天洞，总计面积为 8 万 m^2。有 350 个景点，游程 5410m。目前已探明的而且有待进一步开发的面积还有 6.10 万 m^2。

主要游览路线分旱洞和水洞两部分，进口左侧（西侧）为旱洞，也叫老君洞，是沿栖霞灰岩箱状褶皱轴部溶蚀而发育的一条地下古河道，长 1200m、宽 5～10m。由于侵蚀基准面下降现已成为一条干河。入口处顶板溶蚀形成一个 85m 长的槽谷，名“仙舟覆挂”。中央有“天巧池”“太液池”泉水露头，泉边有“趸然岩”“同云别境”碑刻。西侧有一落水洞，并有“双塔凌霄”石柱。

进口右侧（东侧）为水洞，称九曲银河，是一条受东西向断裂控制而形成的地下暗河，长 2100m。由于派生断裂和节理发育，河道多次发生 90°转弯，故称九曲银河。河宽约 5m，可通航 750m，游船终点上岸，可通 4 座洞厅。

拾级而上，首先来到的是玉皇宫。玉皇宫为一座高 20m、直径约 40m 的拱形大厅。宫底与地下水持平，因来水丰沛、洁净，现代滴石发育，有“金龙盘玉柱”等石笋，厅内晶莹剔透，犹如一座水晶宫。

经海天宫继续上行，到达神醉宫（黄山宫）及万象宫。神醉宫及万象宫为两座长逾千米的宏伟大厅。由于有溶蚀廊道相连，中间低，两边高。西壁顺地层倾斜，地下水丰富，形成石瀑、石幔、石屏，构成“朝圣大场”“太极壁画”等景石。东部及中部崩落块石上长满许多小型石钟乳，构成“洞中黄山”“西海群峰”等景石。

宜兴一带山头低缓，貌不惊人，却发育了众多驰名的地下溶洞，是何原因呢？下列地质因素是值得注意的：①有利的岩性，这里主要是青龙群灰岩等可溶性地层分布，层次清晰，层厚中等，质地较纯，易于溶蚀；②地层产状平缓，地层倾角 20°左右，有利于崩塌，造成较大洞穴；③附近有较重要的断裂通过，几处较大的溶洞均位于断裂旁侧，显然断裂旁侧伴生了较为发育的裂隙，成为地下水有利的活动通道；④气候等条件适宜，该地区温暖湿润，降雨丰沛，植被发育。

(四) 长兴“金钉子”地质公园

“金钉子”全称为全球性界线层型剖面和点位，是年代地层系与系之间的全球标准。长兴煤山 D 剖面是地球发展史上最大的断代界线层型。1985 年，中国地质大学教授张克信在 D 剖面 27C 之底发现了牙形石化石，从而确立了该剖面的国际地位。这枚“金钉子”既是二叠系与三叠系的界线，又是古生代和中生代的分界标志，是地质年代中最大的三个断代“金钉子”之一。它的发现，代表着所在国地层研究水平的最高科学荣誉。

“金钉子”国家地质遗迹保护区位于长兴县城西北槐坎乡葆青村青塘山麓。距长兴县城约 23km。2001 年 3 月 5 日在阿根廷国际地质大会上，被国际地质委员会确定为全球古生界—中生界线“金钉子”。

20 世纪 30 年代初，国内外地质专家在长兴县煤山稻堆山到槐坎青塘山一带进行地质考察，先后发现世界新种鹦鹉螺化石，同时发现了世界罕见的鱼化石。这一考察发现，充分证明在世界上其他地区的晚二叠纪地层已停止发育时，长兴的晚二叠纪（距今约 2.5 亿年前）地层还在不断发育。因此中国地层的长兴煤山段，代表了世界晚二叠纪的最高层位，科学家先后在这里采集到 15 大类近 400 种化石，证明煤山是目前世界上发现的同类地层中最完整的古生物化石群。1931 年，被国际许多地质学家公认为国际石灰岩标准地层剖面，也称长兴组层型剖面。

近年来，国际地质学家发现，“长兴灰岩”揭开了 2.5 亿年前古生代与中生代之交的超级生物大灭绝的面纱。

“金钉子”地质公园已建成建筑面积约 $4000m^2$ 的地质博物馆，分为地球奥秘厅、生命演化厅、岩矿形成厅、“金钉子”展厅、长兴古地理厅和科普演示厅 6 个展厅。这些展厅以图文和古生物化石标本等介绍地球生命的起源，展示长兴剖面中各类化石实物和照片，并以二叠世晚期长兴的古地理环境为背景，模拟古生物生活场景及二叠—三叠纪时期古地理与古生态景观。馆藏中还有一颗被放大的牙形石模型，这是一枚具有划地球时代意义的标志性化石，是 2.5 亿年前古生代与中生代的界限标志。公园还开辟了多条地层剖面，便于观众亲身感受金钉子划分地层剖面，这里将成为中外地学专家科学考察的神圣殿堂、大专院校真实直观的实验基地，更是青少年科普教育的大讲坛。

（五）新四军苏浙军区纪念馆

新四军苏浙军区旧址以新四军苏浙军区司令部旧址为中心，星状分布于苏浙皖三省交界的长兴县槐坎乡绵延山区之中。这里东临太湖，西枕天目，重峦叠嶂，地势险要，自古有“江浙门户”之称，为兵家必争之地。抗日战争后期，被人们誉为“江南小延安”。

新四军苏浙军区旧址是抗日战争后期（1943 年秋至 1945 年 10 月）新四军六师十六旅及以后成立的新四军苏浙军区党、政、军指挥机关和后勤保障场所，包括槐坎乡仰峰岕的新四军苏浙军区司令部旧址（沈家大院）、粟裕宿舍和办公室（土地庙）、温塘村的新四军苏浙军区一纵队司令部、台基村的苏浙公学、乔下村的中共长兴县委和县抗日民主政府、石臼村的兵工厂、东风岕北山园的老虎团团部、白岘乡茅山村的新四军后方医院疗养所、尚阳村的苏南区行政公署、丁岕的鞋子厂、水曲岕的修枪所、横岭岕的被服厂、缠岭的《苏南报》社和庄头村的《苏南报》社部共 15 处旧址，面积近 $10000m^2$，是抗日战争时期我国江南地区保存完整、面积最大且内涵丰富的一处革命旧址群。

新四军苏浙军区纪念馆坐落在长兴县槐坎乡温塘村，这里地处苏浙皖三省交界，三面环山，是抗日战争后期创建的一个重要革命根据地，现为红色旅游经典景区、爱国主义教育基地。

纪念馆馆室原系清咸丰年间民宅，砖木结构，风火墙，前后两进五开间走马楼，外加左右两侧屋，共有大小房间 46 间，面积 $1400m^2$。整座建筑规模恢宏，布局紧凑，构造精致，雕饰华丽，高低有序，结构适宜。在载体上，融文学、绘画、戏剧、雕刻、书法为一体，体现了清代徽派民宅建筑古朴、庄严、典雅的艺术风格。早在 1944 年，新四军六师十六旅即苏浙军区一纵队司令部就设在这里，1945 年 2 月苏浙军区成立大会也就在这座古宅前的大操场上召开。1961 年该旧址被公布为浙江省文物保护单位，并建立新四军苏浙军区司令部旧址文物保护管理所，1975 年征用维修，1976 年对外开放，1984 年粟裕将军逝世后部分骨灰安放于旧址前西侧，1985 年正式建立纪念馆，2001 年 6 月 25 日被公布为全国重点文物保护单位。

新四军苏浙军区纪念馆现有馆藏文物 900 余件。楼上楼下 $1000m^2$，900m 展线陈列着 300 余件珍贵革命文物，420 幅历史照片和近百幅老战士诗书画作品。其中有保留汗渍和血迹的“中共党证”、军区司令部发布的“新四军苏浙军区对日驻军通牒”、江南银行发行的“抗币”、烈士遗存的私章和血衣等实物。展馆内容包括六个方面：①挺进郎广长，开辟根据地；②苏浙军区成立，肩负重任；③组织民众抗战，建立民主政府；④奉命洒别江南，抗战最后胜利；⑤英烈永载史册，烈士浩气长存；⑥历史的见证。通过这六个方面的内容系统地记录了 1943 年秋至 1945 年 10 月新四军苏浙军区的整个战斗过程，再现了当年新四军和苏浙军区广大军民可歌可泣的光辉业绩，从而热情讴歌了粟裕、叶飞、刘先胜、钟期光、王必成、江渭清等将军的卓著功勋。

二、实习路线、内容和要求

宜兴—广德地区实习的主要目的是认识岩溶发育条件以及地下、地表岩溶发育特征、地貌形态，分析岩溶发育与岩性、地质构造等的关系，认识金钉子剖面的地质意义，了解新四军苏浙军区血与火的战斗历史，接受革命传统教育。

1. 路线

实习路线为善卷洞—张公洞—灵谷洞—太极洞—“金钉子”地质公园。

2. 实习内容

(1) 观察洞穴形态、洞穴类型与洞穴堆积等地下岩溶地貌特征。

(2) 观察三叠系下统青龙组、二叠系栖霞组、石炭系船山组等地层岩性、化石以及地表岩溶地貌特征。

(3) 观察分析断裂构造及其对岩溶发育的控制作用。

(4) 分析溶洞的成因条件。

(5) 了解“金钉子”剖面特征、化石以及确立的意义。

(6) 了解新四军苏浙军区抗战历史。

3. 观察点

(1) 沿善卷洞、张公洞、灵谷洞、太极洞游览路线。

(2)“金钉子”地质公园。

(3) 新四军苏浙军区纪念馆。

4. 作业要求

(1) 绘制溶洞平面、剖面示意图。

(2) 从岩溶发育条件分析地表、地下岩溶发育特征和规律。

(3) 联系抗日战争历史和“金钉子”的确立，缅怀英烈，不忘历史，发奋图强，振兴中华。

第八节　杭　州　地　区

杭州是全国重点风景旅游城市和历史文化名城，七大故都之一，浙江省省会。杭州地处长江三角洲南翼，杭州湾西端，钱塘江下游，京杭大运河南端，是长江三角洲重要的中心城市和中国东南部交通枢纽。杭州地区有着灿烂的人文历史、丰富的地质景观，地质现象复杂而多样，是地质实习的良好场所。

一、地质概况

（一）地层岩性

杭州地区地层位于江南地层区和扬子地层区的交接地带，出露的地层具有过渡型特点，以下古生界表现尤为显著，其下中奥陶统与扬子地层区（南京）相似，上奥陶统则与江南地层区（浙西）相似，泥盆系以上又与扬子地层区相似。

杭州地区东部、北部平原区多为第四系地层覆盖，中部及西、南部低山丘陵区基岩大面积广泛出露，大致以西湖为中心，西、南两侧呈弧形环抱，从外围向内古生界沉积岩层及中生界火山碎屑岩系由老到新依次呈弧圈形条带状出露。岩浆侵入岩主要为中—酸性脉岩零星分布。现将区内出露地层从老至新分述如下。

1. 奥陶系（O）

区内最老仅出露其上统的上部分。

上统上段文昌组（O_3^2w）：厚322m以上。下部为黄绿、灰褐色中厚、厚层岩屑粉砂岩、细砂岩及砂质泥岩交互而成的类复理式韵律层，上部为褐灰色中厚层岩屑细砂岩，夹薄层泥岩、粉砂岩。

2. 志留系（S）

志留系总厚约1393m。

（1）下统下段安吉组（S_1^1a），厚161m。下部为灰黄、黄绿色泥岩，夹粉砂质泥岩、泥质粉砂岩，产腕足、三叶虫、腹足类化石。上部为灰褐色、黄绿色中厚层粉细砂岩，夹薄层泥岩。与下伏文昌组整合接触。

（2）下统上段大白地组（S_1^2d），厚200～250m。灰白、灰棕色中厚层岩屑石英中细砂岩，夹粉砂岩，产腕足类化石。整合于安吉组之上。

（3）中统康山组（S_2k），厚310～330m。下段灰黄色中厚层中、细砂岩，夹粉砂质泥岩薄层及条带。中段灰黄、灰绿色中厚、薄层泥岩，夹粉砂质泥岩、粉砂岩。上段灰黄色中厚、厚层岩屑中细砂岩，夹泥岩、粉砂岩薄层。与下伏大白地组整合接触。

（4）上统唐家坞组（S_3t），厚约667m。下段为青灰、灰绿、灰紫色石英长石细砂岩、粉砂岩，下部具水平、微斜及波状层理，可见流水波痕，上部层理不发育为一厚层块状层，剖面常具下细上粗的逆粒序韵律结构。中段底部具冲刷面，为灰、灰绿色长石、石英中、细砂岩，岩性单一，层理不明显，有时具低角度交错层理。上段为紫色厚层岩屑石英细中砂岩，向上石英含量增多，粒度变粗并含少量砾石，上部具板状交错层理、流水波痕，并可见冲刷面。与下伏康山组整合接触。

3. 泥盆系（D）

下、中统地层在该区缺失。

（1）上统下段西湖组（D_3^1x），厚约286m。下部为浅灰、灰白色中厚层石英含砾粗、中砂岩、细中砂岩，具大型斜层理及楔状层理，常见冲刷面。中部为灰白、白色厚、中厚层石英砂砾岩、粗砂岩、粗中砂岩，粒度粗并多具粒序韵律结构，具水平—大型低角度斜交层理。上部为浅灰色中厚、薄层中细砂岩，常夹粉细砂岩及粉砂质泥岩薄层，多具缓波状层理，向上粒度变细、夹层增多。假整合于唐家坞组之上。

(2) 上统上段珠藏坞组 (D_3^2z)，厚 160～180m。下部为紫红色、灰黄色薄层泥岩、粉砂质泥岩及泥质粉砂岩，夹浅灰色中厚、厚层石英细、中砂岩及含砾粗砂岩，富含白云母片。上部为灰白色中厚、厚层石英细、中砂岩及含砾粗砂岩，富含白云母片，偶夹紫红色薄层泥岩、泥质粉砂岩。该组以砂岩富含白云母片，分选磨圆较差，有别于西湖组，砂岩向上增多并粒度变粗。与下伏西湖组整合接触。

4. 石炭系 (C)

下统地层在该区缺失。

(1) 中统黄龙组 (C_2h)，厚 150～170m。下段底部为厚 2m 的砂质白云岩，含腕足类化石；下部为浅灰白色泥晶、细晶白云岩及粗晶灰岩；上部为浅灰色厚层、块状微晶、泥晶、细晶生物碎屑灰岩，夹硅质灰岩。上段为深灰色厚层、块状微晶、泥晶生物碎屑灰岩及含生物碎屑灰岩，缝合线发育。含纺锤虫、牙形刺、藻类及腕足类化石。与下伏珠藏坞组假整合接触。

(2) 上统船山组 (C_3c)，厚 118～200m。下段为灰黑色厚层、块状微晶、细晶、泥晶生物碎屑灰岩，夹砂屑、硅质团块灰岩。中段为浅灰色厚层、块状微晶含“船山球”生物碎屑灰岩，夹含砾屑泥质灰岩。其“船山球”为一种生物成因的藻类结核。上段为深灰色厚层、块状微晶、泥晶生物碎屑灰岩，含燧石团块。产麦粒䗴、假希氏䗴、有孔虫及藻类化石。该组以中部含“船山球”及富含化石为特征。整合于黄龙组之上。

5. 二叠系 (P)

该区仅有下统地层出露。

(1) 下统下段栖霞组 (P_1^1q)，厚 240～320m。下部为灰黑色含燧石条带灰岩，夹硅质灰岩。中部为灰黑色中厚层块状含生物碎屑灰岩，夹白云质灰岩、含燧石结核灰岩。上部为深黄色中厚—薄层状含燧石条带灰岩，夹泥质灰岩、硅质灰岩。产希氏䗴、米斯䗴、格子䗴及多壁珊瑚等动物化石。与下伏船山组整合接触。

(2) 下统上段丁家山组 (P_1^2d)，厚 140m 以上。主要为灰黑色硅质页岩、硅质岩，夹薄层灰岩、粉砂岩。产腹棱菊石、围脊贝等化石。整合于栖霞组之上。

(3) 中上二叠统 (P_{1+2})、三叠系 (T) 及侏罗系下、中统 (J_{1+2}) 地层缺失。

6. 侏罗系 (J)

该区内仅出露上统上段。

上统黄尖组上段 (J_3^3h)，厚 630m 以上。为一套酸、中酸性火山碎屑岩系，其层位相当于黄尖组上部第三段。下部厚 176m 以上，自下而上为流纹英安质灰绿色角砾凝灰岩、灰紫色熔结凝灰岩，灰黄、灰绿色沉凝灰岩夹凝灰质粉砂岩。中部厚约 100m，自下而上为灰紫、紫红色流纹英安质玻屑凝灰岩、熔结凝灰岩、凝灰质粉砂岩夹黄绿色沉凝灰岩。上部厚度大于 354m，依次为紫灰、紫红色流纹质玻屑晶屑熔结凝灰岩、含角砾及少量碧玉团块熔结凝灰岩、玻屑熔结凝灰岩、含大量碧玉团块熔结凝灰岩。各亚段的岩性序列分别代表火山喷发的一个小旋回。与下伏地层不整合接触。

7. 白垩系 (K)

该区内仅出露下统地层。

(1) 下统朝川组 (K_1c)，厚度700m以上。主要为紫红色及杂色凝灰质砂岩、砂砾岩，夹粉砂岩、泥岩，常含钙质，具斜层理及交错层理。不整合覆盖于下伏老地层之上。

(2) 白垩系上统 (K_2) 及古近系 (E)、新近系 (N) 地层均缺失。

8. 第四系 (Q)

该区下更新统 (Q_1) 缺失。

(1) 中更新统之江组 (Q_2z)，厚4～22m。下部为棕黄、褐黄色含黏土砾石层、砂砾层，上部为棕红色网纹状黏土、粉质黏土层，常混有碎石、砾石。黏土之网纹为灰白色呈蠕虫状，系水沿裂隙、孔隙渗入黏土，进一步风化淋滤，铁质流失，形成的灰白色铝土质网纹。属洪积、坡洪积、残坡积相沉积，分布于山麓、沟口地带。不整合覆于基岩之上。

(2) 上更新统莲花组 (Q_3l)，厚3～20m。下部为褐黄色砂砾层，夹粉质黏土层，上部为棕黄色粉质钻土层含砂、砾石。属冲洪积及坡洪积相沉积，分布于较大沟谷的沟口及山前地带。

(3) 全新统滨海组 (Q_4b)。山麓沟谷地带为洪冲积黄灰色砂砾层，砂质粉土夹粉质黏土透镜体，厚3～8m。西湖及平原区下部为浅海相砂质粉土夹细砂层；上部为冲湖相灰、灰黑色粉质黏土层（西湖及北部平原）及冲海相黄灰色砂质黏土、粉细砂层（钱江沿岸及东部平原），厚13～42m，分布广泛。

(二) 地质构造

杭州地区大地构造位置属扬子准地台，钱塘台坳，余杭—嘉兴台陷。区域构造为西湖复向斜。南东侧为北东向肖山—球川深断裂沿富春江、钱塘江一线展布，北西侧为NE向茅草山—古荡隐伏断裂，向斜南西端受NW向孝丰—三门湾大断裂沿留下镇西南横街上—茶科所一线所切割，而北东端为NW向祥符桥—南星桥隐伏断裂所截。

区内褶皱、断裂均较发育。西湖复向斜由一系列次级背斜、向斜相间排列而成，形迹明显。断裂有NE走向压性断裂及其伴生的NW向横向张性断裂，NNE向压性断裂和其伴生的NNW向、NEE向扭性断裂，以及近南北向断裂。

1. 褶皱

西湖复向斜在地层总体展布上，大致以西湖为核心，西、南两侧弧形环抱，呈弧圈形条带状展布，外圈为奥陶系、志留系老地层，核部为较新的下二叠统地层（老包新），自外而内由老到新依次出露。其地层产状北西翼倾向SE，南东翼倾向NW，南西端倾向NE并呈弧形封闭，逐渐内倾转折。因而总体构造形态为一NE向延伸并向SW扬起的向斜构造，其轴部位于龙井、南高峰、三台山、丁家山一线，轴向约NE55°，枢纽倾伏角约25°，出露长在15km以上，宽约8km，为短轴向斜。

组成复向斜的古生代地层总体呈弧形展布而每一地层界线又多具次级弯曲，内弯、外弯有规律地相间排列。内弯者南西端封闭地层内倾转折（老包新）、北东端张开，构成向SW扬起之次级向斜。外弯者北东端封闭地层外倾转折（新包老）、南西端张开，构成向NE倾伏之次级背斜。西湖复向斜的次级褶皱，自北西向南东主要有龙驹坞倒转背斜、飞来峰向斜、天马山背斜、南高峰向斜、青龙山背斜、玉皇山向斜、凤凰山背斜等。次级褶皱轴向均为NE，枢纽SW翘起向NE倾伏，与复向斜一致，并且多为不对称的轴面倾斜的歪斜褶皱及倒转褶皱，轴面倾角较陡多为80°左右。次级褶皱受断层切割后使形态复杂或不完整，少数次级褶皱已不易辨认。

2. 断裂

区内断裂发育，分组如下：

(1) 北东向断裂。该组断裂主要有浙大—大湾山、玉泉—大清里断裂组，青龙山—梵村、梯云岭—红庙山断裂组，鸡笼山—梅家坞断裂组等。断层走向 NE40°～50°，多倾向 SE，倾角 60°～75°，断层面多呈舒缓波状，为走向冲断层。

(2) 北西向断裂。该组断裂主要有大清里断层、文碧山断层、龙井村断层、美人峰—老和山断层等。断层走向 NW300°～340°，倾角较陡或近直立，多为正断层，规模小而密度大。一般为横切断层，受后期断裂活动影响，断层多具扭性有时表现为平移断层。

(3) NNE 向断裂。主要有将台山断层、上天竺断层、杨家牌楼断层、栖霞岭断层等。断层走向 NE15°～25°，个别达 NE35°，倾角 55°～70°，均为逆断层。

(4) NEE 向断裂。主要分布在五云山、云居山、将军山、黄龙洞等处，断层走向 NE70°左右，倾角较陡，为压扭性断裂。一般规模小，分布零星。

(5) SN 向断裂。仅见于梅家坞西侧庙坞头一线，为一系列 SN 向、断层面直立的压性断层。该处地层走向亦近 SN 向，共同组成临安“山”字形构造之脊柱。

区内岩层节理普遍发育，且方向有多组，沿上述各组断层之方向均有发育。葛岭一带黄尖组火山岩中，普遍发育两组共轭剪节理，一组方向为 NW310°～350°，另一组为 NE70°～80°，节理面近直立，平整光滑，延伸性好。

在压性及扭性断层破裂带上，断层错动所派生的次级节理，常构成密集节理带，根据节理与断层面的相互关系可判别断层两盘相互运动之方向。

(三) 西湖成因

西湖南北长 3.3km，东西宽 2.8km，面积 5.66km^2，湖水平均深 1.8m，蓄水量 1000 余万 m^3。关于西湖成因，地质、地理领域的学者曾有多种看法，主要有：潟湖成因说、向斜构造盆地成因说、火山口湖成因说等。实质上西湖在漫长的地质历史中，屡经变迁，是在多种综合因素，包括内外动力地质作用和人类活动的共同作用下形成的湖泊。三叠纪末印支运动，使晚二叠世以来已上升为陆地的古生代地层发生强烈褶皱隆起，西湖复向斜形成，向斜南西端翘起形成环湖群山，西湖恰位于向斜北东倾末端之核部，故原始地形便是一个倾没向斜盆地的低洼地区。加之核部地层为丁家山组硅质页岩，性脆易碎，核部受挤压破碎之后易于风化剥蚀，在早、中侏罗世上升剥蚀时期，更变低洼，环湖群山沟谷水流向其汇聚，为西湖形成奠定了基础。晚侏罗世燕山运动早期以断裂及岩浆活动为特点，西湖即为一古火山，浙江省区域调查大队在 1987 年的杭州城市地质调查中已查明其火山构造，首次发现火山通道相之熔结集块角砾岩，圈定了火山通道，通道的火山口中心位于西湖之断桥。火山喷发在火山口周围葛岭、宝石山及环湖一带堆积了火山碎屑岩系，而火山口内房空虚发生塌陷，西湖洼地仍保持低洼。早白垩世燕山运动中期以断陷活动为主，西南山区不断上升，西湖同北侧三墩坳陷及东部乔司坳陷一起相对断陷下降，晚白垩世燕山运动晚期使该地区地壳整体抬升，其后一直遭受风化剥蚀，西南山区山坡冲刷、沟谷发育，西湖及北、东坳陷内地面逐渐夷平为一片准平原，但西湖仍然相对低洼。更新世末进入了大理冰期，至全新世冰川消融，地壳相对下降，发生了该地区最后一次海侵，全新世中期海水淹没了北部、东部平原及西湖，海水直泊山麓，西湖洼地三面环山因而成为海湾，北面的宝石山，南面的吴山成为海湾口的两个岬角。全新世晚期距今约7000年时，地壳开始回升，海水逐渐退去，平原区先后成陆，距今约4700年时老和山坡麓古荡一带始有居民，创造了“良渚文化”。距今约2500年时杭嘉湖平原已全部成陆，而西湖地形低洼仍为海湾，杭州市区亦处于水下。钱塘江带来的大量泥沙，在海水波浪、潮汐搬运下，于海湾口处逐渐堆积起水下沙坝，岸流挟带的泥沙则易于沉积在湾口岬角处形成沙嘴，沙嘴与沙坝不断淤高并连接起来，将海湾与外海隔绝封闭，在距今2000年左右形成潟湖，即为最初之西湖，杭州市区也成为陆地。

然而西湖至今仍碧波荡漾、风姿绰约，这完全是人类活动的结果。历史上西湖经过多次挖湖筑堤、疏浚排淤，如唐代李泌凿通湖道、白居易挖湖筑堤扩大蓄水，宋代苏东坡募民围湖堆泥成苏堤，明代正德年间也将茭田荷荡之西湖恢复旧观，清代康熙、雍正、嘉庆年间都曾疏浚西湖等，期间广大劳动人民都付出巨大劳动对西湖进行治理。新中国成立之初西湖平均水深仅0.55m，人民政府对西湖进行了大规模疏浚治理，排出的湖泥相当于30多条苏堤，使平均水深增加到1.8m，至今每年仍要疏浚湖泥。由于不断进行治理，才保持了西湖山青水碧的秀美姿色。西湖虽是自然雕成，但其秀丽风光实是劳动人民辛勤劳动的结晶。

（四）瑶琳洞

瑶琳洞位于桐庐县西北约25km风景秀丽的分水江畔，毕浦盆地的西南，瑶琳镇洞前村的西山山麓。距杭州市区约85km，交通十分便利。

瑶琳洞是一个规模巨大、洞景奇异壮观的石灰岩地层中的天然洞穴。早在唐宋时期就被发现，距今已有1000多年的历史。

（1）洞区的主要地层。整个瑶琳洞洞穴范围的西山区均由石灰岩地层所组成，其出露的地层主要为黄龙组、船山组、栖霞组灰岩。洞穴内第五、第六洞厅地段为黄龙灰岩，第一至第四洞厅地段为船山灰岩，栖霞灰岩则主要分布在第三洞厅的顶部一带。

西山的南东方向即外毛山的地层主要为西湖组石英砂岩。

（2）地质构造。洞区地质构造位于“浙西印支准地槽”的中段，毕浦向斜的东南翼，外毛山背斜的西北翼。

洞区主要有两组断裂构造，一组呈NE45°方向延伸与地质构造线方向基本吻合（岩层产状为NW344°∠39°），主要出露在沿瑶琳洞口通过西山和塘坞里后山间的鞍部，延伸至神仙洞山和麻粟山的北麓地段，属纵断层性质。另一组主要断裂方向为NNW（近乎SN向）属横断层性质，位于采石场至叶板洞的延伸线。由于受构造运动的影响，洞区的石灰岩地层中，裂隙较为发育。

（3）水文地质条件。由桃源溪上游（现已建水库）的地表水流经瑶琳洞成为地下暗河，流经六个洞厅后至沈村出口。地下水温一般在18℃，流速为0.3～0.5m/s，流量约为2000～2500m^3/d，流量变化稍大。自从桃源溪水库修建后由于库容量达600万m^3，能有效调节洪水期的流量，这对瑶琳洞的安全十分有利。现进口洞水位标高在34m左右。

（4）瑶琳洞的规模。根据洞内岩溶地貌的形态特征，将瑶琳洞的主道洞分成六个洞厅，其平面示意如图4-32所示，各洞厅测量成果见表4-2。

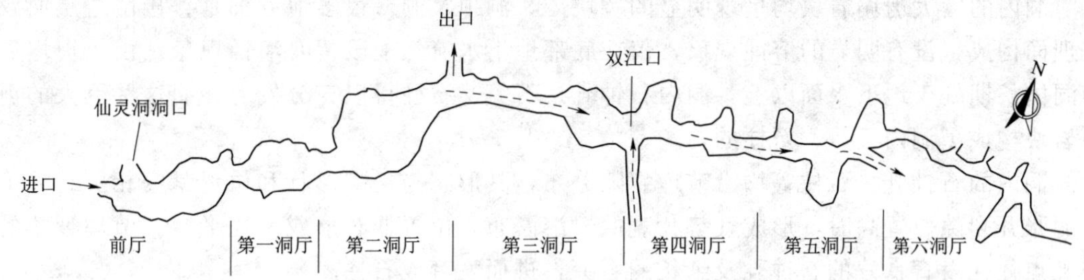

图 4-32 瑶琳洞平面示意图

表 4-2　　瑶琳洞各洞厅测量成果

洞厅	长度/m	宽度/m			高度/m			面积/m²	容积/m³
		最大	最小	平均	最大	最小	平均		
前厅	30		15			20		450	9000
第一洞厅	135	55	11	20	30	5	12	4400	52800
第二洞厅	110	30	12	20	28	8	12	2390	28680
第三洞厅	170	70	40	50	37	10	20	9400	188000
第四洞厅	120		20			15		2400	36000
第五洞厅	250		30			20		7500	150000
第六洞厅	180		5～7			3～5		1800	7200
总计	995							28340	471680

从进口到第一洞厅之间称为“前厅”，前厅的洞底有地下暗河，石笋很少，洞顶及洞壁发育有形状奇特的石钟乳。

第一洞厅以岩溶景物集中、规模巨大为特色，如厅内有一岩溶石幕，又称“岩溶瀑布”，宽 13m，高约 7m，景象之美，可列为“天下奇观”。

第二洞厅以地形崎岖、深坑陡壁为特征，在深坑之间的平台上发育众多的石笋，景似“林海雪源”。

第三洞厅为全洞规模最大的一个厅。它以空间宽旷，景物高低分明、层次清楚，造型优美为特点，构成了“瑶琳仙境”的意境。

第四洞厅为水道厅，即地下河在厅内沿河槽流动，河床上有大小不等的砾石，洞内崩塌岩块发育，乱石成堆，双江口位于此洞厅的尾部。

第五洞厅的地下河道三露三伏，每段长约 30～40m。河床中有砾石沉积，崩塌岩块众多。

第六洞厅以管状式通道为主，支洞较多。有菜花状、珍珠状、珊瑚状方解石结晶，闪闪发光。

(5) 瑶琳洞的成因。瑶琳洞属于坍塌为主而成的石灰岩天然洞穴。洞的延伸方向主要是受该地区 NE 向纵断层的控制，由于受 NE 向挤压断层及 NNW 向张扭性断层的强烈切割，岩体极度破碎，早期由地下水溶蚀而成的岩溶洞穴沿断层破碎带坍塌，就形成了当今的瑶琳洞。

洞内的巨大坍塌岩块均呈现明显的棱块体，洞顶及洞壁很多地方都是直接由岩层面或节理面构成，没有明显的溶蚀现象，仅在底部地下水流经地段留有溶蚀现象。由于坍塌后的洞体长期处于地下水面以上，洞内石钟乳、石笋、石柱得以充分发育，而这些巨大的坍塌岩块构成了洞内石笋、石柱的基座。

洞内的石钟乳、石柱等均沿节理裂隙分布，其形态与裂隙形状和位置紧密相关。如平直的张开裂隙位置高时，形成气势壮观的岩溶瀑布，位置低时形成钙壳平台。节理裂隙的交叉点往往发育良好的石钟乳及细长的石笋，进而发育成石柱。

二、实习路线、内容和要求

杭州地区地质实习内容比较全面，实习的主要目的是认识沉积岩地层岩性、海相与陆相化石、接触关系，认识和判别褶皱、断裂等地质构造，认识地表、地下岩溶发育特征、泉水出露、流水地貌及西湖成因、火山岩岩性等。主要观察路线有8条，可根据实习时间和要求选择。

（一）钱塘江大桥头

1. 路线

自钱塘江大桥头沿铁路东行约1500m。

2. 实习内容

认识志留系—石炭系部分地层岩性特征及其接触关系。

3. 观察点

（1）距杭州站7.3km里程碑处。观察下、中志留统唐家坞组紫红色中厚层、厚层状细、中粒岩屑石英砂岩的岩性特征及所含化石。

（2）前行约100m铁路北侧。唐家坞组与西湖组交界点，观察西湖组灰白色中厚层状中粗粒石英砂岩和含砾石英砂岩的岩性特征和化石，观察唐家坞组与西湖组的分层标志及两者整合接触关系。

（3）杭州星虎汽车配件有限公司房屋边（52～53号铁轨之间）。西湖组与珠藏坞组交界点，观察下石炭统珠藏坞组紫红色粉砂岩、细砂岩夹灰白色中粗粒石英砂岩的岩性特征和化石，观察西湖组与珠藏坞组的分层标志及其接触关系。

（4）继续东行约100m铁路北侧六二电线杆处。珠藏坞组与叶家塘组交界点，观察下石炭统叶家塘组紫红色泥质细砂岩、粉砂岩及灰白色石英砂岩的岩性特征及化石，观察泥质粉砂岩及中粗粒石英砂岩的差异风化现象，观察珠藏坞组与叶家塘组的分层标志及其整合接触关系。

4. 作业要求

（1）学习测量地层产状。

（2）学习绘作信手地质剖面图。

（二）南山公墓—玉皇顶

1. 路线

自南山公墓经白云庵、紫来洞至玉皇顶。

2. 实习内容

认识叶家塘组、黄龙组、船山组、栖霞组岩性特征及其所含化石，观察小背斜、小平卧褶皱、玉皇山向斜。

3. 观察点

(1) 南山公墓出口（和盛瓷砖广告牌对面）。观察叶家塘组灰白色石英砂岩，观察小平卧褶皱。

(2) 白云庵后山。距白云庵约 30m，为黄龙组与船山组的界线点。观察黄龙组灰岩与船山组灰岩的岩性特征及其整合接触关系，寻找并认识蜓及珊瑚等化石，观察并了解地表灰岩溶蚀沟槽、石芽地貌。

(3) 紫来洞下玉皇山导游图牌船山组与栖霞组的界线点。观察船山组灰岩与栖霞组灰岩的整合接触关系，观察船山组上部含“船山球”灰岩的岩性特征，观察栖霞组深灰色含燧石结核灰岩的岩性特征，寻找并认识海百合茎、腕足类等化石。

(4) 涵壁亭。观察栖霞灰岩组成的向斜构造，测量两翼地层产状，观察西湖全景，观察断层。

4. 作业要求

(1) 绘制小平卧褶皱示意图。

(2) 绘制向斜构造剖面图。

(三) 四眼井—南高峰顶

1. 路线

自四眼井经由青龙山、“烟霞三洞”至南高峰顶。

2. 实习内容

认识叶家塘组、黄龙组、船山组、栖霞组地层的岩性及其接触关系，识别青龙山背斜、南高峰向斜构造，分析“烟霞三洞”的成因。

3. 观察点

(1) 满觉陇路口 NW 方向约 300m 的公路旁。观察由叶家塘组灰白色含砾石英砂岩组成的青龙山背斜的倾伏端，识别褶皱要素，学画素描图。

(2) 水乐洞。认识地下水的潜蚀、溶蚀作用，分析水乐洞成因，认识黄龙灰岩中的缝合线构造。

(3) 烟霞洞。认识地下水的沉积作用、喀斯特地貌。观察黄龙组与船山组的分界点，寻找化石。

(4) 南高峰半山腰的千人洞口。观察栖霞灰岩的岩性特征，观察千人洞顺层断裂、方解石脉，寻找蜓、珊瑚等化石，识别船山组与栖霞组的分界线。

(5) 南高峰山顶。观察西湖周围主要地形地物，了解南高峰复向斜的概况。

4. 作业要求

(1) 绘制青龙山背斜素描图。

(2) 认识地下水溶蚀和沉积地貌，分析其成因。

(四) 紫云洞—宝石山

1. 路线

自紫云洞经由栖霞岭、初阳台到宝石山。

2. 实习内容

认识上侏罗统的岩性特征，晚侏罗世火山喷发通道，构造节理，分析紫云洞成因。

3. 观察点

（1）“学到老”亭子对面。观察茅口组丁家山段黑色页岩、硅质页岩的岩性特点和化石。

（2）27 路茅家埠车站东南约 50m 处。观察第四系中更新统之江组的网纹红土特点。

（3）黄泥岭旅馆招牌附近（杭州苗圃斜对面）。观察第四系上更新统莲花组亚黏土夹砂砾层特点。

（4）紫云洞内。观察上侏罗统流纹质熔结凝灰岩及假流动构造，分析其成因。认识节理，测量统计节理产状，分析紫云洞的形成，认识植物的根劈作用。

（5）在栖霞岭至初阳台的石阶路旁，距牛皋墓约 80m 处。观察上侏罗统紫红色凝灰质砂岩及凝灰质含砾砂岩，了解其成因。

（6）葛岭一带。观察构造节理，尤其是共轭节理。

（7）宝石山顶平台处。观察上侏罗统含碧玉脉及团块的流纹质熔结凝灰岩，认识碧玉及其形成。观察岩石差异风化，了解西湖成因。

（8）关岳庙牌坊处。观察晚侏罗世火山喷发通道。

4. 作业要求

（1）了解网纹红土的特征及其成因。

（2）分析火山喷发过程及其岩性特征。

（3）节理统计。

（五）水河河闸—九溪公园

1. 路线

自水河河闸经由九溪海图至上海市总工会疗养院—二分部门口—九溪公园。

2. 实习内容

认识地表水流作用和康山组地层岩性。

3. 观察点

（1）水河河闸。观察钱塘江的水流作用，了解“之江”的成因和“钱江潮”壮观的原因。

（2）上海市总工会疗养院—二分部门口。观察志留系中上统康山组黄绿色粉砂质泥岩、泥质粉砂岩的岩性特征、层理以及所含化石。

（3）上海市总工会疗养院—九溪公园。观察地表水的地质作用。

4. 作业要求

（1）了解地表水的地质作用和地貌特征。

（2）了解沉积岩的层理。

（3）了解陆相化石。

（六）灵山洞

1. 路线

灵山洞游览路线。

2. 实习内容

了解地下水的溶蚀作用和沉积作用，认识喀斯特地貌特征。

3. 观察点

灵山洞内观察地下水溶蚀和沉积地貌，分析其作用过程和条件。认识钟乳石、石笋、石柱、洞中瀑布等地貌景观。

4. 作业要求

分析岩溶作用的条件和化学过程。

（七）灵隐寺—法云弄

1. 路线

自灵隐寺经由法云弄到浙江省佛教协会。

2. 实习内容

认识断裂构造、变质作用与变质岩特征。

3. 观察点

（1）灵隐寺南边沿北西一条水系向西至韬光拾级而上约 200m，过一泉水约 50m。观察断层特点，了解断层性质，测量断层产状。

（2）灵隐寺至中天竺三岔路口公路向东约 80m 小水塘旁。认识大理岩的岩性特点，分析其成因。

（3）继续沿公路向前至浙江省佛教协会。观察泥质浅变质岩的岩性特征，了解其成因。

4. 作业要求

（1）分析断层证据，绘制断层剖面图。

（2）认识变质岩岩性特征。

（八）瑶琳洞

1. 路线

瑶琳洞旅游参观路线。

2. 实习内容

观察地下岩溶作用地貌特征及其影响因素。

3. 观察点

（1）参观溶洞及洞穴沉积的岩溶地貌现象和景观。

（2）了解岩溶的形成条件和发育规律。

（3）初步了解溶洞水文地质条件、洞体稳定性条件，以及风景资源开发中的有关地质问题。

4. 作业要求

（1）绘制岩溶洞穴剖面图。

（2）分析岩溶溶蚀和化学沉积的原因。

第九节 安徽张八岭、沙河集地区

一、地质概况

张八岭、沙河集位于安徽省滁州市明光市和南谯区的接壤部位，有津浦铁路通过，张八岭车站距南京 80 余千米。该地区广泛发育前寒武系地层，是南京附近能够看到区域变质岩的较理想地点。前寒武系地层在该地区呈 NNE 向展布，向南延伸到巢湖一带，往北可达明光附近，如图 4－33 所示。此外，侏罗系白垩系地层亦有零星分布。该地区出露地层如下。

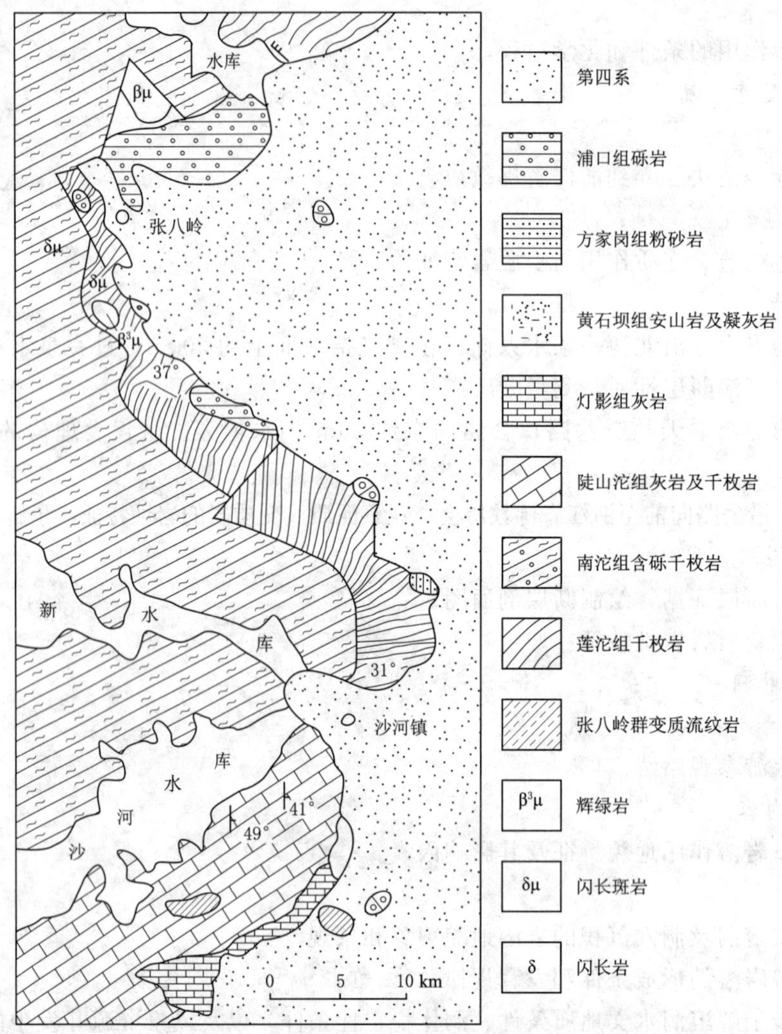

图 4－33　张八岭沙河集地区地质略图

1. 中元古界

张八岭群（Pt_2）是一套变质火山岩系，为变质流纹岩（或石英角斑岩）夹少量变质安山岩（或细碧岩）及相应的火山碎屑岩，并夹有千枚岩及千枚状砂岩。

2. 震旦系

下统分为莲沱组和南沱组，上统分为陡山沱组及灯影组。

（1）莲沱组（Z_1^1）。以变质粉砂岩及粉砂质千枚岩为主，局部夹灰岩透镜体。

（2）南沱组（Z_1^2）。主要由含砾砂质千枚岩组成，夹少量变质石英砂岩。

（3）陡山沱组（Z_2^1）。下部为砾岩、千枚岩，上部为碳酸盐岩，厚度超 1000m，均有不同程度的千枚岩化及重结晶现象。

(4) 灯影组 (Z_2^2)。由白云岩、白云质灰岩、大理岩及硅质灰岩等组成，含藻类化石叠层石。

3. 侏罗系

仅见上统，可分为两组：

(1) 黄石坝组 (J_3^1)。由安山岩、粗面岩、凝灰熔岩、凝灰角砾岩及凝灰质粉砂岩、泥岩等火山岩及火山沉积岩组成。

(2) 方家岗组 (J_3^2)。上部为紫红色厚层块状粉砂质、钙质粉砂岩，含钙质结核，交错层发育；下部为紫红色厚层状砾岩。

4. 白垩系浦口组 (K_2^1)

以紫红色厚层块状砾岩为主，夹紫红色砂岩、粉砂岩。砾石成分多为张八岭群的变质火山岩及陡山沱组、灯影组石灰岩。

震旦系地层区域变质程度一般自西往东逐渐减弱，由片岩（局部片麻岩）变为千枚岩，变质程度普遍较低，属绿片岩相。郯城—庐江深断裂通过该区，因此在区域变质背景上常叠加了动力变质作用，岩石碎裂现象显著，甚至出现 SN 向的碎裂—糜棱岩带。

该区火成岩多属中小型侵入体。岩石类型有辉绿岩、闪长玢岩、闪长岩等。

在张八岭组的变质安山岩及细碧岩中，往往发生较大范围的青盘岩化，其组成有绿帘石、绿泥石、碳酸盐及黄铁矿，其中以绿帘石化最为显著。在蚀变的中基性火山岩中，分布着大小不一的石英脉及硫化物石英脉，有的地段见有孔雀石。因此要特别注意寻找铜矿及金矿。

二、实习路线、内容和要求

1. 路线

张八岭火车站西北侧至公路西北侧。

2. 实习内容

观察张八岭群变质岩岩性、地层接触关系、地质构造。

3. 观察点

(1) 张八岭车站西北侧铁路边。观察浦口组地层岩性特征，认识浦口组砾岩中砾石成分，判别浦口组与下伏地层（张八岭群）接触关系。

(2) 张八岭车站西侧铁路边。观察千枚岩岩性特征，观察细晶正长岩脉的岩性特征和围岩关系，测量产状。

(3) 张八岭北新开公路西侧。观察绢云母千枚岩、绿泥石片岩，变流纹岩的岩性特征，恢复原岩类型，测量片理产状。

(4) 张八岭镇水库边。观察安山岩岩性特征，区别绿泥石和绿帘石。

(5) 张八岭镇西北新开公路两侧。观察变流纹岩岩性特征，识别变余流纹构造与残斑构造，观察绢云母片岩岩性特征，观察石英脉、长英岩脉岩性特征及其与变流纹岩之间关系。

4. 作业要求

(1) 综合整理张八岭群的地层和岩性特征。

(2) 绘制地质素描图（浦口组与下伏地层不整合接触关系图及正长岩脉穿插关系图）。

(3) 采集并整理代表性的地层标本。

第十节　巢　湖　地　区

巢湖市位于安徽省中部、江淮丘陵南部，介于合肥、芜湖两市之间，西距合肥市约50km，北东距南京市约90km，有京福高速铁路、商合杭高速铁路、宁西铁路、淮南铁路复线等穿境而过，合宁高速、合巢芜高速等20多条公路干线贯通全境，交通极为便利。境内地形较为复杂，有低山、丘陵、岗地、平原、水域五种地貌类型。地势西北、东南高，中部低，沿巢湖形成蝶状盆地。巢湖北部山区系指巢湖市北郊，青苔山以东、汤山以西、白虎尖以南的一段褶皱山地。该区域地质构造典型，地层层序清晰，地质剖面完整，化石丰富，自然现象集中，被誉为“天然的地质博物馆”。特别是古生代—中生代地层出露完整，层序稳定，沉积环境标志明显，其中的三叠纪巢湖阶层型剖面被国际地质科学联合会地层委员会遴选为三叠纪层型剖面界线候选剖面之一。已经建成国家级地质实习基地，每年有众多高校地质专业师生前往该地实习研究。

一、地质概况

巢湖区域位于中朝准地台与扬子准地台结合地带。现今地貌的主要轮廓是由中生代燕山运动和新生代喜马拉雅运动所造成的。地质构造位于张八岭台拱、下扬子台坳、江淮台坪和北淮阳地槽褶皱带结合部位，在长期的地史发展过程中，地壳运动频繁，褶皱和断裂构造大量发育，加之火山喷发与岩浆岩的侵入，构筑了一幅错综复杂的地质景观。

（一）地层岩性

巢湖北部山区的地层，以发育古生界为特点，属扬子地层区下扬子地层分区六合巢县地层小区，主要地层岩性特征见表4-3。

表4-3　巢湖北部山区地层岩性特征表

界	系	统	组（阶）	代号	厚度/m	主要岩性特征
中生界	白垩系	上统	宣南组	K_2xn	>98	灰紫、砖红色砂砾岩与细粒岩屑、长石砂岩；含砾长石岩屑、细粒砂岩夹泥质粉细砂岩
	侏罗系	上统	黄石坝组	J_3h	>92	粗安质沉凝灰质角砾岩夹凝灰质粉细砂岩、粉砂岩
		中下统	象山群	$J_{1-2}xn$	>915	砂砾岩与细粒岩屑、长石砂岩、泥岩及煤
	三叠系	中统	东马鞍山组	T_2d	>96	岩溶、膏溶角砾状灰岩、白云质灰岩，含石膏假晶灰质白云岩
		下统	南陵湖组	T_1n	160～258	上段薄层灰岩夹炭质页岩；中段薄层瘤状灰岩、厚层灰岩、钙质页岩；下段厚层灰岩，中薄层瘤状灰岩夹钙质泥岩
			和龙山组	T_1h	21～36	上部薄层灰岩夹黄绿色薄层似瘤状泥质灰岩、泥岩；下部灰绿色紫色薄层似瘤状灰岩、泥质微晶白云质灰岩
			殷坑组	T_1y	85	上部钙质页岩夹薄层泥质灰岩及白云质灰岩、泥岩；中部粉砂质泥岩夹灰色中薄层似瘤状灰岩；下部泥岩、粉砂质泥岩夹似瘤状灰岩

续表

界	系	统	组（阶）	代号	厚度/m	主要岩性特征
古生界	二叠系	上统	大隆组	P_2d	20～24	硅质炭质泥岩夹灰质白云质泥岩、硅质页岩、泥质粉砂岩、页岩
			龙潭组	P_2l	36～74	上段粉砂岩、泥岩夹煤线，顶部透镜状白云质灰岩；下段细粒岩屑长石石英砂岩
		下统	银屏组	P_1y	20	以深灰色粉砂质泥岩、页岩为主
			孤峰组	P_1g	28～53	硅质泥岩、薄层放射虫硅质岩，底部粉砂质页岩，含磷结核
			栖霞组	P_1q	209	上段含燧石团块含泥质灰岩、白云质灰岩；下段薄—中层状含沥青质臭灰岩及含生物碎屑灰岩，底部碎屑岩夹劣质煤
	石炭系	上统	船山组	C_2c	7～8	亮晶生物碎屑灰岩、藻球状灰岩、微晶灰岩
			黄龙组	C_2h	＞27	亮晶生物碎屑灰岩夹砂屑灰岩，生物碎屑泥晶与亮晶灰岩
		下统	和州组	C_1h	27	上部中—厚层亮晶生物碎屑灰岩，顶部炉渣状（姜状或蜂窝状）灰岩；下部生物碎屑白云质灰岩、泥岩
			高骊山组	C_1g	13～23	杂色砂质、粉砂质页岩，顶部灰白色石英砂岩；底部夹褐铁矿，豆状赤铁矿
			金陵组	C_1j	9～14	含生物碎屑粉晶、微晶灰岩，底部铁质粉砂岩
	泥盆系	上统	五通组	D_3w	177	上段粉砂质泥岩夹石英砂岩、黏土页岩；下段石英砂岩、含砾砂岩；底部中厚层状砾岩
	志留系	中统	坟头组	S_2f	205～210	上部粉砂岩、泥岩，中部粉砂质泥岩、石英砂岩，下部石英细砂岩
		下统	高家边组	S_1g	＞121～324	上段石英细砂岩夹粉砂质泥岩，中段黄绿色页岩、薄层长石细砂岩，下段灰黑色页岩

（二）地质构造

巢湖北部山区位于扬子板块的东北部，郯庐断裂带东侧，属于巢湖—无为断褶带半汤复式背斜的西翼。南缘以桥头集—东关断层为界，西缘以青苔山逆冲断层（滁河断裂带的一部分）为界。印支运动尤其是南象幕强烈的褶皱造山运动，奠定了该地区的构造格架，产生了NNE—SSW向褶皱，并伴有一系列的纵断层、横断层和斜断层。岩浆活动很微弱，仅见几个小的花岗质岩脉、岩枝。

1. 褶皱

实习区属于半汤复式背斜的西翼，由三个二级褶皱组成，自东向西为喻府大村向斜、凤凰山背斜和平顶山向斜。褶皱岩层由志留系、泥盆系、石炭系、二叠系和三叠系构成，其中二叠系大隆组为喻府大村向斜的核部，而三叠系东马鞍山组则构成平顶山向斜核部，凤凰山背斜核部则由志留系组成。褶皱轴面倾向NW，褶皱轴迹方向为20°～30°，枢纽均向SSW倾伏，倾伏角15°～26°，褶皱在平面上表现为一个斜体字母*M*形，南端则被近EW向桥头集—东关断层横切。次级小褶曲颇为发育，特别是两个向斜核部尤为明显。褶皱多被断裂破坏，并有小型岩浆活动，如图4-34所示。

（1）喻府大村向斜。位于本区东北部，分布于大力寺—炭井村—喻府大村一带，规模较大，总体构造线方向为NNE—SSW。向斜核部由二叠系大隆组组成，两翼分别由二叠

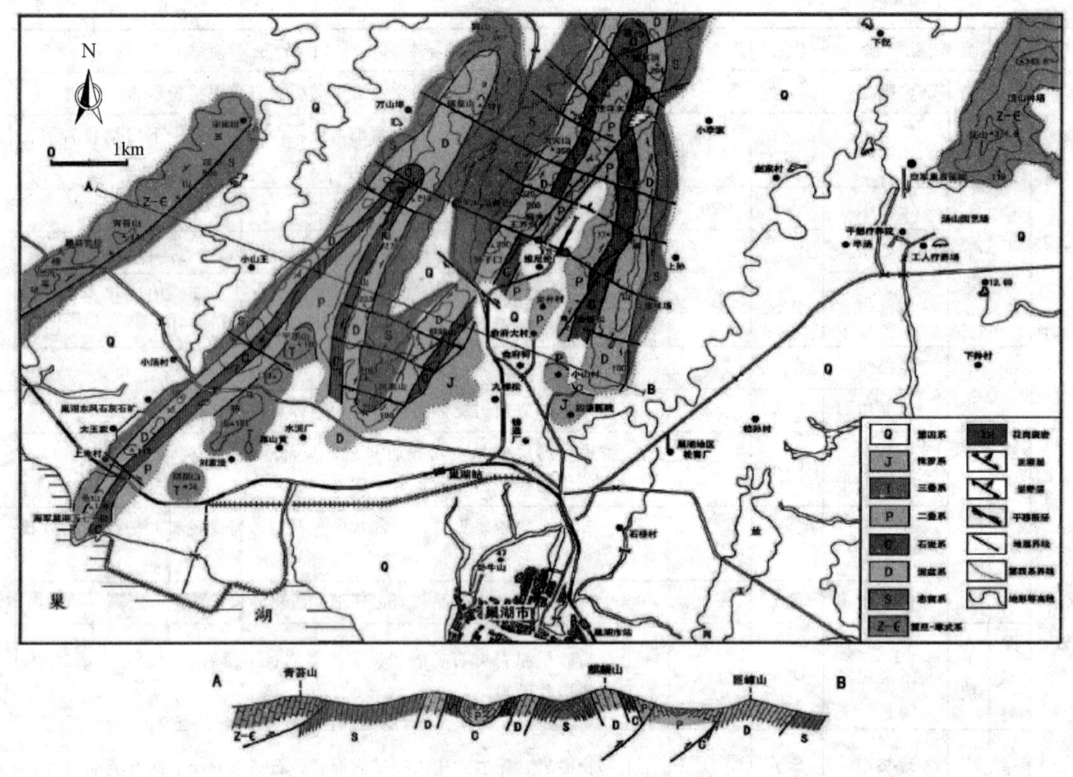

图 4-34　巢湖北部地区地质图

系、石炭系、泥盆系五通组和志留系组成。由于受青苔山逆冲断层影响，该向斜西翼南东倾，倾角 50°～70°，局部产状近直立甚至倒转。东翼倾向 NW，倾角较缓，一般为 30°～40°。枢纽向 SSW 倾伏，NNE 扬起，扬起端位于石刀山北部（305m 高地）。在维尼纶厂一带孤峰组、龙潭组和大隆组地层发生强烈揉皱。沿 177m 高地（维尼纶厂东矿山）—王乔洞一线发育有 4 个小型花岗岩岩脉或岩枝，系受 NWW 向横断层控制。该褶皱在巢湖水泥厂—西康医院一线被第四系掩盖。

（2）凤凰山背斜。位于本区中部，分布于凤凰山—麒麟山—大尖山—朝阳山—碾盘山一带。规模较大，总体构造线方向为 NEE—SWW。

凤凰山背斜核部由志留系高家边组组成，两翼依次为泥盆系五通组、石炭系、二叠系。东翼地层倾向 SE，倾角较大，近直立，局部甚至倒转。西翼地层倾向 NW，倾角较缓，一般为 30°。枢纽向 SW 方向倾伏，倾伏角约 20°，两翼泥盆系砂岩在凤凰山南面汇合，然后倾没于巢湖水泥厂之下，被第四系掩盖。

由于核部地层志留系多为泥岩、粉砂质泥岩、粉砂岩和砂岩等，抗风化能力较弱，故形成沟谷洼地；而两翼及倾伏端为泥盆系五通组石英砂岩，抗风化能力较强，常构成山脊，故地貌上表现为一个背斜谷特征。

该背斜倾伏端放射状小断层和节理较发育，形成向倾伏端撒开的扇形断层组。

（3）平顶山向斜。位于该地区西部，分布于阴都山—马家山—平顶山—碾盘山—

带。总体构造线方向为 NEE—SWW。向斜核部为三叠系东马鞍山组，两翼分别为南陵湖组、和龙山组、殷坑组和二叠系、石炭系组成。两翼岩层产状在平顶山南坡脚下东翼 277°∠52°，西翼 132°∠83°，往西远离平顶山地层产状很快变为倒转；山顶处东翼 261°∠51°，西翼 150°∠44°；平顶山北坡转折端产状，东翼 235°∠46°，西翼 146°∠44°。该向斜向 NE 方向扬起，扬起端位于平顶山—向核山—碾盘山一带，向 SW 方向倾没于巢湖之滨。

平顶山向斜南西倾伏端的三叠系地层次级褶皱特别发育，在耙子山—马家山—靠山黄村一带，由西向东依次发育有 5 个次级小褶皱，主要有耙子山小向斜、耙子山—马家山倒转背斜、靠山黄扇形背斜，现分述如下。

1）耙子山小向斜。位于耙子山西南麓，其核部主要为南陵湖组，两翼为和龙山组。从东翼经转折端至西翼地层产状分别为 254°∠45°、200°∠59°、146°∠86°。为向 NE 扬起、SW 倾伏的不对称向斜。

2）耙子山—马家山倒转背斜。位于马家山与耙子山之间。在耙子山北西坡靠近运矿公路东侧的扬起端可见背斜核部大隆组硅质层出露。在耙子山南坡距小向斜东南约 150m 处，见到该倒转背斜的倾伏端，由和龙山组和南陵湖组组成。背斜东翼产状为 209°∠85°（倒转），西翼产状为 254°∠45°（正常）。

3）靠山黄扇形背斜。位于靠山黄村西南约 200m 的山坡上。该处为一个近圆形的大采坑，圆形采坑的周围岩层均为南陵湖组，且都向采坑中心倾斜。扇形背斜的核部为南陵湖组下部地层，两翼分别为南陵湖组中部和上部地层以及东马鞍山组。其东翼产状为 280°∠54°，西翼产状为 135°∠78°，转折端产状为 196°∠41°。

总体上该地区褶皱所卷入的地层为震旦系至中三叠系，而侏罗系不整合覆盖在上古生界之上，故推断该地区褶皱构造应属印支期南象运动的产物。

2. 断层

该地区由于多期构造活动，特别是受滁河逆冲断裂带（青苔山断层）影响，断层较为发育，但断层规模均较小。根据断层走向大致可分为四组，其中 NWW—SEE 向组发育最强烈，NE—SW 向组最不发育。各组断层发育特征如下。

（1）第一组，NWW—SEE 向（走向 300°左右）断层组。该组断层横切构造线方向，与地层走向近于垂直，在区内最为发育，但断距较小，彼此相互平行、密集排列，以张性为主，兼有平移特征。其平面效应，在喻府大村向斜东翼以右旋为主，左旋次之；在向斜西翼以左旋为主，右旋次之。代表性断层如下：

1）177m 高地右行平移正断层。位于 177m 高地南坡、喻府大村向斜东翼。该断层切割并错断泥盆系、石炭系和二叠系栖霞组。向东延至岠嶂山，向西横切 177m 高地南坡，断层线地表出露长度约 1200m。

断层证据如下：

a. 石炭系高骊山组沿走向突然中断，与黄龙组直接接触，水平错开约 60m。

b. 断层破碎带宽 5～8m，最宽处可达 45m，主要为碳酸盐岩角砾，局部可见定向排列的构造透镜体。

c. 断层面产状在不同的地段有所变化，西段 22°∠50°，中段 350°∠45°，东段

20°∠60°。有时可见侧伏角为 50°E 的擦痕。

d. 断层带旁侧节理、劈理发育明显，主要有 14°∠41°和 8°∠70°两组。断层带中发育大量方解石脉，产状 164°∠48°，与断层线成锐角相交。

e. 沿断层线向东追索，可见泥盆系五通组组成的山脊被明显错开，而形成错脊，俗称“山扭头”。

f. 沿断层线向西追索，构造破碎带越来越宽，至油库破碎带宽达 45m，角砾岩发育；且有发育数条宽 0.8～1.2m 的方解石脉，均显张性特征，与主干断层构成“入”字形构造。

极射赤平投影求得三个主应力方位分别为 σ_1 = 356°∠54°、σ_2 = 96°∠6°、σ_3 = 190°∠35°。

综上所述，该断层北盘下降相对东移，南盘上升相对西移，为右行平移正断层。

2）王乔洞右行平移正断层。断层经王乔洞南侧冲沟，过喻府大村向斜西翼，切割志留系、泥盆系等地层，向东可延伸至岠嶂山，向西延伸至甘露寺东侧，断层线地表出露长度约 700m。

由于断层面不明显，从冲沟的发育程度看，可以大致判断断层走向约 300°，其主要证据是沿断层带发育 4 个花岗岩岩脉和岩枝，成串珠状排列。以五通组底砾岩为标志，北盘东移，南盘西移；断层面产状变化较大，为 126°∠65°、348°∠55°。

3）大尖山右行平移正断层。位于大尖山南侧、喻府大村向斜西翼，该断层切割志留系、泥盆系、石炭系、二叠系，向东可延伸至岠嶂山，向西延伸至碾盘山南。断层线地表出露长度约 800m，断层面产状为 10°∠60°。

断层证据如下：

a. 断层破碎带宽约 50m，带内多为尖棱角状断层角砾岩，角砾成分一般为泥盆系五通组石英砾岩和石英砂岩，为褐铁矿胶结。

b. 断层带中发育一组较密集的劈理，产状为 10°∠60°，与断层面产状近一致。因此，该组劈理产状可代表断层面的产状。

c. 地层错动，泥盆系五通组底砾岩被错开，南盘西移，北盘东移，错距约 80m。

d. 地貌上表现为山脊错开，形成一个鞍部。

（2）第二组，NNE—SSW 向（25°～30°）断层组。该组断层为近于平行褶皱枢纽的纵断层，延伸方向大致为 25°～30°，主要有 6 条。该组断层在褶皱的核部及翼部均有发育，主要表现为地层的重复或缺失。断层多被横断层截断或错开。代表性断层如下：

1）金银洞北山逆断层。位于金银洞北山东坡（177m 高地南坡），喻府大村向斜东翼，发育在石炭系船山组和二叠系栖霞组之间，断层产状为 290°∠45°。

断层证据如下：

a. 沿山坡自东向西，黄龙组、船山组和栖霞组重复出现，致使石炭系—二叠系地层露头宽度增加超 30m，地貌上为明显的平台。

b. 在 177m 高地采石场可直接测得断层产状 290°∠45°，可见该断层下盘栖霞组黑灰色中厚层沥青质灰岩因受挤压而呈透镜状，并见构造角砾岩、糜棱岩；底部碎屑岩段的灰黄色黏土岩、含炭质页岩片理化明显，且显著变薄。

c. 断层上、下两盘岩层产状变化明显，下盘（东盘）为 277°∠41°，上盘（西盘）为 295°∠44°。

该纵断层产状与地层产状倾向相同，断层面倾角大于地层倾角，具有地层重复的断层效应，故断层上盘上升，下盘下降，是一条平行于喻府大村向斜枢纽的逆断层。

该断层向北延伸至 177m 高地南坡，被一条右行正平移横断层所错开，水平错距约 60m。

2）扁井—大力寺逆断层。按其特征可分为三段。

a. 南段。位于扁井—大力寺一带，喻府大村向斜近核部西翼，发育在二叠系栖霞组本部灰岩中，产状 315°∠40°。在扁井东采石场下的小冲沟内，可见如下断层证据：

(a) 挤压破碎带发育，宽 3.3m，角砾岩较细（直径 1.2cm～10cm），被方解石脉胶结，角砾长轴近于平行断层面方向排列，劈理较发育。

(b) 地层缺失，断层上盘二叠系栖霞组该部灰岩厚只有 50m（原厚约 80m）。

(c) 因上盘上升，使其地层被牵引，上盘产状近于直立，局部倒转，产状 126°∠67°；下盘二叠系栖霞组岩层倒转，产状 293°∠52°。

(d) 破碎带岩溶裂隙水发育。

在扁井东采石场内，可见与该断层伴生的构造——帚状旋钮构造。

旋转轴大致平行于断层线方向，向东北倾伏，断层上盘岩层产状 127°∠83°，局部倒转 300°∠88°；下盘岩层产状 286°∠50°，五个旋钮面（断层）产状分别为 340°∠20°、132°∠46°、137°∠7°、164°∠21°、166°∠52°。

b. 中段。该纵断层中段平行于喻府大村向斜枢纽，切割向斜西翼栖霞本部灰岩段，推测断层产状 290°∠40°左右。断层证据如下：

(a) 断层东盘（下盘）的栖霞组本部灰岩、上硅质层和顶部灰岩构成一个向斜转折端，其东翼岩层产状为 259°∠42°，西翼为 165°∠50°，转折端附近为 220°∠30°。断层西盘为本部灰岩，岩层产状为 301°∠31°（倒转）。

(b) 断层破碎带南窄北宽，在 15～30m 之间，劈理发育，上硅质层和顶部灰岩段片理化明显。

(c) 大尖山东坡栖霞组本部灰岩、上硅质层和顶部灰岩层构成向斜转折端，被该断层纵向切开，并错移，平面上形成耳朵状的半个向斜。

(d) 后期被其北侧一条左行正平移横断层切割、破坏，横断层南盘拖曳现象显著。

c. 北段。扁井—大力寺纵断层北段，切割由栖霞组灰岩组成的向斜转折端，终止于 288m 高地东坡。在该点东南约 500m 处也有上述类似耳朵状构造现象，地貌上为一草坪。

综上所述，扁井—大力寺纵断层为右行平移逆断层。

3）王乔洞逆断层。位于王乔洞—大尖山东坡一带，喻府大村向斜西翼，发育在二叠系栖霞组下硅质层段和本部灰岩中。主要造成下硅质层和本部灰岩重复出现。

断层证据如下：

a. 沿王乔洞西侧山沟，往东北山脊（大约 45°）有一条明显的破碎带，地貌上表现为低凹的草坪带。

b. 在靠近山脊处，破碎带宽约 7～8m，发育在本部灰岩中。断层角砾岩明显，并可见密集的破劈理发育，断层产状一般为 115°∠51°。断层面上擦痕近于直立，断层带中有灰岩组成的构造透镜体。

c. 该断层斜切王乔洞西洞口，并使得栖霞组灰岩近直立，其产状多为 135°∠85°，局部倒转。

王乔洞纵断层是一条右行平移逆断层。

4）青苔山逆冲推覆构造。位于巢湖市西北部的青苔山一带，出露长约 30km，呈 NE 方向延伸。青苔山主要由震旦系灯影组和寒武系组成。

推覆体的根带位于青苔山的东侧，山上发育大量密集的走向近于平行的次级断层，走向为 40°～60°，倾向 NW，倾角大小不一，取决于构造位置的不同。前锋的构造样式为单冲式和背冲式两种。

推覆体之下的原地岩块为志留系高家边组泥页岩，主滑脱面位于青苔山东坡的山脚下，在园山竺柯村西约 1km 处的殷家山采石场出露最为明显。由于推覆体的强烈运动，在主滑脱面上发育了一套碎粉岩，厚 1～2m，分布稳定，原岩为白云质灰岩。碎粉岩中多发育有平行于滑脱面的破劈理，大量的小型次级断层及擦痕和镜面。

在滑脱面之下是片状构造岩，原岩为志留系黄绿色页岩，其片理面与滑脱面的产状一致，偶尔可见强烈的小褶皱。主滑脱面的倾向在 340°左右，倾角 10°～20°，有时表现为起伏不平的弧形断面，并具有定向排列的构造透镜体，均指示了由西向东的推覆运动。推覆构造的前锋位于巢湖银屏山，在那里表现为震旦系逆冲到三叠系之上，构成数个飞来峰。

(3) 第三组，NEE—SWW 向（60°～70°）断层组。该组断层在区内发育较差，仅在大力寺水库和狮子崖附近有出露。

1）狮子崖逆断层。位于麒麟山与凤凰山鞍部沟谷内，喻府大村向斜西翼。断层证据如下：

a. 断层西盘的坟头组砂岩和五通组石英砂岩直接接触，其间缺失坟头组顶部和五通组底砾岩。

b. 断层带由厚 1～2m 的角砾岩组成一个高约 8m 的“岩墙”状陡崖，其外形酷似一只卧狮，故名狮子崖。角砾成分为五通组石英砂岩、硅质和铁质胶结，角砾砾径一般为 3～5cm。断层面产状上陡下缓，为 334°∠61°～80°，断层擦痕为 80°W；断层下盘五通组砂岩产状为 125°∠50°，断层倾向与地层相反。

c. 断层带下盘石英岩中发育一组劈理，产状为 310°∠30°～343°∠41°，与主断面小角度斜交，指示上盘（西盘）相对于下盘（东盘）向上逆冲。

d. 下盘五通组石英砂岩的层理面因下滑受牵引而撕裂扩张。

该断层为逆冲断层。

2）大力寺水库正断层。位于大力寺东门峭崖上。断层证据如下：

a. 断层面波状起伏，延伸 1000 多 m。一般产状走向为 70°，倾向 NW，倾角为 40°～60°。

b. 石炭系和二叠系地层被错开，断层南盘栖霞组碎屑岩段右旋错开 60cm 左右。

c. 断层破碎带宽 2～4m，其间被数条方解石脉充填，方解石脉充填后，仍有活动。

d. 构造角砾岩发育，甚至出现碎粉岩，成分为石灰岩，棱角状，大小不一（1～5cm），排列无序，钙质胶结。

该断层为右行逆平移断层。

(4) 第四组，NE—SW 向（45°左右）断层组。该组断层以猫耳洞左旋平移正断层为代表。断层位于 294m 高地南—石刀山一带，喻府大村向斜转折端。与向斜枢纽斜交，切割志留系、泥盆系、石炭系地层，西端延伸至 305m 高地西侧，东端延伸至大力寺水库东北侧。向斜转折端因错动而向 NW 方向偏转。断层证据如下：

a. 断层破碎带宽约 25m，构造角砾岩发育，角砾岩成分多为砂岩，硅质、铁质胶结，具定向排列。

b. 地层错开，北盘志留系坟头组与南盘泥盆系五通组底砾岩沿走向相接触，错距约 150m。

c. 断层面波状起伏，并有扭曲现象，断层面产状为 55°∠79°，近直立，局部倾向 SW。摩擦镜面发育，擦痕产状为 50°E，并有动力变质现象。

d. 该断层向西延伸至石刀山山脊处，切错石炭系，其角砾岩成分变为石灰岩，并发育宽约 1m 的方解石脉，方解石结晶程度较好，垂直脉壁生长，具梳状构造。

e. 该断层切割 NE—SW 向的断层，在两条断层的交汇处南北两侧各发育一个岩溶漏斗，是地下水的地表补给通道。

该断层为左行平移正断层。

3. 节理

该地区节理较为发育，大多数发育在志留系坟头组和泥盆系五通组砂岩中。其次，还发育在石炭系、二叠系、三叠系、侏罗系及岩浆侵入体中。主要有两种：①区域性 X 形节理，将砂岩切成许多极为规则的菱形块体；②与断层伴生的各种节理，多相互平行，密集排列。此外，还有追踪张节理和剪节理等。

(三) 侵入岩

巢湖市北部山区岩浆岩不发育，仅发现有 4 个小岩体，分布在 7410 工厂—王乔洞—177m 高地南坡一线，严格地受 NW 向断裂控制。单个岩体规模均很小，面积仅 100～1200m^2，其中以炭井村东侧岩体规模最大，露头也较新鲜，但现已全部被维尼纶厂体育场掩盖，地表已无露头。主要岩性为黑云母花岗斑岩（7410 工厂岩体）、细粒花岗斑岩（王乔洞岩体）、花岗闪长斑岩（炭井村岩体和 177m 高地南坡岩体），呈岩枝状产出，一般剥蚀不太深，属浅层—超浅成相。7410 工厂岩体侵入于下志留统高家边组中，其余 3 个岩体均侵入在二叠系灰岩中。

岩体一般风化强烈，呈疏松状，岩体蚀变很微弱，仅见叶腊石化、绿泥石化和高岭土化。围岩仅具轻微的硅化、角岩化等，一般不见矿化现象。

岩体的侵入时代，根据炭井村岩体黑云母（K－Ar）同位素年龄测定值为 6400 万年，考虑到 K－Ar 法年龄值偏低，并与邻区对比，认为应属晚白垩世产物。

现以王乔洞岩体为例介绍如下。

王乔洞岩体，位于王乔洞南约 30m 处，喻府大村向斜的西翼，平面上呈圆形，面积约 160m^2。岩体侵入于下二叠统栖霞组下段灰黑色中厚层微晶灰岩中，岩枝的南接触带产状为 252°∠50°。岩性为细粒花岗斑岩，灰白—浅灰黄色，具斑状结构，斑晶主要由斜长石（20%）、钾长石（4%）、黑云母（2%，野外肉眼观察大于 10%）组成，斜长石较钾长石自形，颗粒大小不等，粒径约在0.05～1mm之间，钾长石呈不规则状，黑云母多具暗化现象。基质主要由石英、微晶钾长石及斜长石等组成，均呈他形微晶结构。钾长石多已高岭土化，斜长石绢云母化。岩体南界附近边缘相很明显，斑晶显著变小且近接触带出现大量的气孔，均为细长的椭圆形空洞，少量为方解石或沸石类矿物充填构成杏仁体，定向排列，可见十分明显的流线、流面构造，流面产状为70°∠45°。外接触带围岩可见宽几厘米的烘烤、褪色化现象，并可见宽超30cm的硅化及角岩化带。岩石中含有锆石、磷灰石、石榴石、金红石、磁铁矿、赤铁矿、褐铁矿、硅灰石、黄铁矿等副矿物。

巢湖北部地区脉岩，仅发现两条：一条为云斜煌斑岩脉，位于实习区东面汤山西坡；另一条为蚀变闪长玢岩脉，位于实习区朝阳山216m高地195°方向（或向核山正南）约300m处，岩脉长50m、宽3m，沿断裂成70°～250°方向延伸。

二、实习路线、内容和要求

巢湖实习基地地质现象典型、全面，生活设施完善，适合于驻点开展填图实习和认识实习。地质认识实习可以根据时间和要求选择代表性路线，主要认识沉积岩地层岩性、所含化石、接触关系，认识和判别褶皱、断裂等地质构造形态、判据，认识岩溶发育条件及其地表、地下岩溶地貌特征和形成原因。

（一）炭井村—岠嶂山—金银洞北山

1. 路线

从巢湖铸造厂驻地出发，经炭井村到达岠嶂山山脚，从炭井村向斜的西翼经其核部到达东翼，然后沿岠嶂山西坡到达山顶，沿山脊下山，到达金银洞北山，沿原路返回。

2. 实习内容

（1）分析炭井村向斜构造及形态特征。

（2）分析岠嶂山山体特征及地层、构造。

（3）分析金银洞北山的地层、金银洞洞体的形成原理。

（4）观察金银洞北山与岠嶂山之间次成谷地的形成与小型断裂。

3. 观察点

（1）金银洞。发育于栖霞组上部含燧石结核灰岩层中，沿节理发育成地下河，连通金银洞山坡的数个落水洞。

（2）金银洞山东坡断层露头点。该断层切割了下石炭统地层，断层面倾向NNE，断层上盘相对下降，下盘相对上升，造成了高骊山组明显位移，使该组石英砂岩直接与和州组接触，为走滑性正断层。

（3）金银洞山东坡—岠嶂山西坡谷地。谷地有开采五通组上部耐火黏土的矿坑。在矿坑内，可以见到五通组上部灰黄、灰紫、灰白等色薄层粉砂岩、粉砂质泥岩及中薄层石英细砂岩的韵律性互层。内含灰色黏土矿层、碳质页岩以及黄铁矿结核，并见大量植物化石，反映当时的近海滨的河湖—湖沼相特征。

（4）岠嶂山山顶。岠嶂山山顶由五通组下部构成。在山顶东侧，可以见到五通组下部的标志层底砾岩与坟头组上部的平行不整合接触。

（5）金银洞山顶。整个金银洞山是由石炭系与二叠系地层构成，观察各组地层岩性及其地形特征。

（6）金银洞山西侧加油站处。此处由于劈山建房，加之后期山体的滑塌，地层出露较好。该点出露的是孤峰组粉砂质页岩、夹硅质层、硅质页岩以及薄层页岩。由于位于向斜核部受较强的挤压，加之页岩塑性大，故小型褶皱特别发育。

该层含磷结核，20 世纪 50—60 年代农民把它磨成粉作磷肥用，地层中的磷对巢湖面源污染有一定的贡献。

4. 作业要求

（1）分析溶洞的发育特征。

（2）分析断层特征。

（3）绘制路线信手地质剖面图。

（4）了解各时代地层岩性特征、所含化石、相互接触关系。

（二）麒麟山—凤凰山—朝阳山—平顶山

1. 路线

从巢湖铸造厂驻地出发，经凤凰山和麒麟山之间的山坳到达麒麟山山顶，再经朝阳山到平顶山，沿公路返回。

2. 实习内容

（1）麒麟山东坡采石场观察栖霞组、船山组、黄龙组以及和州组上部地层剖面及其接触关系。

（2）鹅头岩的形成及其断层性质判断与断层存在标志的分析。

（3）朝阳山山脚采石场观察栖霞组与孤峰组的岩性及其接触关系。

（4）平顶山向斜山的形成及其地层观察分析。

（5）在公路边观察下三叠统“金钉子”候选剖面。

3. 观察点

（1）麒麟山采石场。该处由于开采黄龙组、船山组石灰岩，形成一个南北向纵深 50m 的采石场，并形成一个坑塘。站在入口，东侧可见栖霞组中下部底层煤线；西侧可见和州组顶部炉渣状灰岩，层面 X 形节理清晰。黄龙组与船山组共 40 余 m，夹于栖霞组与和州组之间。在地形线上，也有其特征显示。和州组因含泥较多，易风化形成平缓的山坡，故相对于黄龙组则山坡较陡。

（2）麒麟山东坡矿坑通道。该坑道用于开采五通组上部耐火黏土，正好垂直地层走向，切割和州组底部、高骊山组、金陵组地层。

（3）鹅头岩。在麒麟山与凤凰山之间半山腰的山坳处，矗立着一块巨石，它比周围高出近 7.5m，从正面看，如同鹅的头部，栩栩如生，鹅头岩因此得名。

组成鹅头岩的岩石为断层角砾岩，在断层面两侧，可见上盘的坟头组与下盘的五通组相接触，结合断层面擦痕、阶步、小陡坎以及密集节理带，可以推断为走滑性逆断层。

（4）朝阳山西坡狼牙山采石场。此处开采石炭—二叠系石灰岩以及公路开凿，露出许多新鲜掌子面。要求在该区域内，寻找适当的露头观测点观察。

（5）平顶山西南坡采石场。平顶山为向斜山。岩层由三叠系石灰岩组成，地层新鲜面青灰色，风化后呈土黄色、黄绿色。向斜核部岩层陡立，由于位于三叠系地层之下的大隆组、孤峰组等岩性抗风化能力较弱，故中部的三叠系地层相对凸起成山，而大隆组、孤峰组等地层部位成为谷地。

4. 作业要求

(1) 观察记录二叠系栖霞组到三叠系南陵湖组地层岩性、标志层、化石、接触关系。

(2) 观察断层破碎带岩性特征，分析断层证据及力学性质。

(3) 分析褶皱形态与地形关系。

(4) 分段绘制信手地质剖面图。

(三) 凤凰山—狮子冲口—扁井山

1. 路线

从巢湖铸造厂驻地出发，经凤凰山和麒麟山之间的山坳到达凤凰山山顶，沿着狮子冲口公路进入谷底，然后经7410工厂穿过公路到达扁井山。

2. 实习内容

(1) 观察狮子冲口倾伏背斜。

(2) 观察志留系高家边组页岩。

(3) 观察扁井山南部马鞍山和金银洞北山岠嶂正断层。

3. 观察点

(1) 凤凰山顶。此处为狮子冲口倾伏背斜的转折端，可见巢湖。所站地点，位于凤凰山的顶部，此处地形犹如一只栩栩如生的凤凰，两翅伸展，头伸向巢湖饮水。构成该山体的岩性是下中志留统岩层，由于岩性差异侵蚀，形成凤凰状地形。

(2) 凤凰山垭口。此垭口西连朝阳山，南连凤凰山，东连麒麟山，北连狮子冲口，便于周围地质地貌岩性特征的观察。

(3) 7410工厂大门口，狮子冲口公路边。此冲口为一断裂通过处，后期流水改造使之成为一个进入冲内的通道。该观察点附近可以分别见到坟头组及五通组地层，再与公路对面的马鞍山西端出露的坟头组及五通组地层对比，理解该冲口的地层地貌特征。

(4) 狮子冲口谷地内的公路边坟头组与高家边组的分界点。该公路在坟头组—高家边组地层内开辟，沿途可观察坟头组、高家边组地层岩性及其产状变化特征，以及两组地层分界处岩性变化。

(5) 马鞍山西北坡采石坑内。此处开采下志留统中上部砂岩作建材之用，露出新鲜剖面，便于观察下志留系高家边组的岩性与产状。下志留系高家边组可分为下、中、上三段，该观察点可见中段。高家边组中段主要为黄绿色泥岩、页岩以及粉砂质页岩，夹灰绿色薄层细砾砂岩，层面上可见波痕。

4. 作业要求

(1) 绘制剖面素描图。

(2) 观察高家边组和坟头组地层岩性、结构、构造、标志层、化石、接触关系。

(3) 观察波痕构造，分析其形成环境。

(4) 观察炭井村倾伏向斜特征。

(5) 观察狮子冲口背斜特征。

(四) 王乔洞—紫薇洞

1. 路线

从巢湖铸造厂驻地出发，经炭井村到达火车道，沿火车道到7410工厂的大门，然后穿越公路到达紫薇洞景区，进游览区大门。

2. 实习内容

（1）分析喀斯特地下溶洞地貌形成的物质基础和条件。

（2）观察王乔洞（古地下暗河道）形态，测量洞长、宽、高及延伸方向，判断其发育形态与石灰岩层理及节理的关系；观察洞内三层古侵蚀凹槽特征并测量其相对高度，阐述其与新构造运动的关系。

（3）观察紫薇洞内形态，产出层位，测量喀斯特溶洞延伸方向、长度、标高等，考察溶洞内各种岩溶现象。

（4）观察王乔洞花岗斑岩侵入体。

（5）观测王乔洞断层特征与性质。

3. 观察点

（1）紫薇洞。紫薇洞是沿着 NE—SW 向的断裂，在地壳间歇性抬升过程中，地下水溶蚀 $CaCO_3$ 而形成的水文地貌景观。观察洞顶"一线天"走向、"双井"和"扁井"的形状，以及壁面溶蚀凹槽，分析其成因。观察石钟乳、石笋等的造型，思考其形成过程。

（2）王乔洞。发育于紫薇洞西侧，据传说周灵王太子王乔在此修炼成仙，因此得名王乔洞。选择一个合适剖面，观察并测量溶洞宽、高及三道凹槽，分析其形成过程。

（3）王乔洞逆断层。在王乔洞与紫薇洞之间，有一条逆断层切割金庭山形成一个陡壁，整个断层位于王乔洞—大尖山东坡一带，发育在二叠系栖霞组灰岩中。观察并测量该断层产状、破劈理、擦痕、透镜体等，分析断层性质及动向。

（4）王乔洞岩体。该岩体位于王乔洞内约 300m 处，岩体侵入于下二叠统栖霞组下段灰黑色中厚层微晶灰岩中，平面呈圆形，面积约 $160m^2$，风化严重，呈疏松状。岩性为细粒花岗斑岩，灰白—浅灰黄色，具斑状结构，斑晶主要由斜长石、钾长石、黑云母等组成。

4. 作业要求

（1）分析岩溶发育条件及其控制因素。

（2）分析洞壁边槽成因。

（3）认识断层特征、性质，画素描图。

（4）认识岩体岩性特征，观察岩体与围岩接触带的烘烤现象。

（五）青苔山—龟山—唐咀—中庙—姥山

1. 路线

从巢湖铸造厂驻地出发，沿巢合公路到青苔山，沿巢湖湖滨大道到达龟山、唐咀、中庙、姥山。

2. 实习内容

（1）观察震旦系灯影组岩性特征及产状，硅质条带、藻类化石，探讨其成因，同时观察青苔山逆冲断层的特征及证据、伴生构造、断层角砾岩成分、形态、大小、胶结情况，观察高家边组页岩岩性特征，与震旦系地层接触关系。

（2）了解巢湖湖盆的形态特征、构造特性以及形成和演化，巢湖湖岸的岩性特征以及不同岩性湖岸的抗侵蚀、崩岸的有关情况。

(3) 龟山附近观测坟头组、五通组岩性及其生物化石、节理；观测五通组层内断层，测量断层产状，分析断层性质。

(4) 观察唐咀湖滩地散落的陶片及有关文化遗存现象，查阅有关古居巢国的文献资料，了解古居巢国消失与巢湖湖盆构造运动的关系、古居巢国考古的研究进展。

(5) 了解中庙的人文景观及岩性与湖蚀特性。

(6) 了解姥山岩性特征。

3. 观察点

(1) 青苔山合巢公路两侧。此处出露震旦系上统灯影组浅灰色白云岩，上部是微晶白云岩，中部有厚层白云岩具葡萄状、雪花状构造，岩层产状为345°∠45°。岩层节理发育，并能见到残缺的断层面擦痕。根据断层面及其擦痕可以判断断层倾向NW，具有向SE推覆的特征。

此处出露高家边组土黄色页岩，多破碎，倾向北西，与震旦系上统灯影组岩层为断层接触。青苔山逆冲断层走向约为30°，根据岩层接触关系和地层产状推测其为逆冲推覆断层。

(2) 龟山。此处位于龟山西端与湖边交接的湖岸大堤边。巢湖断层在此沿NW—SE向通过。进一步观察五通组下部岩性特征，观察层面化石，测量岩层产状。观察五通组层内一个小断层，测量断层产状，分析断层性质。观察湖岸侵蚀地貌及其成因。了解巢湖山水地貌特征。

(3) 龟山顺层滑坡。从龟山沿巢湖湖滨大道向北200m处，沿路可见五通组及坟头组层面和其上分布的节理。进一步观察坟头组岩性特征，测量产状，采集三叶虫化石。针对一处小规模的顺层滑坡，分析其形成原因。根据湖岸岩性变化，分析其变迁过程。

(4) 唐咀遗址。该处为汉代遗址，现在是湖漫滩，枯水季节出露，丰水季节位于水下。分析滩地的性质，在滩地上寻找文化层及文化遗迹（陶片、草木灰层、动物骨骼等），通过古今对比，了解巢湖的演变。

(5) 中庙（忠庙）。中庙位于白垩纪—古近纪红色砂砾岩之上。在岸边寻找红色砂砾岩露头点。从庙内水井中俯视，可见庙宇位于被湖水淘蚀悬空的湖穴盖上，分析湖浪作用的高度。

(6) 姥山。姥山以及孤山均为晚侏罗纪黄石坝期中性火山碎屑、熔岩堆积而成，郯庐断裂在此通过。观察喷出岩结构、构造，分析郯庐断裂与火山喷发之关系；进一步认识与理解巢湖形成的地质背景，观察巢湖周围地质地貌，了解巢湖在历史上成为重要交通要道的原因，欣赏巢湖自然人文景观。

4. 作业要求

(1) 绘制青苔山逆冲断层信手剖面图。

(2) 观察湖岸地形地貌，分析其形成的影响因素。

(3) 了解巢湖发育的地质及人文历史。

(4) 分析郯庐断裂带与火山喷发的关系。

第五章 地质旅游基本知识

第一节 地质旅游的收获

地质旅游是以游览考察具有观赏及科研价值的地质景观为目的的旅游活动。从宏观上看，凡是有观赏价值的自然景观，其成因与功能无不与各种地质作用形成的天然地质体（山、水、土、石）密切相关。许多形态奇特而罕见的天然地质景观（如典型地质剖面、古化石群、典型构造及古冰川遗迹等）本身就是著名的旅游胜地，它们既具有较高的游览观赏价值，又可进行科普教育和学术考察，是具有双重功能的游览胜地。

近年来，随着大众对旅游体验的日益关注，单纯的“观山玩水”难以满足人们对话世界时的求知需求，人们越来越喜欢通过“游中学、学中游”的地学旅游活动，有意识地在旅游过程中获取科学知识，提升基本出行休闲的科学旅游素质。

地质旅游，对于普通公众来说还是一个新名词，刚刚兴起。地质旅游能有什么收获呢，南京大学的夏树芳教授在他的著作《地质旅行》中对地质旅游概括出 8 个方面的收获。

1. 了解地貌特征及其成因

地质旅行首先映入眼帘的就是地表的形态。诸如山脉、丘陵、平原、盆地、河流、湖泊、海滨、沼泽等。山岳为什么如此高耸？为什么有些地区的山丘又显得低矮？为什么河流会从这里通过，而且弯弯曲曲？诸如此类的问题，必须进一步研究高山和低山内在的岩石特征和差异，或者研究地质构造有无控制之类；湖岸的平直，是否有巨大的断层通过；河道的转折，是否在流域范围内有软硬不同的岩层控制所致。总之，只有在研究了地表形态差异的原因或成因以后，才能解答这些问题，这就是地貌学的具体内容。

地形特征是受地质特征控制的，地形起伏反映出地质的性质。许多区域地质的特征表明：山脉的走向往往与区域构造线（断层或褶皱轴向）方向大体一致，像我国东半部多见 NE 方向延伸的山脉。山坡的陡峻或平缓，与岩层的产状有关，山坡方向与地层倾斜方向一致，常呈缓坡，反之，则呈陡坡，南京的紫金山即为一例。山形的突兀起伏，也反映出岩石性质的差异，如“诸峰分峙迭出，离立献奇”（徐霞客语）、“江作青罗带，山如碧玉簪”（韩愈诗）的桂林地形，则系平整的厚层石灰岩地层在热带气候环境中溶蚀所形成；峻拔尖削、紫气生光的林立悬崖峭壁，如黄山、雁荡山的山水风光，往往是花岗岩、火山岩类构成之地形；顶平如桌，垅岗逶迤的丘陵，往往是玄武岩组成，并构成特殊的火山景观；山坡突然而止，陡崖如劈，成排的“三角面”山定向延伸，往往是新断层通过之处，即所谓断层崖地貌现象，如昆明的滇池边岸。观察山坡的变形、河岸的稳定等也是认识工程地质条件的启蒙。凡此种种地形与地质特征均有密切联系。

实际上，沿着预定的路线作地质旅行时，对概略的地质情况的了解，往往是从地貌开始的，也可说是由表及里的观察。所以，沿途的地貌观察就成为地质旅行的先行任务，让人们在领略大自然美好风景的同时，更进一步分析和了解其形成的地质背景和条件，分析其成因，将会体会到揭开自然奥秘的激动。

2. 认识矿物、岩石和古生物

地质学是研究地球的科学，就目前的科学水平而论，主要是研究浅部的地壳部分。地壳由各种岩石组成，岩石又是由矿物所组成的，古生物赋存在岩石之中。所以，研究地质学的第一步，就必须跟矿物、岩石、古生物打交道。

地质学中，很多地质现象的认识、解释是建立在研究矿物、岩石与古生物基础之上的。如研究化石不仅可以研究生命的起源与发展，确定遇到的地层的年代，而且可以了解沉积岩系的形成环境，乃至某些沉积矿产的成因及其找矿方向。正因为如此，在地质旅行时必须掌握一定的矿物、岩石和古生物的知识，这是正确认识地质现象的前提。至于在人们的生活中，宝玉石、金属、石油、煤炭、水泥原料、陶瓷、化工原料、建筑材料等都与相应的矿物、岩石和古生物有关，一旦掌握了这些相关的知识，也有很大的实用价值与乐趣。

3. 认识地层年代

地层是研究一切地质问题的基础，确定地层的年代是进一步研究当地地质构造、地壳运动、山川的来龙去脉以及矿产形成的过程等的必需步骤，所以在地质旅行时对沿途地层年代的确定是十分重要的。这里所说的确定地层的年代，是指地层的相对地质年代，即了解各地层之间的先后或新老的次序就行了，不需要同位素地质年代（绝对年龄）的数据。在野外确定地层的相对年代，基本上应注意以下几项：

（1）地层的层序。在正常情况下，即未受或稍受地壳运动影响的地层，位于下者为早（老），位于上者为晚（新），这是尽人皆知的。所以，凡平整或微作倾斜的地层按此原则就容易分辨出新老来。在一些构造变动比较剧烈的地区，其原来的上下层序会发生紊乱，有时甚至完全搞颠倒。此时，必须对每一单层岩石的各种特征作综合的详细研究以后才能确定，如凭地层内所含的化石判断层序。因为化石从原始到高级、从简单到复杂的各种特征，都记录了地质历程的先后关系。所以寻找或采集化石也就成为地质旅行时确定地层年代与层序的关键手段。富有经验的地质工作者在野外寻找化石时，主要是寻找那些化石数量不多、生存时间短暂、分布地域广泛、特征清楚、易于识别鉴定的“标准化石”，例如寒武纪地层中的三叶虫、奥陶纪地层中的笔石、新生代地层中的哺乳动物化石，等等。

（2）地层的接触关系。地层的接触关系反映出地质历程中的地壳运动情况。也就是说，每次地壳运动以后，多多少少总在地层的界面上留下当时运动特征的某些形迹，根据这些形迹的特性可以判断当时地壳变动的激烈或缓和的程度，并借此了解地层在形成过程中有无沉积间断、当时的地壳运动是造山运动还是造陆运动等。根据这些，联系区域地质情况或邻区的相似情况，即可大致确定其地层的年代。

（3）观察地层的岩石性质。观察岩石中的矿物成分、组织结构、颜色等方面，由此间接地推断所遇地层的地质年代，这就是所谓岩层对比法。也就是将两地或多地所遇到的岩性相同或基本相同的地层进行比较，如甲地的地层已经凭其中所含的化石或其他手段获悉其所属的地质年代，那么乙地某相似地层的年代也许就与甲地的相同了。

(4) 识别标志层。所谓标志层，往往是指含有某种丰富的化石，具有特殊岩石性质的地层。对于标志层容易识别并确定其地质年代，如果这一套岩层层序正常的话，则位于标志层上下的地层年代也就不言自明了。例如山东泰安地区晚寒武世的竹叶状灰岩、长江中下游一带晚石炭世的球状构造石灰岩（实际上是一种藻化石，又称藻球灰岩），都可列为标志层。

4. 了解山川的历史演化

当沿途地层的地质年代和地层之间的接触关系搞清楚以后，大体上也就可以阐明当地山川的来龙去脉了。这实质上就是了解山和水的形成年代及其以后的地理面貌的变迁。

比如在南京的栖霞山穿行路线地质时，见到以下几种情况：①从寒武纪到三叠纪各地层的接触关系比较正常，上下层间地层产状均平行；②在一系列地层中，仅见泥盆纪地层属于陆相（根据地层对比或植物化石等特征判断）沉积，其他地层全为海相沉积；③三叠纪以后的侏罗纪地层是陆相沉积，其层理与三叠纪之前地层的层理呈明显的不同角度，而且侏罗纪以前的诸地层倾斜较陡，大体一致，但侏罗纪地层相当平坦，其底部有一定厚度的砾岩层。

根据上述的基本资料，就可以分析南京地区山脉的基本历史了。从寒武纪到志留纪，当地是海洋环境。志留纪晚期，当地有所抬升（属于造陆运动的性质），出现陆地。所以泥盆纪的地层就在高出海面以上的新生大陆环境中形成，表现出湖沼或河流相的特点。到石炭纪时，地壳发生下沉，海水再度浸进，大陆沦为海洋，一直持续到三叠纪晚期，又形成一套新的海洋中沉积的地层。三叠纪末，当地发生了比较剧烈的地壳运动，不仅使以往的所有岩层都抬升出水面，而且使这些岩层在抬升过程中发生断裂和褶皱，也就是造山运动，形成山脉，海洋环境宣告结束，紧接着在新生的山系上发生风化、侵蚀作用，出现了新的河流、湖泊，造成陆相的侏罗纪地层，掩盖在三叠纪及其以前诸地层（往往构成盆地的基底）之上，不整合接触面即由此而成。再考虑地层倾斜情况，表明此间的山脉在三叠纪末期已初步形成。如此，一幅沧桑变迁的画面，即山川的来龙去脉就清晰可见了。

5. 了解矿产成因及其开发利用知识

我国有很多著名的矿山，地质研究程度与工业利用程度很高。为解决众多矿山和矿业城市面临的严重环境破坏和资源枯竭等问题，我国实行了建立矿山公园的措施。通过对矿山，尤其是矿山公园的参观访问，可以增加丰富的矿产知识。许多矿物、岩石具有很高的观赏价值，如萤石、光卤石、玉石、水晶、玛瑙、碧玉、红柱石、翡翠、岫岩玉、寿山石、冰洲石以及太湖石、大理石等。当地的旅游市场大多已开发成旅游商品，如南京雨花石、甘肃酒泉夜光杯、安徽灵璧石、河南南阳玉器等。对这些商品出产地、加工地的观察，也是有相当乐趣的，既可了解地学知识，又可认识相关市场与风土人情。旅行时一般沿冲沟、河道、溪涧前进，通过对道路旁侧、冲沟的岩石露头或河床或河滩上砾石、砂屑的观测，可见很多矿物赋存的情况，随手抓取，肉眼观察，亦会有所发现。根据矿物的蛛丝马迹，顺藤摸瓜，溯源追索，或许会发现其原生矿床的所在地。我国有些著名矿床的发现就具有这样的传奇色彩。作为地质专业工作者，在旅行时更应该做个有心人。

6. 研究生物地球化学现象

由于构成地壳的各类岩石的元素分布并不是均匀的，各地岩石风化以后剥落下来的碎屑，散布到土层中，使土层中的元素分布也不均匀，例如花岗岩区的土壤多含钾、铷、铯、锂、钡等元素；闪长岩、粗面岩、辉长岩区则多含铁、钛、钒等元素；玄武岩、橄榄岩区则多含铬、镍、钴和镁等元素。因此，生长在那里的动物和植物，在它们的器官的某些部分，甚至某些种类的特殊性上都有明显的特点。若是某些元素聚集而变成矿床的话，生物的特殊性就更加清楚，成为找矿的指示。如原南京地质学校徐邦梁教授在野外工作时发现并命名的铜草（海州香薷），最欢喜生长在含铜元素较高的地表或碎石堆上，几乎满山遍野，随手可摘。尤其是它散发出一股异常的“铜”气味，环顾四周，就可以随“香”觅物。有些山区居民，往往有某种地方性疾病，患者痛苦不堪，多数是因为那里的饮用水中缺乏某种元素，或过分集中某种元素之故，如做进一步了解，往往可推断这些地区有某种矿床埋藏的可能性。例如有一个山村，童颜鹤发者众多，该地区无癌症病人的记录，研究认为与该地区有大量的半风化的中酸性岩（麦饭石）有关。又如龋齿病，就是患者的牙齿上出现白色、黄褐色、黑褐色的斑点或斑块，意大利维苏威火山附近的居民很早就发现他们的牙齿有此病症，印度的马得拉斯、日本、美国、北非等地也发现类似的病症，经调查，原来这些地方居民的饮用水（天然水）中含有过量的氟，而氟的来源，又与当地火山喷发出的岩石或矿物中的成分有关。再如有的地区，由于含有铅、镉的水流进入，稻秧枯黄致死，婴儿男女比例失调，由此线索，可以探讨预防措施，寻找产生这些元素异常的源区。这也是水文地质或者水文地球化学研究的重要内容，被称为医学水文地质学，更广义地可称为环境地质学。地质旅行时关注此类现象有利于提高对地质环境的认识水平。

7. 了解环境地质与地质灾害

通过沿途所见的农作物、居民聚落、道路等的布局情况可以查看当地的地质特点，这是因为地质在水质与土质上的反映颇为敏感。比如在北方比较干旱的地区作地质旅行时，可发现村落比较集中、农作物长势良好的地方，多半有大量泉水流过，由此可以进一步调查当地的水文地质条件。在南京附近，有几层富含磷的地层，这些地区的植物长势明显好于其他地区，当地对农作物施肥时如能了解这些特点，将收到事半功倍的效果。在江南一些大河谷地区，经常见一片紫红色的丘陵地形，起伏连绵，而生长在坡地上的农作物长势不佳，唯见稀疏的松树错落其间，也很少见到较大的村落分布。一路行来，“红尘”滚滚，尾随其后，虽然见不到坚硬的岩石露头，但有经验的地质工作者，十之八九可以猜测到所经之处乃属白垩纪晚期至早第三纪早期的“红层”，即红色砂砾岩夹泥岩的地层。贵州、四川与苏北地区多产美酒，也与当地的土壤、水质和气候有关，有研究成果表明，苏北地区的酒质较好，与当地广泛分布的黏土层有关。通过经济地理特点来观察地质现象，也适宜于人们平时的长途旅行，透过车窗观察，可以获得不少的地质信息。

地质灾害是指在自然或者人为因素的作用下形成的，对人类生命财产、环境造成破坏和损失的地质作用（现象），如崩塌、滑坡、泥石流、地裂缝、水土流失、土地沙漠化及沼泽化、土壤盐碱化，以及地震、火山、地热害等。不良的地质环境易于发生地质灾害。同学们在地质旅行时，应该特别关注地质灾害隐患，学习防灾抗灾技能。

8. 了解风景名胜与地质的关系

地质旅行大多是在风景名胜之地，真可称为山水地质。了解风景名胜与地质的关系是地质旅行中最为经常接触的课题，这是因为风景名胜地，必有山水之美，究其缘由，自然与当地的地质特点有密不可分的关系。比如厚层石灰岩发育的地方，由于含有碳酸的水溶液沿着岩石的缝隙渗透溶蚀，久而久之，就会造成奇峰林立、涡洞相通的喀斯特地貌，俨然一幅碧莲玉笋图像。而花岗岩、火山岩地区，由于岩性坚硬，不易溶蚀，而断层、节理在此出现以后，刀劈斧削的悬崖随处皆是，造成险峰拔地千尺、深渊坠谷万丈的景观。再如湖南张家界国家森林公园地区，由于当地泥盆纪的砂岩与页岩地层相当平整，垂直节理十分发育，把砂页岩层切割成大小不同的块体，再经流水、雨水、霜冻等的雕琢之后，出现了神奇的峻峭峰林、奥秘的深邃幽谷、清澈的流泉飞瀑。还有石炭纪、二叠纪和三叠纪的石灰岩，构成奇巧的岩溶洞府。完好的自然生态环境和人迹罕至的原始次森林组成一幅幅天然画图，游人到此，莫不称奇赞叹。至于烟波浩渺、浮动乾坤的大湖或海滨，则可追寻湖泊之成因、海岸之由来。这些往往也是地质工作者进行专题研究的好材料。

显然，一次地质旅游并不能完全获得上述各方面的认识和提高，但是通过地质旅游一方面可以欣赏大自然的奇风异景和历史文化；另一方面可以了解这些大自然神功妙笔是怎样点画出来的，也就是要初步了解其地质成因和原理，提高自己的科学素养。

第二节　地质旅游资源的成因

一、地球结构与地质作用

（一）地球的内部结构

地球是一个两极稍扁、赤道略鼓的不规则椭球体，平均直径 6371km。科学发展到今天，人们虽然能“上九天揽月”，却依然“入地无门”。目前世界上最深的钻孔是位于俄罗斯库页岛的 Odoptu OP－11 油井，钻深也只有 12345m，我国最深的钻井是位于新疆塔里木盆地的塔深 1 井，其深度为 8408m，都连地壳都没有穿透。科学家只能通过研究地震波、地磁波和火山爆发来间接地了解地球内部的奥秘。地震波在相同深度内传播速度会发生变化，这种变化反映了地球内部的物质成分或状态的不同，这就是科学家了解地球内部结构的一种手段。

地球内部有两个波速变化明显的界面。第一个界面深度不太一致，在大陆区较深，最深可达 60km，在大洋区较浅，最浅不足 5km，这个界面称“莫霍面”。第二个界面深度约在 2900km，称“古登堡面”。这两个界面把地球内部分为三大圈层，即地壳、地幔和地核，如图 5－1 所示。

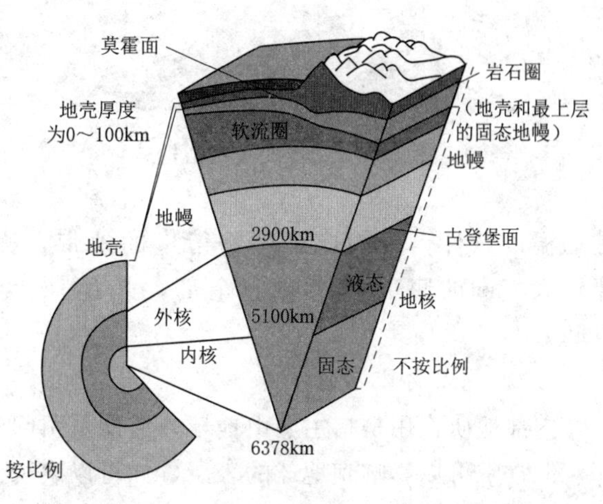

图 5－1　地球内部圈层结构

1. 地壳

地壳由固体岩石组成，厚度变化很大。大洋地壳较薄，平均为 6km，最厚约 8km，最薄处不足 5km；大陆地壳较厚，平均 35km，最厚可达 70km。整个地壳平均厚度约为 17km，只有地球半径的1/400。可以把地壳进一步分为上下两层。

上层化学成分以氧、硅、铝为主，平均化学组成与花岗岩相似，称为花岗岩层，也有人称之为“硅铝层”。此层在海洋底部很薄，尤其是在大洋盆底地区，太平洋中部甚至缺失，是不连续圈层。

下层富含硅和镁，平均化学组成与玄武岩相似，称为玄武岩层，所以有人称之为“硅镁层”。此层在大陆和海洋均有分布，是连续圈层。

地壳的上、下两层以康拉德不连续面隔开。

2. 地幔

地幔介于莫霍面和古登堡面之间，厚度超过2800km，平均密度为4.9g/cm^3，约占地球总体积的83.4%，约占地球总质量的2/3。一般以670km为界把地幔分成上、下地幔两个部分。在上地幔的上部存在一个软流圈，约从70km延伸到250km，呈低震波速度，是岩浆的重要发源地。软流圈以上坚硬的岩石圈层称为岩石圈，包括地壳的全部和上地幔的顶部，由花岗质岩、玄武质岩和超基性岩组成，厚约60～120km，为地震高波速带。

3. 地核

地核以古登堡面与地幔分界，厚度3473km，约占地球总体积的16.3%，约占地球总质量的1/3。根据地震波速的变化，以4640km和5155km两个次一级界面分界，可以分为外核、过渡层和内核。

（二）地球的表层结构

地球的最外层是岩石圈，包括地壳和上地幔的顶部，也是人类生存活动的直接场所，它由岩浆岩、沉积岩、变质岩和土壤覆盖层组成。

岩石圈的表面大部分被海洋覆盖，陆地的低洼部分也往往分布有湖泊和河流。在寒冷地区，水积聚成冰川。此外，在地表以下一定的深度也有水，称之为地下水。所有这些不同状态的水就构成了水圈。

在岩石圈和水圈外面，整个地球被大气包围，大气的主要成分是氮气和氧气，这个圈层称为大气圈。大气圈是地球最外部的圈层，也是从地面到行星空间的过渡圈层，如图5-2所示。

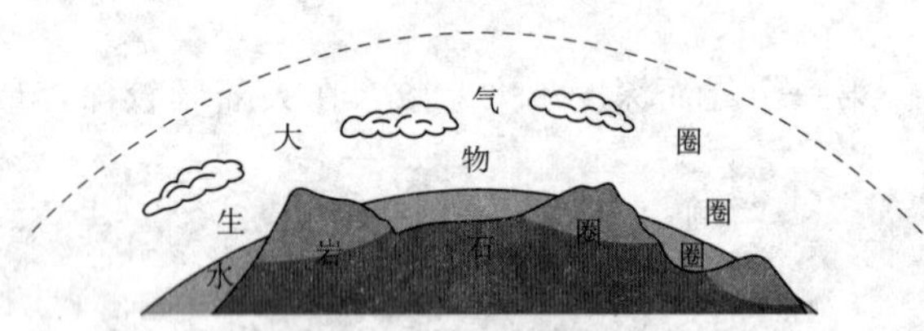

图5-2　地球的表层结构

岩石圈、水圈和大气圈，既是彼此分离和独立的，又是互相渗透和作用的。这样，地球上就出现了既有矿物质又有空气和水分的地带，加上适宜的温度条件，就构成了生物衍生的地带，称之为生物圈。生物圈包括岩石圈的上部、大气圈的底部和水圈的全部，是地球上一个独立的圈层——人类生存活动的空间。

（三）地球内部地质作用

内部地质作用是指主要由地球内部能量引起的地质作用。它一般起源和发生于地球内部，但常常可以影响到地球的表层，如可以表现为火山作用、构造运动等。内部地质作用主要包括岩浆作用、变质作用和构造运动。

1. 岩浆作用

地壳深处的岩浆，具有很高的温度，遭受很大的压力，当地壳运动出现破裂带时，局部压力降低，岩浆向压力降低的方向运移，沿着破裂带上升，侵入到地壳内，这个过程称为侵入活动；如喷出地面，则称为火山活动；同时在运移中不断地由于分异作用和同化作用等的影响而改变着自己的化学成分和物理化学状态，直至冷凝为岩石。这种包括岩浆活动和冷凝的整个过程称为岩浆作用。地下岩浆通过导浆通道喷出地表的全过程称为火山作用，火山作用的结果往往形成火山锥、熔岩台地、熔岩高原等熔岩地貌。

2. 变质作用

地壳中已存在的岩石，由于受到构造运动、岩浆活动或地壳内热流变化以及陨石冲击地球表面的影响，物理和化学条件发生变化，使原岩的矿物成分和结构构造（有时还有化学成分）发生了不同程度的变化的过程称为变质作用。变质作用的结果形成各种变质岩。

3. 构造运动

由地球内部能量引起的地壳或岩石圈物质的机械运动称为构造运动，常以岩石变形、变位和地表形态的变化等形式表现出来，形成岩层抬升、沉降、倾斜、断裂、褶皱等。

（四）地球表层地质作用

大气、水和生物在太阳辐射能、重力能和日月引力等的影响下产生的动力对地壳表层所进行的各种作用，称为表层地质作用。

主要来自地球以外的太阳辐射能和日月引力能等促使了地球外部圈层——大气圈、水圈和生物圈的运动循环，使它们成为改造地壳表面的直接动力（即地质营力）。同时，在地球外部圈层的运动过程中，地球内部的重力和地球的自转也起着重要作用。

地质营力是通过一定的介质而对地球进行改造的，按介质的物理状态一般分为三种：液态、固态和气态介质。液态介质主要包括地面流水、地下水、湖泊和海洋；固态介质主要有冰川；气态介质主要有大气和风。尽管地质营力介质的种类很多，差别也很大，但每一种营力一般都会按照风化作用→剥蚀作用→搬运作用→堆积作用→成岩作用的过程来进行。

1. 风化作用

风化作用是指在地表或近地表的环境下，由于气温、大气、水及生物等因素作用，使地壳或岩石圈的岩石和矿物在原地遭到分解或破坏的过程。风化作用使地表岩石变得破碎，为后期的剥蚀搬运创造了条件。

2. 剥蚀作用

剥蚀作用是指重力、风力、地面流水、地下水、冰川、湖泊、海洋和生物等各种外动力对组成地壳表面的物质产生破坏并将它们搬离原地的作用。剥蚀作用不断破坏和剥离地表物质，使地表形态发生改变，形成新的地形。剥蚀作用在地表十分常见，它塑造了地表千姿百态的地貌形态，如风蚀作用可以形成蘑菇石，流水剥蚀作用可以形成沟、谷等。

3. 搬运作用

搬运作用是指风化、剥蚀后的碎屑、胶体、分子或离子等不同状态的物质，随着各种地质外动力以推移、跃移、悬移或溶液运移等方式转移到他处的过程。

4. 堆积作用

堆积作用是指被搬运的物质由于搬运介质的物理、化学条件的改变，呈有规律地沉积、堆积的现象。堆积作用的场所往往是介质动能减小或物理化学条件发生变化的地方，如山坡脚下、冲沟口、河流入海或入湖区以及海洋、湖泊等。

5. 成岩作用

成岩作用是指使松散沉积物固结形成沉积岩石的作用。

地球内部地质作用和表层地质作用是塑造地球表面形态特征的真正原因，内力和外力的共同相互作用，造就了地球表面绮丽壮观的地貌。

二、地貌景观的形成与发展

（一）地貌景观的形成

地貌是内、外地质营力相互作用的结果。

内力地质作用是指地球内部深处物质运动引起的地壳水平运动、垂直运动、断裂活动和岩浆活动，它们是造成地表主要地形起伏的动因，其发展趋势是向增强地势起伏的方向发展，如山地、平原的形成及其相对高度的变化。

外力地质作用是指由太阳能和重力引起的流水、冰川和风力等对地表的剥蚀与堆积作用，其作用的趋势是“削高填低”，减小地势起伏，使其向接近水平面的方向发展，这一过程塑造了多种多样的地表外力成因地貌。

一般内力地质作用越强，外力地质作用也随之增强。

岩性不同、地质构造不同、作用营力不同、经受作用的时间长度或发育所处的阶段不同，都会导致地貌形态不同。反过来说，地貌形态的差别，可从岩性、构造、营力、历史或阶段等方面得到解释，或找出原因。

美国地貌学家 W. M. 戴维斯认为地貌的形成发展受地壳运动、外力作用和时间三要素的影响，因此“地形是构造、作用和时间的函数”。这个三要素学说的提出，明确了地貌形成的内因是岩石与构造、外因是营力，以及其形成过程需要一定的时间和必然经过不同的阶段。

1. 地貌形成的物质基础

(1) 地质构造。地貌对构造的适应性表现为：地貌的发育与构造线相一致或部分一致。

大地构造单元是地貌发育的基础。我国的大地貌单元，即山地、高原、盆地、平原等，在平面上的排列组合形式的形成主要受大地构造的控制。

地质构造是地貌形态的骨架，在地质构造影响下，出现各类构造地貌，如褶皱山、断块山等。

地貌和地质构造的关系可以分为：正向构造（即背斜、穹隆、地垒）与高地形相一致，负向构造（即向斜、构造盆地、地堑）与低地形相一致，如背斜山、向斜谷，此两者都称为顺构造地形。顺构造地形主要是受原始构造形态控制的。

如果正向构造与低地形相一致，负向构造与高地形相一致，如背斜谷、向斜山，则称之为逆构造地形。逆构造地形主要是受后期侵蚀剥蚀作用而形成的。

(2) 岩石性质。岩石性质对地貌的影响，实质上就是指岩石对来自外界的物理作用和化学作用的反应。通常在地貌研究中所说岩性的坚硬和软弱，或者岩石抵抗侵蚀能力的强和弱，就是这种影响程度的表现。一般来说，砂岩、石英岩、玄武岩、砾岩等属于坚硬岩石，泥岩、页岩等属于软弱岩石。

由于岩性所引起的差别风化和差别侵蚀的结果，坚硬岩石通常表现为突出的正向地貌（山地、丘陵等），相对软弱岩石出露之处，地貌上形成负向地貌（谷地、盆地等）。岩性对地貌的影响，在那些经历了长时期剥蚀的地区表现得最明显。

岩石坚硬和软弱，抗侵蚀能力的大小都只是一个相对概念，它与岩石所处的自然环境有很大关系。例如花岗岩，分布在我国北方常呈高大险峻的山地（如华山、泰山、黄山等），而在华南地区则成馒头状丘陵；前者地形起伏明显，后者地势变化和缓。

2. 地貌形成的动力

地貌形态千姿百态，但形成地貌的动力主要有两类，即内力作用和外力作用。地貌的形成发展是内外力相互作用的结果。

(1) 内力作用造成地壳的水平运动和垂直运动，并引起岩层的褶皱、断裂、岩浆活动和地震等。除火山喷发、地震等现象外，内力作用一般不易被人们觉察，但实际上它对于地壳及其基底长期而全面地起着作用，并产生深刻的影响。地球上巨型、大型的地貌，主要是由内力作用所造成的。

(2) 外力是指地球表面在太阳能和重力驱动下，通过空气、流水和生物等活动所起的作用。它包括岩石的风化作用，块体运动，流水、冰川、风力、海洋的波浪、潮汐等的侵蚀、搬运和堆积作用，以及生物甚至人类活动的作用等。外力作用非常活跃，而且容易被人们直接观察到。

(3) 人类活动在现代技术社会里已成为一种重要的地貌营力，能产生许多新的人工（为）地貌，如堤坝、人工湖、护岸工程、城镇建筑群等，也能夷平破坏一些地貌。

3. 影响地貌形成发展的时间因素

内、外力作用的时间也是引起地貌差异的重要原因之一。作用时间长短不同，则所形成的地貌形态也有区别，显示出地貌发育的阶段性。例如急剧上升运动减弱初期出现的高原，随着时间的推移，在外力侵蚀下，被破坏殆尽，成为崎岖不平的山区；再进一步发展，则可转化为起伏和缓的丘陵。

(二) 地貌发展的旋回性与阶段性

地貌的发展和演变是一个动态变化过程。

1. 旋回性

由于塑造大型地貌的内、外营力强弱的周期性变化，大型地貌的发展表现出多次渐进变化与急剧变化的交替，这就是地貌发展的旋回性。

可以举一个例子，假定一个分布有河流的平坦地块被地壳运动抬升到一定高度后即行静止，在河流作用适应侵蚀基准面下降过程中，地块将经历地表较快深切的幼年期、地形逐渐复杂多样化的壮年期、漫长的准平原化的老年期等阶段发展。老年期地形塑造的时间比幼年期和壮年期之和还长，最终将蚀去地表一定厚度的岩石，直至重新达到准平原。若上述过程完结后地块再度抬升，则上述过程又周而复始地进行，故称之为“侵蚀循环”。

但是地块再次上升也可以在发展过程中的某个阶段出现，则现行的循环终止于该阶段，新的循环又重新开始。

由于每个循环中地壳运动的变化以及气候与外力作用强度的变化，再现的各阶段不可能完全相同，因此地貌学上多用“侵蚀旋回”一词，而不用“侵蚀循环”。

地貌形成发展的多旋回性是一种普遍现象，表现为许多层状地貌，如多级河流阶地、石灰岩区多层溶洞、山岳地区多层夷平面等。

这里介绍两个基本概念：

(1) 准平原。它是指在地表长期相对稳定的条件下，经过长期侵蚀、剥蚀作用而形成的地形起伏和缓、近似平原的地形，它是侵蚀地形老年期的产物。

(2) 夷平面。它是指经过各种夷平作用形成的陆地平面，包括准平原、山麓平原、风化剥蚀平原等，被后期构造抬升，再被侵蚀切割成山地，而山地的顶仍然残留原始夷平面的遗迹，表现为相近高度的近似平齐的峰顶面。因此高度相近的峰顶连线就是夷平面的判识标准，山岳地区的多级夷平面往往反映地壳构造运动间歇性抬升的特征，是新构造运动的重要证据。

2. 阶段性

根据戴维斯理论，在其他条件相同的情况下，作用时间长短不同，则所形成的地貌形态也有区别，这就显示出了地貌发展的阶段性。一次完整的地貌发育过程可以分为幼年期（青年期）、壮年期和老年期三个阶段，反映地貌发育从早期向晚期演变的一般规律。很显然，由于内力、外力和地表物质都是随时间和地点的不同而变化的，因此地貌的阶段性的表现具有很大差异。

（三）地貌发育的地带性

在一个地带内，地形的发展表现出一种与其他地带不同的特点，称为地貌发展的地带性。产生地貌地带性的主要原因是构造运动和气候变化，因此地貌也呈现出构造地貌地带性和气候地貌地带性。

1. 构造地貌地带性

我国地形西高东低，可划分为三级阶梯。

第一级阶梯，青藏高原，位于昆仑山、阿尔金山、祁连山之南，横断山脉以西，喜马拉雅山以北，海拔 4000m 以上。

第二级阶梯，构成我国主要高原盆地，即内蒙古高原、黄土高原、云贵高原、准噶尔盆地、四川盆地、塔里木盆地，位于大兴安岭、太行山、巫山和雪峰山以西，海拔 1000～2000m。

第三级阶梯，构成我国主要平原丘陵，包括东北平原、华北平原和长江中下游平原，辽东丘陵、山东丘陵和东南丘陵，大部分海拔 500m 以下。

这三级阶梯地貌的发育主要受大地构造运动所控制，这就是地貌发育的构造地带性。

2. 气候地貌地带性

气候是地貌形成的重要因素之一。气候指标主要有温度和降水量，它们决定着外力的性质和强度，从而影响到其塑造的地貌。

在不同的气候条件下，风化作用的性质和侵蚀作用的强度都有明显差异。温度高、降水量大的热带地区以强化学风化作用为主，随着温度降低，降水量减小，则化学风化逐渐减弱，并演变为以物理风化为主的寒带地区。

同时地表流水侵蚀强度也呈现出不同的变化。现代流水侵蚀强度最小的气候区包括：①降水少的中纬度干旱区；②降水少且低温的极地和亚极地冰缘区；③高温多雨但植被繁茂的热带区。现代流水侵蚀强度最大的气候区则在雨量中等、植被并不茂密的中纬度温湿区。

气候也直接影响风沙作用、冰川作用和岩溶作用等的强度。不同气候带呈现出不同的外营力组合特征。因此，气候的分带决定了地貌的分带性。

（1）冰雪气候地貌带。

1）冰川气候地貌区。为高纬极地和高山雪线以上的地区，年平均温度在0℃以下，终年为冰雪覆盖，冰川作用占绝对优势，其次还有冰冻风化，发育冰川地貌和冰水地貌。

2）冰缘气候地貌区。为年平均温度在0℃上下的无冰盖的极地和亚极地以及雪线以下、森林线以上的高山带，冰雪融水渗入土层，形成多年冻土层。冻土表层发生日周期性和年周期性的解冻，故冻融作用占优势，其次是雪蚀作用；由于高压反气旋中心的存在，风力作用也很重要。此区发育各种冻土地貌。

（2）温湿气候地貌带。主要分布在中纬度地区，年平均温度在10℃左右，年降水量约800mm。该地貌带流水作用占优势，流水地貌发育。此带沿纬向变化较大，地貌发育也有较大差别。

（3）干旱气候地貌带。在副热带高压带和温带大陆中心，气候极端干燥，降水极少。年降水量一般在250mm以下，且降水非常集中，而蒸发量则远大于降水量（大几倍、几十倍甚至上百倍），所以相对湿度和绝对湿度都很低。在温度方面，则有以下两种情况：

1）温带干旱区。该区冬寒夏热。如我国新疆北部，年温差和日温差都很大，年温差可达60～70℃，日温差可达35～50℃，民谣“早穿皮袄午穿纱，围着火炉吃西瓜”就是这一气候特征的生动写照。

2）热带亚热带干旱区。如非洲北部，寒冷月份的平均温度不低于0℃，所以年温差较小，仅日温差较大。

干旱气候地貌带植被极为贫乏，地面裸露，物理风化作用强烈。经常性水流缺乏，只有由暴雨形成的暂时性水流（洪流）。风力作用盛行，风力作用和干燥剥蚀作用成为这里的主导外力。风成地貌大规模发育，形成大面积沙漠和戈壁。

在干旱区与湿润区之间的过渡带，为半干旱区，年降水量约400mm，降水比较集中，片流、冲沟发育，广泛分布黄土并发育特有的黄土地貌。

（4）湿热气候地貌带。位于赤道和低纬度地区，年降水量和年蒸发量都很大，但前者要超过后者。年平均降水量在1000mm以上，最冷月温度大于18℃，没有真正的冬天。由于气候高温多雨，地面植被茂密，生物化学风化作用极其突出，使基岩受到强烈分解，广泛发育深厚的砖红土型风化壳，如巴西结晶岩上的红色风化壳厚度普遍超过100m。该地貌带虽降水丰富，但由于化学风化盛行，植被繁茂，河流中碎屑物质含量小，因而侵蚀作用反不如温湿气候区强烈。

湿热带的可溶盐岩（主要是石灰岩）分布区，高温多雨、植被茂盛的生物气候条件十分有利于岩溶作用，岩溶地貌得到充分的发育，形成了大规模的峰林地貌。

在湿热带的海滨地区，生长着热带生物红树林和珊瑚，通过它们的生命活动，形成特有的热带生物海岸——红树林海岸和珊瑚礁海岸。

（四）地貌的等级

地貌等级是按照地貌规模大小而划分的不同级别地貌单元，是地貌不同成因的外在表现，一般分为四级。

(1) 巨型地貌。即地球上的大陆和洋盆。这是地球上最大的两个对立的地貌单元，是由中生代以来全球板块运动、泛大陆裂解而形成的。

(2) 大型地貌。即大陆和洋盆中的山地和平原，是受大地构造、新构造运动以及外力共同作用的结果。

(3) 中型地貌。指大型地貌中的一部分，通常是地学工作者进行地貌观察研究的对象，如山岭和谷地。主要是由外力作用对各种地质构造形态（褶皱、断层等）所形成的地形的改造所形成的各种剥蚀地形和堆积地形。

(4) 小型地貌。主要是指以单一地貌形态构成的地貌，如阶地、河漫滩等，其成因主要是由外力形成的剥蚀和堆积作用；也有部分是内力作用形成的，如断层崖、火山锥等。小型地貌也是野外观察研究的主要对象。

不同等级地貌的关系是整体与局部的关系。地形等级的划分，是地形成因分析的前奏和基础。

由此可见，地表就是由不同等级、不同成因、不同形成时代和发展阶段与完整性不同的地貌叠置构成的复杂系统。

（五）地貌形态的观测

1. 地貌形态特征

地表的地貌形态多种多样，千姿百态，规模大小不等，所以首先要研究认识它的形态特征。地貌形态主要是指由形状和坡度不同的地形面、地形线和地形点等形态基本要素构成的、具有一定几何形态特征的地表的高低起伏。地貌形态中较小较简单的形态，例如冲沟、沙丘、冲出锥、扇形地、阶地、斜坡、垄岗、岭脊、洞、坑等称为地貌基本形态。

范围较大包含了若干地貌基本形态组合体的大型地貌，如山岳、盆地、平原、沙漠等，它们都是由若干基本形态组合而成的，称为地貌形态组合。

对地貌的形态特征进行描述和分类的学科，称为形态地貌学。一般用大众熟悉的形态名称来描述，如高原、平原、斜坡、悬崖、丘、冈、阜、山（巅）峰、脊、桌地、盆地、垭、谷、阶地、穹、洞等。

凡是高于周围的地貌形态，称为正地貌形态，如山脊、龙岗、台地等；反之称为负地貌形态，如盆地、谷、沟、洞等。有的地貌形态完整易于识别，有的因自然和人为破坏，形态变得比较模糊。地貌形态的识别和分析，是研究地貌的主要定性方法。

2. 地貌形态测量

地貌形态特征，除了用几何形态特征来描述以外，还可以用数值定量方法来表示，这就是地貌形态测量。主要形态测量指标如下：

（1）高度。分为绝对高度和相对高度。绝对高度又称海拔高度，是相对于海平面的高度，一般由地形图提供，是山岳和平原等大地貌分类的主要依据。相对高度是一种地貌形态之间的高差，如阶地面与河床平水位之间的高差，溶洞底部与河床高差等，相对高度应在野外实际测量。

（2）坡度。是指地貌形态某一部分地形面的倾斜度，如夷平面、阶地面和斜坡面等的坡度，一般也应在野外实际测量。

（3）地面破坏程度。又称为切割程度，常用的有地面刻切密度（单位面积上的水道长度）、地面切割深度（分水岭与临近平原的高差）和地面破坏程度数据等。

三、地质地貌遗迹的类型

在地球漫长的演化过程中，由于地壳构造变动、岩浆活动、古地理环境演变、古生物进化等地球内、外营力综合作用而保存在地壳中的化石、岩层、构造形迹、矿床、地貌景观等各种现象与事物统称为地质地貌遗迹。它是地球历史的记录，地壳运动、地貌演化的遗存。微观层面的形迹如矿物晶体、美丽岩石、稀有的古生物化石，中观层面的如极具科学内涵的重要地质剖面、典型的构造形迹，宏观层面的如山地景观、峡谷景观、丘陵景观、平原景观、海岸与岛礁景观。具有美学观赏价值、科学研究与普及教育价值，对游人产生了某些吸引力的一部分地质地貌遗迹，便成为地质旅游资源。

地质地貌形迹依其形成原因、自然属性、旅游及科学价值等主要有下列六种类型。

1. 标准地质剖面

凡根据横式剖面在其他地区选定的典型地质剖面，作为研究区地质时代、岩石、地层、化石及地质事件等对比标准的地质剖面，都称为“标准地质剖面”。更有“全球界面层型剖面和点位（Global Boundary Stratotype Section and Point，GSSP）”，俗称“金钉子”。“金钉子”是国际地层委员会和国际地质科学联合会，以正式公布的形式所指定的年代地层单位界线的典型或标准，是为定义和区别全球不同年代（时代）所形成地层的全球唯一标准或样板，并在一个特定的地点和特定的岩层序列中标出，作为确定和识别全球两个时代地层之间的界线的唯一标志，以便于按统一时间（时代）标准去理解、解释、分析和研究世界不同地区同一时间内发生的或形成的各类地质体（岩石、地层等）及地质事件及其相互关系。“金钉子”是全世界科学家公认的、全球范围内某一特定地质时代划分对比的标准，它的成功获取往往标志着一个国家在这一领域的地学研究成果达到世界领先水平，其意义绝不亚于奥运金牌。因此“标准地质剖面”在地质学研究中具有重要的参照对比的标杆作用。浙江长兴的“金钉子”既是二叠系与三叠系界线的标志，又是中生界与古生界之间的标志，被认为是地质历史上三个最大的断代“金钉子”之一。我国的标准地质剖面还有“中国最古老的岩石”——鞍山白家坟花岗岩，陕西小秦岭元古界剖面，天津蓟县中、上元古界层型剖面，云南晋宁梅树村剖面，吉林浑江大阳岔寒武—奥陶系界线剖面，宁夏中宁陆相泥盆系及生物群保护遗址，云南曲靖陆相泥盆系剖面，广西桂林南边村泥盆—石炭纪地层界线剖面，新疆吉木萨尔大龙口非海相二叠—三叠系界线剖面，台湾利吉青灰泥岩剖面，河北原阳泥河湾盆地小长梁遗址等。

2. 著名古生物化石遗迹

古生物化石是地球生物存在和活动的直接证据。在人类出现以前，地球上就有很多生物，这些生物活动留下的遗迹以及死亡后躯体保存在地层中经过成岩石化后就形成了化石。通过对不同时期、不同地域古生物化石的研究，可以加深人类对地球上的生物本质的了解，探索生命起源，研究生物灭绝的根本原因，为地球生物保护提供科学依据。我国著名的古生物化石遗迹有周口店北京猿人遗址、云南“澄江动物群”化石产地、新疆奇台县克拉麦里硅化木森林奇观、山东山旺中新世山旺组古生物群、辽宁抚顺煤田含昆虫琥珀遗址、山东泰安晚寒武世三叶虫产地、四川自贡恐龙公园博物馆和“世界奇观”河南西峡恐龙蛋化石等。

3. 地质构造形迹

地质构造形迹是地球内动力地质作用的结果，是研究地球形成和演化的重要依据，不仅具有重要的科学意义，有些地质构造本身还具有极好的观赏性，是地貌景观形成的基础和动因，如西藏雅鲁藏布江缝合带、河南嵩山前寒武纪地层及三个整合遗迹、辽宁大连白云山庄莲花状旋钮构造、四川松潘甘孜多层次滑脱构造、北京西山的折叠层构造、陕西蓝田铁炉子活动性断裂与河道错位、四川龙门山推覆构造带与景观、中国主要的构造体系等。

4. 典型地质与地貌

地球内、外动力的共同作用造就的地球表面高低起伏、形态各异、千姿百态、色彩斑斓的地质地貌景观，具有很好的美感及观赏性，是人们旅游观赏大自然的主要对象，如湖南张家界武陵源石英砂岩峰林地质景观，贵州梵净山自然保护区、织金洞岩溶地质景观，黄果树瀑布群地质景观，安徽黄山奇峰，河北石家庄赞皇嶂石岩风景名胜区，广东韶关丹霞山地质地貌景观区，福建武夷山丹霞地貌景观区，山东马山石柱群和硅化木群落，黑龙江五大连池火山地质景观，浙江雁荡山流纹岩峰林地质景观区、桃渚流纹岩峰林，云南路南石林景观区、腾冲火山地热奇观，广西北海涠洲岛火山喷发及海蚀海积景观、桂林岩溶峰林地质景观，长江三峡地质奇观，天津贝壳堤、牡蛎滩保护区，西藏喜马拉雅山与现代冰川、羊八井地热田、间歇喷泉、雅鲁藏布江大峡湾，四川贡嘎山冰川公园、黄龙九寨沟高寒岩溶钙华景观区，台湾太鲁阁大理岩峡谷、澎湖列岛的地形景观、泥火山、阳明山地热景观、海岸景观，西沙群岛石岛的地质景观，新疆塔克拉玛干大沙漠、风蚀地貌景观乌尔禾魔鬼城等。地质地貌的分类方法如下。

（1）按地貌形成的主要动力作用划分：

1）内动力作用地貌。由地球自转、岩浆活动、沉积成岩、重力和放射性元素蜕变等能量，在地壳深处所产生的动力对地球内部及地表的作用形成的地貌称为内动力作用地貌，如大地构造地貌（大陆、海洋、山地、平原）、水平构造地貌（丹霞地貌、崮等）、单斜构造地貌（单面山、猪背山）、褶皱构造地貌、断层构造地貌（断层崖、断层线崖、断层谷）、火山与熔岩地貌等。

2）外动力作用地貌。由大气、水和生物在太阳能、重力能和日月引力等影响下产生的动力对地壳地表所进行的各种作用而产生的地貌，称为外动力作用地貌，如风化及重力地貌、流水地貌、喀斯特地貌、风成地貌、冻土地貌、冰川地貌、冰缘地貌、海岸地貌、湖泊地貌、河流地貌、地下水、丹霞、雅丹等。按外动力地质作用的方向还可分为侵蚀类地貌（谷地、奇峰异洞等）和堆积类地貌（阶地、洪积扇、沙丘等）。

（2）按构成地貌的主要岩性特征可分为花岗岩地貌、熔岩地貌、流纹岩地貌、玄武岩地貌、变质岩地貌、喀斯特地貌、砂岩地貌、黄土地貌、泥质岩地貌等。

（3）按景观形态可分为山岳、水域、平原、悬崖峭壁、石柱、石林、山峰、流水瀑布、地质遗迹、洞穴、峡谷等。

5. 特大型矿床

矿床是由地质作用形成的、有开采利用价值的有用矿物的聚集地。它具有经济价值，是人类获取矿物资源的重要途径，在人类社会和经济发展进程中有着重要的作用。当前我国众多矿山和矿业城市面临严重环境破坏和资源枯竭等问题，我国的矿业发展史是中华文明发展的重要组成部分，要竭尽全力保护矿业开发遗留下来的最重要、最典型、独具特色的矿业遗迹，千方百计弘扬矿业文化。建立矿山公园是促进矿业遗迹保护的重要手段，是展示人类矿业文明的重要窗口，对改善矿区生态地质环境、推进矿区经济可持续发展具有重大的积极意义。

矿山公园是经过矿山地质环境治理恢复后，国家鼓励开发的以展示矿产地质遗迹和矿业生产过程中探、采、选、冶、加工等活动的遗迹、遗址和史迹等矿业遗迹景观为主体，体现矿业发展历史内涵，具备研究价值和教育功能，可供人们游览观赏、科学考察的特定的空间地域。矿山公园设置有国家级矿山公园和省级矿山公园，其中国家级矿山公园由自然资源部审定并公布。

我国著名的特大型矿山有广西大厂锡多金属矿田、胶东玲珑焦家式金矿、栾川南泥湖钼矿田、金川铜镍硫化物矿床、世界“锑都”锡矿山、白云鄂博（世界上最大的稀土矿床）、赣南钨矿、湖南柿竹园钨铋钼锡超大型矿床、“中国稀有金属和宝石明珠”阿尔泰伟晶岩、大庆油田、青海察尔汗盐湖、东胜神木煤田、辽宁海城菱镁矿矿床等。

6. 地质灾害遗迹

地质灾害遗迹旅游景观是地质灾变事故产生的具有旅游价值的地质遗迹景观。通常包括火山、地震、崩塌、滑坡、泥石流、地面沉降与塌陷、地裂缝等。

在漫长的地质历史与人类历史进程中发生过大量地质灾害，遗存下许多具有特殊旅游观光与科学考察价值的地质灾害遗迹景观。如意大利庞贝古城的火山地质灾害旅游景观，我国三峡新滩镇大滑坡体、链子崖山崩危岩体，唐山地震遗迹，汶川地震遗迹，大连金石滩震旦系—寒武系地层中的地震遗迹，四川小南海地震堰塞湖遗迹，广西南丹新州矿采空区塌陷，云南东川市泥石流地质遗迹，舟曲泥石流遗迹等。

第三节　地　质　公　园

地质地貌遗迹是在地球形成、演化的漫长地质历史时期，受各种内、外动力地质作用，形成、发展并遗留下来的自然产物，它不仅是自然资源的重要组成部分，更是珍贵的、不可再生的地质自然遗产。地质地貌遗迹是国家的宝贵财富，每个国家公民均有保护的权利及义务，为更好地保护地质遗迹这一自然资源，地质公园计划应运而生。

地质公园（geopark）是以具有特殊地质科学意义、稀有的自然属性、较高的美学观赏价值，具有一定规模和分布范围的地质遗迹景观为主体，并融合其他自然景观与人文景观而构成的一种独特的自然区域。既为人们提供具有较高科学品位的观光旅游、度假休闲、保健疗养、文化娱乐的场所，又是地质遗迹景观和生态环境的重点保护区，还是地质科学研究与普及的基地。

（一）世界地质公园

人类共同保护自然环境的工作始于20世纪70年代。1972年联合国在瑞典首都斯德哥尔摩召开了“人类环境会议”，会后发布了《人类环境宣言》，由此拉开了世界环境保护的序幕。同年在巴黎召开了联合国教科文组织（UNESCO）第17届大会，通过了《世界文化和自然遗产保护公约》。其旨在各成员国将本领域内具有世界保护意义的地点纳入“世界遗产名录”，通过国际合作，对其进行保护，并成立了“世界遗产委员会”，由此宣告全球性的自然和文化遗产保护工作启动。

1989年联合国教科文组织（UNESCO）、国际地质科学联合会（IUGS）、国际地质对比计划（IGCP）及国际自然保护联盟（IUCN）在华盛顿成立了“全球地质及古生物遗址名录计划”，目的是选择适当的地质遗址纳入世界遗产的候选名录。1996年改名为“地质景点计划”。1997年联合国大会通过了教科文组织提出的“促使各地具有特殊地质现象的景点形成全球性网络计划”，即从各国（地区）推荐的地质遗产地中遴选出具有代表性、特殊性的地区纳入地质公园，其目的是使这些地区的社会、经济得到永续发展。1999年4月联合国教科文组织第156次常务委员会议提出了建立地质公园计划（UNESCO Geoparks），目标是在全球建立500个世界地质公园，其中每年拟建20个，并确定中国为建立世界地质公园计划试点国之一。

世界地质公园是由联合国教科文组织专家实地考察，并经专家组评审通过，经联合国教科文组织批准的地质公园。2004年2月13日联合国教科文组织世界地质公园专家评审会在法国巴黎宣布，中国黄山等8处地质公园和欧洲北奔宁山等17个欧洲地质公园首批入选世界地质公园名单。2004年6月27日至7月7日由我国国土资源部和联合国教科文组织（UNSECO）联合主办的“第一届世界地质公园大会”在北京举行，第一批25个世界地质公园成立世界地质公园网络（Global GeoPark Network，GGN)。截至2021年12月，联合国教科文组织世界地质公园总数为177个，分布在全球46个国家和地区，我国41处地质公园进入联合国教科文组织世界地质公园网络名录。世界地质公园名录见表5-1。

（二）我国国家地质公园

我国地域辽阔，地理条件复杂，地质构造形式多样，地质地貌形迹丰富多彩，是世界上地貌种类齐全的少数国家之一，有的在世界上独一无二。因此，除世界地质公园外，我国还建立了国家级地质公园、省级地质公园和县市级地质公园等四级，分别由各级国土资源行政主管部门在各级环境保护行政主管部门协助下，成立了各级地质遗迹保护（地质公园）领导小组及评审委员会，由各级地质遗迹（地质公园）评审委员会负责地质公园的评审工作，报同级国土资源行政主管部门审查批准。截至2019年年底，我国已由国土资源部（现自然资源部）分8批批准了250个国家地质公园资格名单，其中前220个已陆续建成验收并被批准命名为国家地质公园，见表5-2。

表 5－1 世界地质公园名录

洲	国家	数量	总数	公园名
亚洲	中国	41	66	黄山世界地质公园
				庐山世界地质公园
				云台山世界地质公园
				石林世界地质公园
				丹霞山世界地质公园
				张家界世界地质公园
				五大连池世界地质公园
				嵩山世界地质公园
				雁荡山世界地质公园
				泰宁世界地质公园
				克什克腾世界地质公园
				兴文世界地质公园
				泰山世界地质公园
				王屋山-黛眉山世界地质公园
				雷琼世界地质公园
				房山世界地质公园
				镜泊湖世界地质公园
				伏牛山世界地质公园
				龙虎山世界地质公园
				自贡世界地质公园
				阿拉善沙漠世界地质公园
				秦岭终南山世界地质公园
				乐业-凤山世界地质公园
				宁德世界地质公园
				香港世界地质公园
				天柱山世界地质公园
				三清山世界地质公园
				神农架世界地质公园
				延庆世界地质公园
				大理苍山世界地质公园
				昆仑山世界地质公园
				织金洞世界地质公园
				敦煌世界地质公园
				阿尔山世界地质公园
				可可托海世界地质公园
				光雾山-诺水河世界地质公园
				黄冈大别山世界地质公园
				沂蒙山世界地质公园
				九华山世界地质公园
				湘西世界地质公园
				张掖世界地质公园
	印度尼西亚	6		勿里洞世界地质公园
				托巴火山世界地质公园
				林贾尼-龙目岛世界地质公园
				塞乐杜-皇后港世界地质公园
				色乌山世界地质公园
				巴图尔世界地质公园

续表

洲	国家	数量	总数	公园名
亚洲	日本	9	66	伊豆半岛世界地质公园 山阴海岸世界地质公园 室户世界地质公园 阿珀依山世界地质公园 阿苏世界地质公园 隐岐群岛世界地质公园 洞爷火山口和有珠火山世界地质公园 云仙火山区世界地质公园 系鱼川世界地质公园
	韩国	4		汉滩江世界地质公园 无等山区域世界地质公园 青松世界地质公园 济州岛世界地质公园
	马来西亚	1		浮罗交怡岛世界地质公园
	越南	3		得农世界地质公园 高平世界地质公园 董凡喀斯特高原世界地质公园
	伊朗	1		格什姆岛世界地质公园
	泰国	1		沙墩世界地质公园
欧洲	奥地利	2	94	阿尔卑斯世界地质公园 艾森武尔瑾世界地质公园
	克罗地亚	2		维斯群岛世界地质公园 帕普克世界地质公园
	捷克	1		波西米亚天堂世界地质公园
	芬兰	4		萨尔保斯冰碛岭世界地质公园 塞马世界地质公园 劳哈山-海门康加斯世界地质公园 洛夸世界地质公园
	丹麦	2		西日德兰半岛世界地质公园 奥舍德世界地质公园
	德国	7		里斯世界地质公园 图林根大岛山-德赖格莱兴世界地质公园 布朗斯韦尔世界地质公园 斯瓦卞阿尔比世界地质公园 贝尔吉施-奥登瓦尔德山世界地质公园 特拉维塔世界地质公园 埃菲尔山脉世界地质公园
	德国/波兰	1		马斯喀拱形世界地质公园
	波兰	1		圣十字山世界地质公园
	匈牙利	1		包科尼-巴拉顿地质公园
	匈牙利/斯洛伐克	1		拉瓦卡-诺格拉德地质公园

续表

洲	国家	数量	总数	公园名
欧洲	冰岛	2	94	雷克雅内斯半岛世界地质公园 卡特拉世界地质公园
	爱尔兰/英国	1		大理石拱形洞-奎拉山脉世界地质公园
	意大利	11		马耶拉世界地质公园 阿斯普罗蒙特世界地质公园 波里诺世界地质公园 塞西亚-瓦尔格兰德世界地质公园 阿普安阿尔卑斯山世界地质公园 图斯卡纳世界地质公园 奇伦托世界地质公园 阿达梅洛布伦塔世界地质公园 罗卡迪切雷拉世界地质公园 贝瓜帕尔科世界地质公园 马东尼世界地质公园
	荷兰	1		洪兹吕赫世界地质公园
	葡萄牙	5		埃斯特雷拉山世界地质公园 骑士领地世界地质公园 亚速尔群岛世界地质公园 阿洛卡世界地质公园 纳图特乔世界地质公园
	罗马尼亚	2		布泽乌世界地质公园 哈采格恐龙世界地质公园
	斯洛文尼亚	1		伊德里亚世界地质公园
	西班牙	15		美斯特拉格世界地质公园 格拉纳达世界地质公园 科雷尔山世界地质公园 奥瑞格思世界地质公园 拉斯洛拉斯世界地质公园 兰萨罗特及奇尼霍群岛世界地质公园 耶罗岛世界地质公园（加那利群岛自治区） 莫利纳和阿尔托塔霍世界地质公园 加泰罗尼亚中部世界地质公园 维约尔卡斯-伊博尔-哈拉世界地质公园 安达卢西亚，塞维利亚北部山脉世界地质公园 巴斯克海岸世界地质公园 索夫拉韦世界地质公园 苏伯提卡斯世界地质公园 卡沃-德加塔世界地质公园
	土耳其	1		库拉-萨利赫利世界地质公园
	英国	7		黑郡世界地质公园 设得兰世界地质公园 威尔士乔蒙世界地质公园 里维耶拉世界地质公园

续表

洲	国家	数量	总数	公园名
欧洲	英国	7	94	威尔士大森林世界地质公园
				苏格兰西北高地世界地质公园
				北奔宁山世界地质公园
	希腊	7		凯法利尼亚岛-伊萨卡岛世界地质公园
				格雷韦纳-科扎尼世界地质公园
				锡蒂亚世界地质公园
				约阿尼纳世界地质公园
				柴尔莫斯-武拉伊科斯世界地质公园
				普西罗芮特世界地质公园
				莱斯沃斯石化森林世界地质公园
	法国	7		博若莱世界地质公园
				凯尔西寇斯山世界地质公园
				阿德榭山世界地质公园
				沙布莱世界地质公园
				博日世界地质公园
				吕贝龙世界地质公园
				普罗旺斯高地世界地质公园
	爱尔兰	2		巴伦和莫赫悬崖世界地质公园
				科佩海岸世界地质公园
	挪威	3		特罗尔山世界地质公园
				岩浆世界地质公园
				赫阿世界地质公园
	斯洛文尼亚/奥地利	1		卡拉万克世界地质公园
	塞浦路斯	1		特罗多斯山地质公园
	比利时	1		法梅讷-阿登世界地质公园
	俄罗斯	1		扬甘陶世界地质公园
	塞尔维亚	1		捷尔达普世界地质公园
	卢森堡	1		梅勒达尔世界地质公园
	瑞典	1		普拉图巴伊安世界地质公园
美洲	巴西	3	15	南部峡谷路径世界地质公园
				阿拉里皮世界地质公园
				塞里多世界地质公园
	加拿大	5		探索世界地质公园
				芬迪悬崖世界地质公园
				佩尔塞世界地质公园
				滕布勒岭地质公园
				石锤地质公园
	乌拉圭	1		格鲁塔-德尔-帕拉西奥世界地质公园
	墨西哥	2		米斯特克阿尔塔-瓦哈卡世界地质公园
				伊达尔戈矿区世界地质公园
	智利	1		库塔库拉世界地质公园
	秘鲁	1		安达瓜的科尔卡火山世界地质公园

续表

洲	国家	数量	总数	公园名
美洲	尼加拉瓜	1	15	科科河世界地质公园
	厄瓜多尔	1		因巴布拉世界地质公园
非洲	摩洛哥	1	2	姆古恩世界地质公园
	坦桑尼亚	1		恩格鲁-伦盖伊世界地质公园

表 5-2　我国国家地质公园名单

编号	名称	主要遗迹类型
1	黑龙江五大连池世界地质公园	现代火山地质地貌、堰塞湖、泉群
2	福建漳州滨海火山国家地质公园	第三纪火山、海蚀地貌
3	江西庐山世界地质公园	第四纪冰川遗迹、断块山构造和变质核杂岩构造等
4	江西龙虎山世界地质公园	丹霞
5	河南嵩山世界地质公园	地层构造剖面、前寒武纪构造不整合面
6	湖南张家界砂岩峰林世界地质公园	砂岩峰林、岩溶地貌
7	四川自贡世界地质公园	恐龙及其他脊椎动物化石、井盐深钻汲制技艺
8	四川龙门山国家地质公园	推覆构造（飞来峰）或“冰川漂砾”、地貌、地层剖面
9	云南石林世界地质公园	石林、石牙、峰丛、溶丘、溶洞、溶蚀湖、瀑布、地下河等喀斯特
10	云南澄江动物化石群国家地质公园	寒武纪动物群化石
11	陕西翠华山山崩地质公园（秦岭终南山世界地质公园）	秦岭造山带地质遗迹、第四纪地质遗迹、地貌遗迹和古人类遗迹
12	北京石花洞国家地质公园（房山世界地质公园）	多层溶洞
13	北京延庆硅化木国家地质公园（延庆世界地质公园）	古木化石群
14	天津蓟县国家地质公园	地层剖面和古生物地质地貌
15	河北涞源白石山国家地质公园（房山世界地质公园）	大理岩峰林、花岗岩瀑布群、泉群
16	河北阜平天生桥国家地质公园	断块山、太古宙阜平群标准剖面和天生桥瀑布群
17	河北秦皇岛柳江国家地质公园	古生物化石、地层遗迹、岩溶地貌和花岗岩地质地貌
18	黄河壶口瀑布国家地质公园（山西/陕西）	瀑布、涡穴等河床侵蚀地貌
19	内蒙古克什克腾世界地质公园	第四纪冰臼群、冰川地貌、花岗岩石林、地质构造
20	黑龙江嘉荫恐龙国家地质公园	化石
21	浙江常山国家地质公园	金钉子、岩溶
22	浙江临海国家地质公园	晚白垩世火山侵入—喷发岩系地貌
23	安徽黄山世界地质公园	花岗岩构造地貌
24	安徽齐云山国家地质公园	丹霞地貌、恐龙化石、道教文化、摩崖石刻
25	安徽浮山国家地质公园	火山地貌
26	安徽淮南八公山国家地质公园	寒武纪地层化石

续表

编号	名　称	主要遗迹类型
27	福建泰宁世界地质公园	典型青年期丹霞地貌、兼有火山岩、花岗岩、构造地貌
28	山东山旺国家地质公园	古生物化石、火山地貌
29	山东枣庄熊耳山-抱犊崮国家地质公园	北方岩溶
30	河南焦作云台山世界地质公园	单面山、断崖飞瀑、幽谷清泉、构造剥蚀地貌
31	河南内乡宝天幔地质公园（伏牛山世界地质公园）	地质遗迹
32	湖南郴州飞天山国家地质公园	丹霞、喀斯特
33	湖南崀山国家地质公园	丹霞
34	广东丹霞山世界地质公园	丹霞
35	广东湛江湖光岩国家地质公园（雷琼世界地质公园）	15 万年前火山
36	广西资源国家地质公园	丹霞
37	四川海螺沟国家地质公园	现代冰川、温泉及高山峡谷
38	四川大渡河峡谷国家地质公园	峡谷及玄武岩地质地貌
39	四川安县生物礁国家地质公园	深水硅质海绵礁
40	云南腾冲火山国家地质公园	古火山地质遗迹、地热泉群
41	西藏易贡国家地质公园	巨型山体崩塌地质遗迹、冰川地质遗迹、现代冰川、峡谷地貌
42	陕西洛川黄土国家地质公园	黄土剖面和地貌
43	甘肃敦煌雅丹国家地质公园（敦煌世界地质公园）	雅丹
44	甘肃刘家峡恐龙国家地质公园	成群恐龙足印
45	北京十渡国家地质公园（房山世界地质公园）	北方喀斯特地貌
46	河北赞皇嶂石岩国家地质公园	嶂石岩地貌、层理与层面构造
47	河北涞水野三坡国家地质公园（房山世界地质公园）	嶂谷、花岗岩断裂构造峡谷、岩溶洞泉
48	内蒙古阿尔山国家地质公园	火山地貌、温泉群、冰臼、花岗岩石林、高山湖及第四纪高原蛇曲遗迹
49	辽宁朝阳鸟化石国家地质公园	鸟类和开花植物化石
50	吉林靖宇火山矿泉群国家地质公园	熔岩台地、火山口、火山锥
51	黑龙江伊春花岗岩石林国家地质公园	印支期花岗岩石林地质遗迹
52	江苏苏州太湖西山国家地质公园	二叠纪、三叠纪、晚石炭纪地层剖面、推覆构造、化石、湖蚀地貌
53	浙江雁荡山世界地质公园	白垩纪流纹质火山岩大型滨海山岳地质地貌
54	浙江新昌硅化木国家地质公园	硅化木、丹霞地貌、火山地貌
55	安徽祁门牯牛降国家地质公园	花岗岩峰丛、侵蚀地貌

续表

编号	名　称	主要遗迹类型
56	福建晋江深沪湾国家地质公园	古牡蛎礁遗迹
57	福建福鼎太姥山国家地质公园（宁德世界地质公园）	花岗岩峰林、岩溶
58	福建宁化天鹅洞群国家地质公园	喀斯特地貌
59	山东东营黄河三角洲国家地质公园	河流地貌、沉积构造以及古海陆交互线遗迹
60	河南王屋山国家地质公园（王屋山黛眉山世界地质公园）	地质构造、地质工程
61	河南西峡伏牛山国家地质公园（伏牛山世界地质公园）	古生物、地质构造和地貌遗迹
62	河南嵖岈山国家地质公园	花岗岩地质地貌
63	长江三峡国家地质公园（湖北/重庆）	峡谷、岩溶
64	广东佛山西樵山国家地质公园	锥状火山地貌
65	广东阳春凌宵岩国家地质公园	喀斯特溶洞
66	广西乐业大石围天坑群国家地质公园（乐业凤山世界地质公园）	天坑、溶洞、峡谷、暗河、高峰丛夷平面、天生桥和大熊猫头骨化石等喀斯特地貌
67	广西北海涠洲岛火山国家地质公园	火山岛、海洋生物
68	海南海口石山火山群国家地质公园（雷琼世界地质公园）	第四纪地堑一裂谷型基性火山群
69	重庆武隆岩溶国家地质公园	天坑、天生桥、竖井、峡谷、地缝、石林、石芽、峰丛、峰林、地下伏流、间歇泉、温泉等喀斯特地貌
70	重庆黔江小南海国家地质公园	地震崩塌、堰塞湖等地震遗迹
71	四川九寨沟国家地质公园	古冰川、河谷地貌
72	四川黄龙国家地质公园	地表钙华堆积地貌
73	四川兴文石海世界地质公园	岩溶地貌
74	贵州关岭化石群国家地质公园	晚三叠世海生爬行动物和海百合化石
75	贵州兴义国家地质公园	岩溶地貌、贵州龙动物群化石
76	贵州织金洞国家地质公园（织金洞世界地质公园）	洞穴、峡谷、天生桥、天坑为核心的高原喀斯特景观
77	贵州绥阳双河洞国家地质公园	白云岩、天青石洞穴、石膏晶花
78	云南禄丰恐龙国家地质公园	恐龙化石
79	云南玉龙黎明-老君山国家地质公园	高山丹霞地貌、冰川、河谷地貌
80	甘肃平凉崆峒山国家地质公园	丹霞
81	甘肃景泰黄河石林国家地质公园	石林
82	青海尖扎坎布拉国家地质公园	丹霞
83	宁夏西吉火石寨国家地质公园	丹霞
84	新疆布尔津喀纳斯湖国家地质公园	第四纪冰川、地质构造、水动力地貌
85	新疆奇台硅化木-恐龙国家地质公园	硅化木、恐龙化石、雅丹地貌

续表

编号	名　　称	主要遗迹类型
86	河北临城国家地质公园	岩溶洞穴
87	河北武安国家地质公园	石英砂岩、灰岩地貌
88	山西壶关峡谷国家地质公园	紫红色石英砂岩、灰岩地貌
89	山西宁武冰洞国家地质公园	冰洞、古冰川遗迹、花岗岩地貌
90	山西五台山国家地质公园	前寒武纪地层、构造运动、古夷平面、第四纪冰川冰缘地貌
91	内蒙古阿拉善沙漠世界地质公园	沙丘、高大沙山、鸣沙和沙漠湖泊和典型的风蚀地貌
92	辽宁本溪国家地质公园	岩溶、地层、构造地质遗迹
93	辽宁大连冰峪沟国家地质公园	石英岩地貌、古冰川遗迹
94	辽宁大连滨海国家地质公园	海岸地貌、震旦、寒武纪地质地貌
95	黑龙江镜泊湖世界地质公园	火山地质遗迹、峡谷湿地
96	黑龙江兴凯湖国家地质公园	构造湖、湖岗、湿地
97	上海崇明岛国家地质公园	河口三角洲
98	江苏六合国家地质公园	古火山口遗迹、石柱林
99	安徽大别山（六安）地质公园	花岗岩、变质岩、丹霞地貌、构造地貌、火山地貌
100	安徽天柱山世界地质公园	花岗岩峰丛地质地貌、超高压变质带地质遗迹
101	福建德化石牛山国家地质公园	破火山、花岗岩石蛋、崩塌堆积地貌、石牛山组层型剖面等
102	福建屏南白水洋国家地质公园（宁德世界地质公园）	火山地质、水体景观
103	福建永安国家地质公园	丹霞、岩溶
104	江西三清山世界地质公园	花岗岩构造地貌
105	江西武功山国家地质公园	花岗岩构造地貌、高山草甸
106	山东长山列岛国家地质公园	海岸地貌
107	山东沂蒙山国家地质公园	地质地貌
108	山东泰山世界地质公园	侵蚀构造山地
109	河南关山国家地质公园	石柱林、红石峡
110	河南郑州黄河国家地质公园	第四纪黄土地质剖面、人类活动与古生物景观等
111	河南洛宁神灵寨国家地质公园	典型花岗岩石瀑地貌
112	河南黛眉山国家地质公园（王屋山黛眉山世界地质公园）	地质构造、地质工程
113	河南信阳金刚台国家地质公园	火山地貌、花岗岩地貌
114	湖北木兰山国家地质公园	蓝片岩、红帘石等地质遗迹
115	湖北神农架国家地质公园（神农架世界地质公园）	山岳地貌、峡谷地貌、岩溶地貌、冰川地貌和高山草甸、断裂构造等
116	湖北郧县恐龙蛋化石群国家地质公园	恐龙蛋化石群、喀斯特洞穴峡谷群、猿人洞、绿松石矿址、古铜矿遗址

续表

编号	名　称	主要遗迹类型
117	湖南凤凰国家地质公园	地质遗迹景观
118	湖南古丈红石林国家地质公园	红色岩溶
119	湖南酒埠江国家地质公园	岩溶地貌
120	广东恩平温泉国家地质公园	温泉、花岗岩地貌
121	广东封开国家地质公园	岩溶地貌、层状岩层构造地貌
122	广东深圳大鹏半岛国家地质公园	古火山、海岸地貌
123	广西凤山国家地质公园（乐业凤山世界地质公园）	岩溶地质地貌群
124	广西鹿寨香桥喀斯特国家地质公园	亚热带喀斯特地貌
125	重庆云阳龙缸国家地质公园	岩溶天坑
126	四川华蓥山国家地质公园	中低山岩溶石林地貌、地质构造、地层剖面
127	四川江油国家地质公园	丹霞地貌、泥盆系标准地质剖面和岩溶景观
128	四川射洪硅化木国家地质公园	硅化木化石群
129	四川四姑娘山国家地质公园	极高山山岳地貌、第四纪冰川地貌
130	贵州六盘水乌蒙山国家地质公园	高原喀斯特
131	贵州平塘国家地质公园	岩溶
132	云南大理苍山国家地质公园（大理苍山世界地质公园）	地质地貌丰富复杂
133	西藏札达土林国家地质公园	土林
134	陕西延川黄河蛇曲国家地质公园	河谷蛇曲地貌
135	青海互助嘉定国家地质公园	岩溶、冰川、丹霞、峡谷
136	青海久治年宝玉则国家地质公园	冰川地貌、花岗岩地貌、高原湖泊湿地
137	青海格尔木昆仑山国家地质公园	大地震断裂带、现代冰川、泥火山型冰丘、昆仑玉矿区
138	新疆富蕴可可托海国家地质公园	矿床和矿山遗址、花岗岩地貌、地震遗迹
139	香港世界地质公园	火山岩、海岸地貌、水平构造地貌
140	福建冠豸山国家地质公园	丹霞
141	山西陵川王莽岭国家地质公园	峰丛地貌、岩溶地貌、峡谷
142	山西大同火山群国家地质公园	第四纪火山群
143	内蒙古宁城国家地质公园	古生物化石、第四纪冰川遗迹、花岗岩地貌、温泉
144	内蒙古二连浩特地质公园	晚白垩世恐龙化石群、花岗岩石林
145	吉林长白山火山国家地质公园	火山地貌、峰、湖、瀑、泉
146	吉林乾安泥林国家地质公园	潜蚀地质地貌景观——泥林
147	安徽池州九华山国家地质公园	花岗岩地貌、古冰川遗迹
148	福建白云山国家地质公园（宁德世界地质公园）	花岗岩地貌、锅穴
149	山东诸城恐龙国家地质公园	恐龙化石

续表

编号	名　称	主要遗迹类型
150	山东青州国家地质公园	岩溶地质地貌
151	湖北黄冈大别山国家地质公园	变质岩构造地质地貌、温泉
152	湖北武当山国家地质公园	变质岩构造地貌
153	广西桂平国家地质公园	花岗岩崩塌叠积型地貌、丹霞地貌、砂岩沉积构造、峰丛地貌
154	广西大化七百弄国家地质公园	热带、亚热带岩溶地貌
155	重庆万盛国家地质公园	喀斯特石林
156	四川光雾山-诺水河国家地质公园	岩溶地貌景观
157	贵州思南乌江喀斯特国家地质公园	喀斯特地貌、间歇泉、温泉、冷泉、热泉
158	贵州黔东南苗岭国家地质公园	白云岩喀斯特地貌
159	云南九乡峡谷洞穴国家地质公园	喀斯特洞穴群
160	贵州赤水丹霞国家地质公园	青年早期丹霞
161	北京平谷黄松峪国家地质公园	北方砂岩峰丛、峰林地貌
162	北京密云云蒙山国家地质公园	变质核杂岩、花岗岩构造地貌
163	河北迁安国家地质公园	变质岩构造地貌、古岩溶地貌
164	河北兴隆国家地质公园	洞穴岩溶地貌、花岗岩地貌、海底黑烟囱等
165	黑龙江伊春小兴安岭国家地质公园	火山地质地貌
166	江苏江宁汤山方山国家地质公园	古生代地质剖面走廊、温泉、新近纪火山、古人类遗址
167	安徽凤阳韭山国家地质公园	溶洞、密网状溶沟
168	河南小秦岭国家地质公园	花岗岩、变质核杂岩地貌、流水地貌、黄河湿地
169	河南红旗渠林虑山国家地质公园	峡谷地貌、地质工程
170	湖南乌龙山国家地质公园	岩溶峡谷、溶洞群、台地、石林地貌
171	湖南湄江国家地质公园	岩溶
172	广东阳山国家地质公园	花岗岩地貌、喀斯特地貌、温泉
173	重庆綦江国家地质公园	木化石、恐龙足迹、丹霞
174	四川大巴山国家地质公园	弧形构造带、褶皱、岩溶
175	云南丽江玉龙雪山冰川国家地质公园	冰川、峡谷
176	陕西商南金丝峡国家地质公园	岩溶峡谷瀑布、溶洞、岩溶泉
177	陕西岚皋南宫山国家地质公园	古生代火山多次喷发的流迹、第四纪冰川遗迹
178	甘肃天水麦积山国家地质公园	丹霞地貌、花岗岩地貌，河曲地貌、温泉
179	甘肃和政古生物化石国家地质公园	古脊椎动物化石
180	青海贵德国家地质公园	丹霞、峰丛、风蚀地貌
181	新疆天山天池国家地质公园	高山湖泊、干旱山岳型自然景观
182	新疆库车大峡谷国家地质公园	红崖峡谷
183	山西永和黄河蛇曲国家地质公园	黄土、河曲演化

续表

编号	名 称	主要遗迹类型
184	内蒙古巴彦淖尔国家地质公园	沙漠湖泊、恐龙化石
185	内蒙古鄂尔多斯国家地质公园	萨拉乌苏遗迹、恐龙足迹、沙漠湖泊
186	内蒙古清水河老牛湾国家地质公园	黄土高原风貌、黄河峡谷
187	青海阿尼玛卿山国家地质公园	现代冰川特提斯洋构造地貌、冰川冰缘地貌、河流堆积地貌、高寒喀斯特地貌
188	广西浦北五皇山国家地质公园	花岗岩、流水、中小型构造
189	湖北五峰国家地质公园	岩溶、构造地貌
190	山西平顺天脊山国家地质公园	流水地貌、峡谷地貌、岩溶地貌
191	黑龙江凤凰山国家地质公园	峡谷、瀑布、崩塌遗迹、冰缘石海、高山湿地
192	云南泸西阿庐国家地质公园	喀斯特
193	甘肃张掖国家地质公园	丹霞地貌、彩色丘陵
194	湖南浏阳大围山国家地质公园	第四纪冰川遗迹
195	陕西柞水溶洞国家地质公园	岩溶
196	湖南平江石牛寨国家地质公园	丹霞
197	安徽丫山国家地质公园	喀斯特
198	云南罗平生物群国家地质公园	三叠纪化石、岩溶高原
199	河北承德丹霞地貌国家地质公园	华北丹霞
200	吉林抚松国家地质公园	火山群、火山峡谷、岩溶
201	河南汝阳恐龙国家地质公园	恐龙化石、花岗岩地貌
202	山东沂源鲁山国家地质公园	古人类活动遗址、岩溶地貌、古生物化石、花岗岩地貌
203	山东莱阳白垩纪国家地质公园	恐龙化石、恐龙蛋化石
204	河北邢台峡谷群国家地质公园	石英砂岩峡谷
205	山东昌乐火山国家地质公园	古火山群
206	湖北长阳清江国家地质公园	构造及岩溶地貌
207	安徽广德太极洞国家地质公园	岩溶地下洞穴、河流
208	江苏连云港花果山国家地质公园	变质岩、海蚀遗迹、滑坡、崩塌等环境地质遗迹
209	安徽灵璧磬云山国家地质公园	喀斯特地貌
210	江西石城国家地质公园	丹霞地貌和温泉为特
211	辽宁锦州古生物化石和花岗岩国家地质公园	古生物化石遗迹、花岗岩地貌、构造地貌
212	湖南通道万佛山国家地质公园	丹霞地貌景观
213	福建平和灵通山国家地质公园	典型的火山峰丛地质地貌
214	福建三明郊野国家地质公园	火山、岩溶、花岗岩地质地貌
215	湖北恩施腾龙洞大峡谷国家地质公园	清江伏流、腾龙洞洞穴系统、恩施大峡谷和石柱式峰林等立体喀斯特地貌景观
216	广西罗城国家地质公园	岩溶地质地貌遗迹

续表

编号	名　　称	主要遗迹类型
217	广西都安地下河国家地质公园	典型喀斯特地下河、天窗群
218	四川青川地震遗迹国家地质公园	喀斯特地貌及地震地质遗迹
219	西藏羊八井国家地质公园	高原温泉、冰缘地貌
220	黑龙江漠河国家地质公园	冰缘冻土花岗岩石林地貌
221	湖南宜章莽山地质公园	花岗岩地貌和地层、古生物等地质遗迹
222	湖北远安化石群地质公园	三叠纪水生爬行动物化石、奥陶纪头足类化石、岩崩、石林
223	山东五莲县五莲山-九仙山地质公园	岩浆岩地质地貌、花岗岩峰林地貌
224	内蒙古鄂伦春地质公园	火山地质遗迹
225	山东邹城市峄山地质公园	花岗岩巨型石弹地貌
226	黑龙江青冈猛犸象地质公园	猛犸象、披毛犀等第四纪古动物群化石、地层剖面及构造形迹
227	浙江仙居神仙居地质公园	白垩纪陆相火山活动复活破火山
228	吉林辉南县龙湾火山地质公园	火山湖群火山渣锥
229	福建平潭地质公园	海蚀地貌、海积地貌、花岗岩地貌和火山岩地貌
230	湖南新邵白水洞地质公园	峡谷、溶洞、崩塌堆积地貌，流水浸蚀地貌
231	黑龙江鸡冠山地质公园	远古大地震崩塌遗迹石林景观、花岗岩喀斯特地质遗迹
232	山西右玉火山颈群地质公园	火山颈群
233	内蒙古锡林浩特草原火山地质公园	多阶熔岩台地、火山喷气锥、火山渣堆、火山口等火山地貌景观
234	浙江缙云仙都地质公园	火山岩地貌、丹霞地貌和花岗岩地貌
235	内蒙古巴林左旗七锅山地质公园	“天然锅穴”及花岗岩地貌
236	福建宁德三都澳地质公园	良好的晶洞花岗岩海岛-石蛋地貌。岬角、海蚀崖、海蚀柱等海岸地貌
237	云南东川泥石流地质公园	泥石流
238	甘肃张掖市甘州区平山湖地质公园	丹霞
239	海南白沙陨石坑地质公园	大型珍稀花岗斑岩柱状节理群（距今 70 万年前一颗直径 3.7km 的小行星撞击地球所形成）
240	四川盐边格萨拉地质公园	漏斗群、石林、盲谷、落水洞等岩溶地貌组合以及大断崖、高原夷平面等构造地貌组合
241	云南巍山红河源地质公园	河流地貌景观和盆地地貌景观
242	重庆石柱七曜山地质公园	七曜山侏罗山式（隔挡式与隔槽式）褶皱构造为主体的地貌景观
243	甘肃甘南州迭部扎尕那地质公园	岩溶地貌构造峰林地貌，峡谷地貌和冰川地貌
244	新疆吉木乃草原石城地质公园	由溶蚀和风蚀作用形成的造型奇异的花岗岩地貌
245	陕西汉中黎坪地质公园	红色岩溶地貌及中华震旦角石等化石

续表

编号	名　称	主要遗迹类型
246	陕西华山地质公园	高山断壁悬崖型花岗岩地貌
247	广东饶平青岚地质公园	壶穴、风动石洞、石林、群峰、峡谷、石臼群等奇特瑰丽的典型花岗岩地貌
248	贵州紫云格凸河地质公园	几乎囊括了喀斯特地貌的所有特征
249	广西东兰地质公园	典型喀斯特地貌，穿洞群、天坑群、化石群
250	四川达古冰山地质公园	现代冰川、古冰川地貌、高寒岩溶地貌

（三）建立地质公园的目的与意义

与自然、人文公园只注重景观外表形象不同，地质公园的特殊旅游价值正在于它以数十亿年以来地球变化所形成的地质地貌遗迹为主体，配合其他景观和环境要素，如地形、气候、水、生物、土壤、社会文化等，整个公园必须全部自然天成，无人工雕饰，而且加入了景区地质地貌演变过程、特点、成因的科学解释，极大地丰富了景区的科学内涵。人们在观赏大自然美丽景色的同时，可以轻松地了解地学知识，参观微缩地质地貌博物馆，地质公园无疑成了不可多得的科普大课堂。

1. 目的

建立地质公园的主要目的如下：

（1）保护地质遗迹及其环境。

（2）促进科普教育和科学研究的开展。

（3）合理开发地质遗迹资源，促进所在地区社会经济的可持续发展。

2. 意义

建立地质公园的意义主要体现在以下六个方面：

（1）建立地质公园是保护地质遗迹的需要。保护地质遗迹的有效方式，就是动员全社会的力量，合理而科学地开发、利用地质遗迹资源。把建立地质公园与地区经济发展结合起来，通过建立地质公园带动旅游业的发展，使地质遗迹资源成为地方经济发展新的增长点，促进地方经济发展和增加居民就业，提高当地群众的生活水平，从而达到保护地质遗迹的目的。

（2）建设地质公园有利于社会精神文明建设。建立地质公园是崇尚科学和破除迷信的重要举措。地质公园建设以普及地学知识、宣传唯物主义世界观、反对封建迷信为主要任务，既有对自然景观的人文解释，又有关于地质理论的科学解释，从而使地质公园既有趣味性，更有科学性。

（3）地质公园可为科学研究和科学知识普及提供重要场所。对整个社会来说，地质公园是科学家成长的摇篮和进行科学探索的基地。对广大青少年朋友、普通大众而言，地质公园是普及地质科学知识、进行启智教育的最好课堂。

（4）建立地质公园是一种新的地质资源利用方式。直到20世纪80年代末期，人们才逐步认识到地质遗迹资源对旅游业的重要性。地质遗迹有独特的观赏和游览价值，因此建立地质公园，可以使宝贵的地质遗迹资源不需要改变原有面貌和性质而得到永续利用。国家地质公园的建立，是对地质遗迹资源利用的最好方式。

（5）建立地质公园是发展地方经济的需要。通过建立地质公园，可以改变传统的生产方式和资源利用方式，为地方旅游经济的发展提供新的机遇。同时，可以根据地质遗迹的特点，营造地方特色文化，发展旅游产业，促进地方经济发展。

（6）建立地质公园是地质工作服务社会经济的新模式。转变观念，扩大服务领域，开辟地质市场，建设国家地质公园计划的推出，为地质工作体制改革、服务社会提供了新的机遇。

地质遗迹是大自然赐予我们的宝贵而不可再生的自然遗产，它代表了地球发展的不同篇章，具有不可估价的科学意义。通过地质公园这个立体空间，专业工作者和广大旅游者可以各取所爱，各取其便，尽享其乐。

第六章 典型地质地貌景观赏析

我国处在亚欧板块与太平洋板块以及亚欧板块与印度洋板块的交界地带，板块碰撞挤压，地壳运动活跃，是地质构造活动频繁的地带，加上地域辽阔，多样的气候条件和复杂的地质地理条件，形成种类丰富的地质地貌遗迹和景观，名山大川、飞瀑流泉，幽谷深潭、奇石彩洞，这些大自然的神斧天功，说到底是地球内力地质作用和外力地质作用，使大地呈现出一幅幅纷繁复杂的“镶嵌”图案。地层岩性就是这幅图案的画纸，内动力地质作用在展开这幅画纸的同时也与外动力地质作用一起绘就了地球表面的美丽画卷。本章就以地层岩性及其主要成因类型为主线欣赏大地的壮丽非凡景观，分析了解其形成的科学道理。

第一节 花岗岩地貌

一、成因与分布

花岗岩地貌是指在花岗岩岩体基础上，各种外动力作用形成的形态特殊的地貌类型。花岗岩山地大多具有山高挺拔、沟谷深邃、岩石裸露、多球状岩块、多弧形岩壁、多崩塌堆块的特征。我国的花岗岩山地分布广泛，主要集中分布在云贵高原和燕山山脉以东的第二、第三级地形阶梯上，以海拔 2500m 以下的中低山和丘陵为主，其他一些山地也有分布。我国的许多名山，如东北的大、小兴安岭，山东的泰山、崂山，陕西的华山、太白山，安徽的黄山、九华山、天柱山，浙江的莫干山、普陀山、天台山，湖南的衡山，江西的三清山，河南的鸡公山，福建的太姥山、鼓浪屿，广东的罗浮山，广西桂平的西山，湖北的九宫山，江苏苏州的灵岩山、天平山，天津的盘山，北京的云蒙山，河北的老岭，宁夏的贺兰山，甘肃的祁连山，四川的贡嘎山，海南的五指山等，几乎全部或大部分为花岗岩所组成，其中大多已成为国家级风景名胜区和自然保护区。

花岗岩是深成的岩浆岩，它是由地下深处炽热的岩浆上升失热冷凝而成，其凝结的部位，一般都在距地表 3km 以下，花岗岩岩浆冷凝成岩并隆起成山，大致经历以下过程：

(1) 冷凝成岩和深成阶段。花岗岩岩浆从地下深处向上侵入，到达地壳的一定部位（一般在距地表 3km 以下）而冷凝结晶，形成岩体。在冷凝结晶的过程中体积要发生收缩，从而在花岗岩体中产生裂隙，即“原生节理”。花岗岩中的原生节理一般有三组，彼此近于垂直，三个方向的节理把岩体切割成大大小小的近似立方体、长方体的块体。这些节理裂隙则在地壳运动的作用下，部分发育成为断裂构造。

(2) 构造抬升到接近地表风化剥蚀阶段。埋藏在地壳深处的花岗岩体，在构造抬升、地表侵蚀作用下，出露地表，在地表各种风化营力作用下，长期经受风化和侵蚀剥蚀作用。风化作用有物理风化、化学风化和生物风化三种类型，风化作用的结果，使岩体破碎、矿物变质，如花岗岩中的主要矿物长石及暗色矿物逐步变成了黏土矿物，更易遭受侵蚀剥蚀。这种变化最易发生的部位是被原生节理切割成的近似立方体、长方体的棱角处以及断裂等构造破碎部位，形成花岗岩特殊的地貌景观。

二、景观特点

花岗岩地貌景观的突出特点如下：

（1）主峰突出。花岗岩地貌节理发育，经过抬升作用，可形成高大挺拔的山体，使主峰十分明显。

（2）象形石峰。花岗岩因为十分坚硬，在漫长的地质年代中，表面多呈“球状风化”，形成浑圆的“石蛋”，或其他各种惟妙惟肖的象形石峰。像黄山的怪石就是黄山“四绝”之一。

（3）危崖峭壁。花岗岩山地岩体垂直节理发育，经流水切割侵蚀或风化崩塌作用，常出现大面积的危崖峭壁，峰林深壑。

（4）雄伟险峻。主峰高大挺拔，周围群峰簇拥，各种奇妙的石蛋和象形石峰，共同构成花岗岩地貌的最直观印象，就是它们的雄伟险峻。像我国自古就有“泰山天下雄”“华山天下险”之说，就是这个道理。

三、花岗岩典型地貌景观

（一）球状风化与石蛋及其垒砌造型

岩石出露地表接受风化时，由于棱角突出，易受风化（角部受三个方向的风化，棱边受两个方向的风化，而面上只受一个方向的风化），故棱角逐渐缩减，最终趋向球形，这样的风化过程称为球状风化。由于花岗岩在成岩过程中经常形成三组相互正交的节理裂隙，风化后受原生节理切割而成的立方、长方体的块体，就变成了一个一个不太规则的球体，呈现“球状风化”，形成的球状岩块称为“石蛋”，因此球状风化是花岗岩地区比较突出的地质现象，如图 6-1 所示。

花岗岩球状风化形成的石蛋，虽近于球状，但形态各异，分布于山巅溪涧，给人以宽阔的想象空间，成了旅游区的重要景观和神话、传说的源泉。如黄山顶部的“猴子观海”，华山西峰顶的“劈山救母”石，福建平潭岛南寨石景区的骆驼石、神龟石、鸳鸯石，厦门的日光岩和海南岛的“鹿回头”等。

图 6-1　花岗岩球状风化

石蛋垒砌造型，也是花岗岩地貌旅游景区的重要景观，例如河南鸡公山山顶的“雄鸡”、碴岈山的“八戒醉酒”和“双猴望月”，福建平潭岛上的“海潭天神”等。

花岗岩球状风化还使其出露成馒头状岩丘，地势浑圆。浙江普陀山以浑圆状花岗岩低丘和花岗岩石蛋景观为特色。类似的花岗岩景观还有福建的鼓浪屿、万石山、平潭岛等。这类花岗岩景观以海蚀风化作用为主，化学风化作用较强，以大型球状风化丘陵和多种石蛋、柱状石林和石峰造型为多。

（二）石柱、孤峰及峰林

当花岗岩出露地表并处于强烈上升地区时，沿节理、断裂有强烈的风化剥蚀及流水切割，岩石裸露，地势挺拔，形成石柱或孤峰及其丛集的峰林等奇峰深壑。如黄山的“妙笔生花”就是花岗岩石柱景观。花岗岩峰林常显得极为雄伟壮观，如黄山切割深达 500～1000m、形成高度在 1000m 以上的山峰就有 70 多座，华山则是东西南北中“五峰对峙”局面，天柱山的天柱峰、九华山的观普峰、三清山的玉京峰等也都是非常典型的峰林地貌。

（三）绝壁、陡崖

花岗岩岩体中或边缘发育有断裂构造时，由于断裂抬升以及断裂带岩石破碎，抗风化能力变弱，在花岗岩岩体的周边或内部产生悬崖绝壁。另外，流水沿直立节理冲刷，也会产生高差较小的陡崖。绝壁和陡崖为花岗岩地貌增添了险峻的美感，这一点在华山体现得最为明显。华山之险名冠群山，是因为华山四周均是绝壁，从东峰沿长峰至石楼峰更是构成了一个巨大的崖壁，被称为“华山仙掌”。安徽的天柱山也是类似于华山式的花岗岩景观，以高峰陡崖绝壁山体景观为特色，以险峻著称。

山东泰山、湖南衡山等花岗岩地貌化学风化作用较强，则以浑圆雄厚山体与陡坡、崖壁组合景观为特色，以雄伟著称。

（四）一线天

当流水沿花岗岩体中近于直立的剪切裂隙冲刷下切时，形成近于直立的沟壑，沟壑越来越深，形成两壁夹峙，向上看蓝天如一线，这就是一线天。我国花岗岩山岳，如黄山、九华山、华山、太姥山、天柱山、碴岈山、千山和平潭岛的将军山，小至苏州的天平山等都有一线天景观。

（五）洞穴、石窟

花岗岩是不易溶解的岩石，因此不能形成在石灰岩地区常见的溶洞。但雨水沿花岗岩岩体内断裂冲刷，断裂上盘岩块的崩塌，也能形成不规则的堆石洞。另外，石蛋地貌发育的地区，石蛋间的空隙也可以构成岩洞。如黄山的水帘洞、莲花洞、鳌鱼洞，崂山的白云洞、明霞洞，太姥山的璇矶洞，罗浮山的朱明洞，碴岈山的万人洞等岩洞都留下了许多不朽的传说。

（六）泉、温泉、矿泉

花岗岩虽然致密坚硬，但在构造抬升和断裂作用下产生大量的断裂裂隙，沿断裂裂隙风化作用强烈，富含的各种裂隙水出露成泉。“自古名山多聚泉”，泉是花岗岩山地的重要旅游景观。著名的有崂山的矿泉、黄山的温泉和骊山的温泉等。花岗岩岩性特殊，且含有极少量的放射性元素，具有岩浆残余热能，因此从花岗岩中流出的泉水一般水质清澈，矿化度较低，且含有较多的对人体有益的偏硅酸成分和少量的具放射性的氡气，有些还因温度较高而成为矿泉、温泉，这些泉水可饮可浴，不仅是重要的旅游资源，更是宝贵的地下水资源，还可能具有一定的保健和医疗功能。

（七）瀑布

我国的花岗岩地貌大多出现在雨水充沛的东部地区，山高水长，所以在花岗岩峰林地貌发育或较为发育的山岳地区，一般都有瀑布出现。如黄山的人字瀑、百丈泉、九龙瀑，崂山的靛缸瀑布、龙潭瀑布，太姥山的龙亭瀑布，九华山的桃崖瀑布、织绵瀑布和龙池瀑布，罗浮山的白漓瀑布、白水门瀑布和黄龙洞瀑布，三清山的八磜龙潭瀑布、玉帘瀑布、石涧瀑布、冰玉洞瀑布等，均形成了蔚为壮观的山水画自然美景。

第二节 熔 岩 地 貌

一、熔岩地貌成因

熔岩地貌是火山活动地下岩浆涌出地表堆积而形成的一种特殊类型地貌，因此也称为火山地貌。在地球岩石圈之下，存在着一个岩石呈熔融状态的软流层，火山喷发时的岩浆主要来源于此。因地壳断裂、新构造运动或板块运动，地下岩浆涌出地表而形成熔岩流，同时还伴有大量气体和其他火山物质喷发。

世界火山的喷发类型，主要决定于以下三方面因素：

(1) 岩浆的成分、挥发分含量、温度和黏度。如玄武质岩浆含 SiO_2 成分低，含挥发分相对少，温度高，黏度小，因此岩浆流动性大，火山喷发相对较宁静，多为岩浆的喷溢，可形成大面积的熔岩台地和盾形火山。流纹质和安山质岩浆富含 SiO_2 和挥发分，其温度低，黏性大，流动性差，因此火山喷发猛烈，爆炸声巨大，有大量的火山灰、火山弹喷出，常形成高大的火山碎屑锥，并伴有火山碎屑流和发光云现象，往往造成重灾。

(2) 地下岩浆上升通道的特点。若岩浆房中的岩浆沿较长的断裂线涌出地表，即形成裂隙式喷发；若沿两组断裂交叉而成的筒状通道上涌，在岩浆内压力作用下，便可产生猛烈的中心式喷发。

(3) 岩浆喷出的构造环境。所谓构造环境看其是在陆地还是水下，是在洋脊还是在板内，是在岛弧还是在碰撞带等。火山所处的大地构造环境不同，火山喷发类型与特点也大不相同。

二、熔岩地貌类型

火山喷发过后，便会遗留下如下各种不同类型的熔岩地貌。

1. 火山口

火山口就是火山喷发的出口，平面上呈圆形或椭圆形。火山喷发时，首先是气体把上覆的岩层爆破，造成火山口，然后是火山碎屑物和熔岩从火山口喷出，随后部分喷出物在火山口周围堆积下来，构成高起的环形火口垣。于是火山口便成为封闭式的漏斗状洼地，内壁陡峭，中央低陷，直径有数十米至数百米，少数超过千米，深达几十米甚至百米以上。火山喷发停息后火山口内往往积水成为火山湖，如我国长白山上的天池，面积 9.8km²，最大水深为 373m，如图 6-2

图 6-2 长白山天池火山湖

所示。

2. 火山锥

火山锥以火山口为中心，四周堆积着由火山熔岩及火山碎屑物（包括火山灰、火山砂、火山砾、火山渣和火山弹等）组成的山体。形态主要有锥状火山、盾状火山和低平火山等三种。火山锥的形态与喷发的熔岩性质有关。日本的富士山就是一座著名的锥状火山，如图 6-3 所示。

3. 熔岩高原及台地

由裂隙式或中心式喷出的玄武岩熔岩，冷凝后可形成高度较大的玄武岩高原和高度较小的玄武岩台地。冰岛高原、印度德干高原和美国的哥伦比亚高原都属于熔岩高原；我国的琼雷台地，是我国第一大玄武岩台地，面积达 7290km^2。

台地上除了有火山锥分布外，台地面和缓起伏，风化壳薄，有时还可见到原始的熔岩流痕迹，还有火山渣、火山弹及玄武岩块等。台地在外力作用时间不长的情况下，只发育出短浅的河谷与沟谷。如果台地被深切，往往造成顶平坡陡的熔岩方山，如东北的敦化、密山等地的方山，长江下游的江宁方山（图 6-4）、句容赤山、六合灵岩山等。

图 6-3　日本富士山火山锥

图 6-4　南京江宁方山火山地貌

4. 熔岩隧道

熔岩隧道是指埋藏在熔岩台地内的长形洞穴。我国琼雷台地的熔岩隧道分布就很普遍，已知最长的是琼山儒玉村隧道，长度超过了 2000m。

隧道的长宽和高度相差悬殊，洞顶呈半圆拱形或屋脊形，有熔岩钟乳石、天窗（崩塌）和天然桥。洞底有岩柱（崩落）、熔岩堤（残余的熔岩流）。洞壁有绳状流纹和岩阶。

隧道的生成与熔岩流的物理性质有关，它是在温度高、黏度小、含气体多、易流动的熔岩流内产生的。当熔岩流冷凝时，由于表里凝固速度不一致，虽然表层已经凝固成岩壳，但里层仍然保持高温和继续流动。如果熔岩来源一旦断绝，里层熔岩就“脱壳”而出，留下了空洞。

熔岩隧道往往成为玄武岩区地下水汇聚和富集的通道，其出口常形成大泉。

5. 熔岩堰塞湖

熔岩流进入河谷后堵塞了河道，就会形成堰塞湖，如松花江支流牡丹江上游的镜泊湖，就是由全新世玄武岩熔岩阻塞牡丹江而成的面积 96km^2、长约 40km 的湖泊。黑龙江的五大连池，也是著名的熔岩堰塞湖。

三、火山喷发碎屑及熔岩特征

火山喷发碎屑是指被火山喷入空中的碎屑，包括各种尺寸和密度的碎屑物。它们由于爆炸、热气流或岩浆的喷发被带入空中，在回落地表时可显现一定程度的分选性。一般较粗粒的碎屑离火山口较近，而细粒的较远。根据尺寸和形态火山喷发碎屑又可分为多种类型，如火山灰、火山砾、火山块、火山弹、火山渣、浮岩、绳状熔岩和枕状熔岩等。

1. 火山灰

火山爆发时，岩石或岩浆被粉碎成细小颗粒，从而形成火山灰。火山灰由岩石、矿物、火山玻璃碎片组成，直径小于2mm，堆积压密后形成火山凝灰岩。

火山爆发时炽热的火山灰随气流快速上升，将对飞行安全造成威胁。大规模的火山喷发所产生的火山灰可在平流层长期驻留，从而对地球气候产生严重影响。火山灰也会对人、畜的呼吸系统产生不良影响。火山灰的下落也会给人们带来伤害，1991年菲律宾的皮纳图博火山喷发时，台风和雨水使又湿又重的火山灰降落到人口稠密的地区，约200人在压塌的屋顶下遇难。

2. 火山砾

火山砾是指直径为2～64mm的火山喷发碎屑，堆积压密后形成火山角砾岩。

3. 火山块和火山弹

火山块和火山弹都是直径大于64mm的火山熔岩块，棱角锋利的称为火山块，形状圆滑的称为火山弹。火山块的成分一般是早期的固体熔岩，由火山爆发导致火山锥上早期的固体熔岩体破碎形成火山块。火山弹是火山爆发时，熔融或部分熔融的岩屑飞入空中，冷却成固态或部分固态下落形成的。由于流体动力学的作用，岩块形成了圆滑的形状，火山弹则有圆形、长形、纺锤形等多种形状。

4. 火山渣与浮岩

火山渣是火山喷发时产生的富含气泡或多孔的矿渣状岩石，分布于火山口的周围，由气孔、火山玻璃和矿物组成。火山爆发时，火山通道内的岩浆中溶解的火山气体迅速逃逸也形成了大量泡沫，这些泡沫冷却后就形成渣状外貌的火山渣。火山渣一般呈黑色、暗褐色，气孔常为圆形、长圆形或不规则状，大小从几毫米到10厘米不等。火山渣非常坚硬而且多孔，常用作建筑轻骨料或铺设路面。

浮岩是一种极轻的、多气泡的、类似泡沫状的火山渣。浮岩中的气泡约占岩石总体积的70%以上，气泡间只有极薄的火山玻璃和矿物，因而可以浮于水面之上，故被称作浮岩。

5. 绳状熔岩和枕状熔岩

绳状熔岩又称结壳熔岩或波状熔岩，表面似波状起伏或似长绳盘绕，是熔岩流动过程中起伏卷动造成的。

枕状熔岩呈椭球状，并叠加在一起。椭球的表面是玻璃质，内部有发射状构造，外形浑圆，状似枕头，是熔岩在水中迅速冷却、凝结而成的。

四、我国熔岩地貌典型分布

全世界约有2000座死火山、500多座活火山，主要分布在环太平洋火山地震带和地中海—喜马拉雅火山地震带，以及东非的火山带。我国位于前两大火山地震带之间，因此火山活动也较为频繁，各种类型的火山熔岩景观，已经成为富有吸引力的旅游资源。我国熔岩地貌主要分布在东北地区和云南、台湾等地。

（一）东北地区火山地貌

1. 黑龙江五大连池

五大连池位于黑龙江省德都县北部五大连池市，小兴安岭西南侧。1719—1721 年，因火山喷发，火山熔岩流堵塞白河河道，形成五个相连的火山堰塞湖，故名五大连池。

五大连池火山地貌景观齐全，有 14 座火山锥，5 个串珠状的熔岩堰塞湖，超过 60km^2 的熔岩台地，以及大量的药泉。它不仅是一个天然的风景旅游区，也是一个研究火山地貌的科研基地，同时还是一处温泉疗养地，有“火山博物馆”之称，已开辟为我国第一个火山自然保护区。

2. 黑龙江镜泊湖

镜泊湖位于黑龙江省宁安市南部的长白山中，是个狭长的大湖，长约 45km。它曾是牡丹江上游的古河道，大约 1 万年前的一次火山喷发，汹涌的玄武岩流堵塞了牡丹江河床，形成了我国最大的高山堰塞湖——镜泊湖。湖的北侧有我国著名大瀑布之一的吊水楼瀑布。

3. 吉林省长白山天池

长白山天池是一处火口湖，位于长白山自然保护区的中心，吉林省东南部，是中朝两国的界湖，海拔 2200m，是我国最高的火口湖，最深处超 300m，又是我国最深的湖泊。

此外在我国长白山中，还有“地下森林”和熔岩隧道等其他熔岩地貌景观。

（二）云南腾冲火山群

腾冲火山群位于云南省西部的腾冲市，是我国规模较大的一处火山群。在 1000 余 km^2 的土地上，分布有 90 余座火山锥、50 余个火山口。火山地貌类型齐全，规模宏大，保存完整，还有大量的温泉和沸泉，已建成国家级风景名胜区。

（三）台湾大屯火山群

大屯火山群位于台湾省台北市北面 16km 处，有 16 个圆锥形山体，有些山顶巨大的火山口还经常吐出浓烟，景色壮观。山中林木苍翠，景色秀美，“大屯春色”为台湾著名八景之一。

第三节 岩溶（喀斯特）地貌

一、岩溶（喀斯特）的概念

在地球表面广袤的大地上，有一类山水奇特、风光秀丽的地域，这就是岩溶或喀斯特地区，如我国广西的桂林山水、云南的路南石林、贵州的龙宫等。

岩溶（喀斯特）作用是指地表水和地下水对可溶性岩石进行以化学溶蚀为主，机械侵蚀和重力崩塌作用为辅，引起岩石的破坏及物质的带出、转移和再沉积的综合地质作用。由此产生的地质现象统称为岩溶或喀斯特。在以碳酸盐类岩石（主要是石灰岩）为主的可溶岩地区，由岩溶作用形成的地貌统称为喀斯特地貌。

喀斯特原是前南斯拉夫西北部石灰岩高原的地名，现已成为世界各国通用的专业术语，我国常用“岩溶”一词。岩溶和喀斯特可以通用。

我国碳酸盐岩分布面积约130万km^2，约占全国陆地总面积的13.5%，是世界上岩溶地貌分布最广、最典型的国家，我国一半以上省区都有岩溶地貌分布，尤以西南地区的广西、贵州、云南等省份分布最为广泛、集中和典型，成为世界上最大的岩溶地貌典型发育地区。

二、岩溶（喀斯特）形成的基本条件

喀斯特形成的基本条件包括岩石的可溶性和透水性、水的溶解性和流动性。

1. 岩石的可溶性

具有可溶性的岩石主要包括碳酸盐岩、硫酸盐岩、石膏、卤素岩等，但以碳酸盐岩尤其是石灰岩分布最广也最普遍。

2. 岩石的透水性

岩石的透水性主要取决于岩石的孔隙和裂隙的发育程度，受岩性和地质构造控制。

3. 水的溶解性

水的溶解能力，主要取决于水中的CO_2含量，其作用过程如下：

空气中CO_2

$\Updownarrow$

水中$CO_2 + H_2O \longrightarrow H_2CO_3 \longrightarrow H^+ + HCO_3^-$

$\downarrow$

岩石中 $H^+ + CaCO_3 \longrightarrow HCO_3^- + Ca^{2+}$

即

$$CO_2 + H_2O + CaCO_3 \rightleftharpoons Ca^{2+} + 2HCO_3^- \quad (6-1)$$

以气体形式溶解在水中的CO_2称为游离CO_2。由以上反应式可以看出，这是一个可逆反应，当反应处于平衡状态时，水中必须含有一定量的气体CO_2，称为平衡CO_2。此时，如果水中气体CO_2含量增加，反应则向右进行，$CaCO_3$发生溶解，同时消耗一定量的气体CO_2，如果没有新的CO_2补充，则反应将达到新的平衡。高于平衡CO_2，在$CaCO_3$发生溶解过程中消耗了的那部分气体CO_2被称为侵蚀性CO_2。

由此可知

$$游离CO_2 = 平衡CO_2 + 侵蚀性CO_2 \quad (6-2)$$

地下水的环境条件改变（温度、压力等变化）时，水中的CO_2逸出，反应则向左进行，此时水中溶解的$CaCO_3$则发生沉淀析出，形成各种$CaCO_3$化学沉积物。常见的泉华、钙华、石钟乳等都是这样形成的。

4. 水的流动性

根据上面的化学反应方程式（6-1）不难发现，滞流的水由于不能及时补充CO_2，其溶解能力是有限的，很容易被$CaCO_3$饱和，只有依靠流动的水才能保持水的持续溶解能力，同时将溶解的化学物质不断带走。

地下水的流动方式是多种多样的，在厚层石灰岩分布区的河谷岩溶水的流动状态由地表向深部就可以分为四个带，如图6-5所示。

（1）垂直循环带（又称包气带）Ⅰ。位于地表以下，最高岩溶水位之上，以垂直下渗水流为主，垂直溶蚀的结果多形成各种大小不同的垂直性的溶隙、管道和洞穴。

（2）季节变动带Ⅱ。为最高岩溶水位与最低岩溶水位之间的地带，水流呈垂直运动及水平运动交替出现，垂直和水平方向洞穴均有发育。

（3）饱水带Ⅲ。为最低岩溶水位以下，受排水河道所控制的饱水带，以水平运动为主，局部有虹吸管式运动，以水平状溶洞和地下河为主，数量多，规模大，世界上著名的水平洞穴都在该带发育。

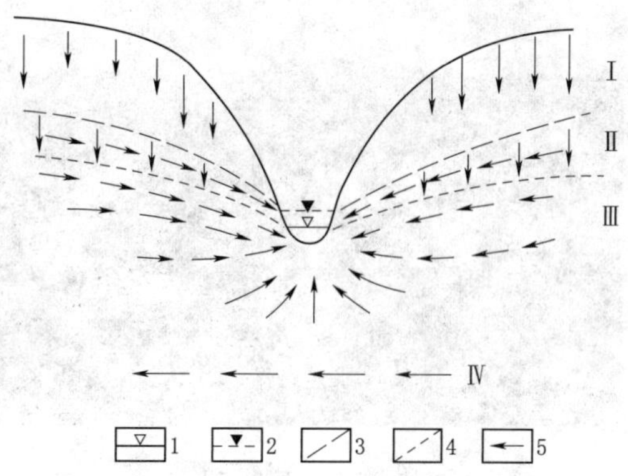

图 6－5　岩溶水的垂直分带图
1—平水位；2—洪水位；3—最高岩溶水位；
4—最低岩溶水位；5—水流方向；
Ⅰ—包气带；Ⅱ—季节变动带；
Ⅲ—饱水带；Ⅳ—深部循环带

（4）深部循环带Ⅳ。不受附近水文网排水作用的直接影响，而是向侵蚀基准面更低或者地质减压方向运动，水流缓慢，水体交替弱，矿化度高，溶蚀停滞，只形成规模小的孔洞，显示了饱水带的溶蚀作用随深度而减弱的特点。但有时也很强烈，仍以水平洞穴发育为主。

上述四个岩溶水动力带内，由于水的交替强度不同，流动方向不同，所发育的岩溶形态也不同，形成明显的分带现象。

三、岩溶溶蚀地貌

岩溶溶蚀地貌形态是十分复杂、多姿多彩的，按其出露和分布条件，可分为地表岩溶溶蚀地貌和地下岩溶溶蚀地貌。

（一）地表岩溶溶蚀地貌

简单地说，地表岩溶溶蚀地貌包括小型岩溶地貌（溶沟、溶槽，石芽、石脊、石林，岩溶漏斗），溶蚀洼地，坡立谷与槽谷，还有盲谷和干谷，岩溶石山，岩溶平原等。

1. 小型岩溶地貌

（1）溶沟和溶槽。岩石表面的石质沟槽，横剖面呈楔形、V 形或 U 形，长度不一，深数十厘米至数米不等。沟槽的发育受到构造裂隙、层面和坡面产状等影响。也有人把长度不超过深度 5 倍者称为溶沟，大于 5 倍者则称为溶槽。

（2）石芽、石脊和石林。相对突出于沟槽之间的尖形岩石，竖立在沟槽包围中的齿形岩石称为石芽，石芽呈岭脊状延伸的称为石脊。石芽和石脊的形状有笋状、菌状、柱状、尖刀状等，排列形态有不规则的、车轨状的或方格状的。大小不一，高度一般为几厘米至几米。高度与可溶岩的厚度、纯度有关，质纯层厚的石灰岩可发育出尖锐而高大的石芽；薄层的泥质灰岩和硅质灰岩难于溶蚀，只能发育出矮小而圆滑的石芽。

高大而密集的石芽，又称为石林或石林式石芽。也有人将高 5m 以上的石芽称作石林。如我国云南省石林彝族自治县的石林，石芽高可达 35m，分布面积达 $35km^2$，如图 6－6 所示。数十米高的石林，组成壮观的石的森林，不受寸土，峭拔挺立，似刀峰剑丛，

图 6-6　云南石林

直指青天。怪石嶙峋，多惟妙惟肖造型，如“阿诗玛”“万年灵芝”“凤凰梳翅”等，造型生动，步移景换，不愧为一处造型地貌博物馆。它是在厚层质纯、产状平缓、节理倾角陡但密度较疏的石灰岩中，加上当地地壳轻微上升、气候湿热多雨等条件下发育而成的，它出露之前，曾经埋藏在第三系红层之下。

（3）岩溶漏斗。漏斗也称溶斗，俗称天坑，是一种呈漏斗形或碟形的封闭洼地，直径在几米至上百米（有人将直径小于 100m 的称为漏斗，大于 100m 的称为天坑），深几米到几百米。它是地表水沿节理裂隙不断溶蚀，并伴有塌陷、沉陷、渗透及溶滤等作用发育而成的。漏斗底部常有落水洞通往地下，起消水作用。漏斗也可由落水洞底部被溶蚀残余物及碎石充填堵塞而形成。

现在也有人认为天坑专指一种特大型喀斯特负地形，它具有巨大的容积、陡峭而圈闭的岩壁、深陷的井状或者桶状轮廓等非凡的空间与形态特质，发育在厚度特别巨大、地下水位特别深的可溶性岩层中，从地下通往地面，平均宽度与深度均大于 100m，底部与地下河相连接（或者有证据证明地下河道已迁移）。较为著名的有重庆奉节小寨天坑、武隆箐口天坑和广西乐业大石围天坑等。小寨天坑是世界上最大的天坑之一，它是一个硕大无比的岩溶漏斗，坑口直径为 622m，坑底直径为 522m，深度为 666.2m。天坑四面绝壁，如斧劈刀削。在天坑底部还有小山，山中幽静，可以仰视蓝天，即所谓的“坐井观天”，别有一种滋味。坑底的暗河从高达数十米的洞中飞奔而出，咆哮奔腾，再从坑底破壁穿石而出，形成了美丽如画的迷宫河。更加奇妙的是在小寨天坑的附近还发育一条世界最长的天井峡地缝，全长 14km，可通行长度为 3.5km，缝深 80～200m，底宽 3～30m，缝两壁陡峭如刀切，是典型的“一线天”峡谷景观，属于隘谷特征。

岩溶漏斗常成串分布，其下往往与暗河有一定的联系，因此是判明暗河走向的重要标志。

2. 溶蚀洼地

溶蚀洼地是指溶蚀作用所形成的比漏斗规模大的封闭或半封闭状凹地。面积达几平方千米至数十平方千米。溶蚀洼地一般认为是由许多溶蚀漏斗逐渐扩大或相邻的漏斗合并而成的。它是一种封闭性的小型盆地，平面形状有圆形、椭圆形、星形、长条形。有人认为直径大于 100m。垂直形态有碟形、漏斗形和筒形，由四周向中心倾斜。长、宽多在数十米至数百米。深度较浅，一般为数米至数十米不等。洼地基底为岩石，也有砂、黏土层覆盖。这些土层多是岩石风化后的残留物，可种植作物。但因洼地底部存在裂隙和落水洞，所以洼地易透水干旱。如果透水通道堵塞，洼地就会储水成湖，称为“岩溶湖”，在我国广西俗称“天塘”或“龙湖”。

洼地是包气带岩溶作用下的产物，也是岩溶作用初期的地貌标志，因此它在岩溶高原上发育得最普遍。洼地的发展，最初是以面积较小的单个漏斗（溶斗）为主，以后多个漏斗不断溶合扩大，形成面积较大的盆地。它的发展不但使地面切割加剧，而且还促使了正地貌的形成。如洼地和与之相邻的峰丛石山关系是洼地越发育，峰丛石山越明显。

3. 坡立谷与槽谷（大型岩溶盆地）

岩溶盆地是指有地表河流穿越的大型溶蚀洼地。其面积很大，常达数十平方千米至百余平方千米。它是岩溶作用充分的后期产物。盆地四周边缘边坡陡立，底部平坦，常有河流纵贯，常覆盖有第四纪河流冲积物或溶蚀残留的黄棕色或红色黏土。

“坡立谷”一词源于南斯拉夫语，原意是田野，地貌上是指大型的岩溶盆地，宽数百米至数千米，长数千米至数十千米。这种大型盆地在我国云贵及广西的都安、马山、大新和龙津等地十分发达，四周多被峰林石山围绕，谷坡坡陡，横剖面呈槽形，故又称槽谷，俗称“坝子”。

坡立谷的发育有三种类型：①发育于可溶岩与非溶岩的接触地带；②发育在断陷盆地或向斜构造基础之上；③完全发育在可溶岩区，由于潜水面埋藏浅，受强烈的溶蚀及地表河的侵蚀而形成。

位于重庆市巫溪县西北边缘的红池坝高山草场，面积近 2 万 hm^2，海拔 1800～2500m，就是由多个岩溶槽谷平坝组成的。槽谷底部地形辽阔平坦，夏季绿草如茵，繁花似锦；冬季银装素裹，一派北国风光。

4. 盲谷和干谷

当地下河流出地表一段距离后又潜入溶洞或落水洞之后再次转为地下河，岩溶地区这种貌似无头又无尾、实际有伏流流入和流出的河谷称为盲谷。它的生成与原来石山内的地下河顶板崩塌有关。

干谷是一种干涸的河谷，它原是岩溶区昔日的河谷，因谷底岩溶作用活跃，在地壳上升或岩溶基准面下降时，河水沿谷底漏陷地貌（落水洞等）渗入地下成为伏流，使原来的河谷变为干涸的“悬谷”，或者雨季时有部分水流通过的“半干谷”。

5. 岩溶石山

岩溶石山是岩溶作用下所形成的山体，这类山体非常独特，不但有奇异的地表形态，而且还有复杂的山内地貌。地表岩石裸露，山峰尖锐挺拔，山坡陡峭，地面坎坷不平，布满着凸起的石芽、石脊和与之交错的石沟石槽，还有陷入地下的落水洞及消水坑等。石山内部更有纵横交错和大小不等的溶洞、裂隙和坑道，并往往有地下暗河穿过。岩溶石山景观地貌在我国以广西桂林和云南石林最具代表性。桂林山水有“甲天下”的美名，成为举世闻名的旅游胜地，皆源于那里发育典型的岩溶地貌，山青、水秀、石美、洞奇。漓江水清如镜，两岸诸峰叠翠，“江作青罗带，山如碧玉簪”。明代大旅行家徐霞客更把这里称作“碧莲玉笋世界”。

石山的单个形态与岩层产状有关，如在水平岩层和质纯的石灰岩上发育的石山呈塔状或圆筒状；在产状水平但不纯的石灰岩上发育的石山呈圆锥状，基部大，山顶小；在单斜层上发育的石山呈单斜状，山体两坡不对称。

石山的组合形态主要有以下三种。

（1）峰丛石山。它是基座相连而峰顶分离的石山群，基座的厚度大于峰顶的厚度。峰顶之间被深陷的岩溶洼地分隔，峰顶相对高度一般为 100～200m，国外称之为锥状岩溶或多边形岩溶。

峰丛石山的生成是因石灰岩区内洼地扩大，而洼地之间蚀余的岩石就成为峰顶，属岩溶作用中期的产物，它在我国贵州及桂西北一带分布最广，一般分布于山地的中心。

(2) 峰林石山。它是基座分离或稍有相连的石山群，又称为“塔状岩溶”。相对高度在百米以上。该类石山主要由峰丛石山演变而来，即原分布在峰丛石山上的岩溶洼地向下发展，深切至潜水面附近后转化为坡立谷和溶蚀平原，从而把石山基座彻底分开，于是峰丛就变为峰林。因此峰林石山常与坡立谷或溶蚀平原相伴生，成为岩溶后期的产物。如果地壳上升，峰林石山也会重新变为峰丛石山。

峰林石山主要发育于湿热多雨的热带及亚热带地区，如广西的桂林、阳朔一带是峰林石山的典型地区。石山群的排列受地质构造影响，在褶皱紧密、岩层陡倾的地区，石山呈脊状排列；在岩层缓倾和褶皱舒展地区，石山排列不规则，有的呈星点状，一般分布在山地的边缘。

(3) 孤峰石山（残丘）。分布在岩溶平原或坡立谷中的孤立石山，形态低矮，相对高度为数十米。它是在地表长期稳定的情况下，峰林石山进一步破坏而成，属岩溶作用晚期的产物，通常分布在山地以外的溶蚀平原上或坡立谷地之中。

6. 岩溶平原

岩溶平原和石灰岩山地经过长期的溶蚀破坏，地形高度逐渐降低，起伏减小，最后发展成为面积广阔的岩溶平原。平原面的发育严格地受地下潜水面和石灰岩内不透水层面的控制，而且多与岩溶区内或边缘地带的河流作用有关。因此它多沿河流两岸分布。平原的发育有的在岩溶区内，由多个坡立谷合拼而成，也有的在岩溶区边缘，是在伏流出口的袋形谷的扩大和地表河的侧蚀共同作用下形成的。

（二）地下岩溶溶蚀地貌

地下岩溶地貌是岩溶作用的特有地貌，地下岩溶溶蚀地貌主要有落水洞、溶孔、溶洞、地下河等。

1. 落水洞

落水洞是指从地面通往地下深处的洞穴，其垂向形态受构造节理裂隙及岩层层面控制，呈垂直、倾斜或阶梯状。洞口常接岩溶漏斗底部，洞底常与地下水平溶洞、地下河或大裂隙连接，具有吸纳和排泄地表水的功能，是岩溶区地表水流向地下或地下溶洞的通道。它是岩溶垂直流水对裂隙不断溶蚀并随坍塌而形成，常分布于溶蚀洼地底端。

落水洞直径一般为数米至数十米，深度远较直径为大，已知单段直落最深可达450m。如果是曲折多变的落水洞深度更长达千米。例如法国的“牧羊人深渊”，深1122m，而比利牛斯山上的“马丁石”更深，达1138m。

深度大、洞形陡直的落水洞称为竖井。一些形似井或洞底常有水的，可称为天然井。洞口小和深度小的可称为消水坑。

落水洞发育于包气带内，由于它是地表汇水地点，故流量大，流速快，溶蚀强，冲蚀作用也强，甚至造成洞壁崩塌，洞体扩大。在有河流注入的落水洞，会形成“落水洞瀑布”，此时的冲蚀作用成了洞的主要破坏力量。

2. 溶孔、溶洞

溶洞从广义上说包括了地下大小不同的各种类型的洞穴，其中也包含了落水洞。一般又把直径小于10cm的称为溶孔，直径大于10cm的称为溶洞。这里主要介绍发育在饱水带或季节变动带内的大型水平状溶洞，其次是倾斜或垂直状溶洞。世界上规模最大、最富有地理意义、研究得最为详细的是水平溶洞类型。溶洞的作用力复杂，除了溶蚀外，还有地下河的冲蚀、崩塌、化学堆积和生物作用等，形成的地貌形态也多种多样。

近30多年来，人们对溶洞生成的研究，除野外探测外，还开展了室内模拟试验，认识到溶洞的生成受到地质、地貌、水文、气候、土壤和生物等多种自然因素影响，这些因素都通过水文地质，特别是含水层的补给、运动、排泄及水化学反应而起作用。

溶洞的形态非常复杂，洞的规模大小相差悬殊，这反映了形成机制、形成因素和演化历史的不同所致。溶洞的基本形态主要分为以下三种：

(1) 通道。是指人能通过的管状洞的总称。溶蚀通道的直径较小，多在几米以内，而长度可超过几百米，通道的发育多与地下河的作用有关，而且在通道顶、侧往往遗留着昔日河水溶蚀的痕迹，如窝穴（也称天窝）、边槽等。

(2) 洞室与洞厅。这是长、宽、高度相似的单个溶洞或洞段，规模小的称洞室，大的称洞厅，它们常发育在岩性易溶、裂隙较密集或断裂交叉、水流交汇的地段。洞厅的规模可以很大，洞内崩塌是溶洞扩大成厅堂的重要原因。

(3) 石窟。石窟是沿水平方向切入陡坡、陡壁或洞壁的单个浅洞。大小规模在10m以内；洞口大，但深度小，状似神龛，又称“岩屋”。其成因常与河流冲蚀或差异溶蚀有关，也有的是大溶洞崩塌破坏的残余。

各种溶蚀通道、洞室、洞厅常交叉连通，构成洞穴系统，其组合方式与结构形状十分复杂离奇，反映了形成机制、地质结构、环境条件及成洞历史的差别。根据组合形态的结构特点可将溶洞分为横向树枝状、垂向树枝状、格子状迷宫、蜂窝状迷宫、楼层状等洞穴系统。

我国著名的岩溶洞穴有：广西桂林的芦笛岩、七星岩，广西南宁的伊岭岩，贵州安顺的织金洞、龙宫洞，江苏宜兴的善卷洞、张公洞和灵谷洞，安徽广德的太极洞，浙江桐庐的瑶琳仙境，北京的石花洞，辽宁本溪的水洞，广东肇庆的七星岩等。湖北恩施的腾龙洞洞口高74m、宽64m，洞内最高处达235m，初步探明洞穴总长度52.8km，其中水洞伏流16.8km，洞穴面积200多万m^2。洞中有5座山峰、10个大厅、10余处地下瀑布，洞中有山，山中有洞，水洞旱洞相连，主洞支洞互通，洞内终年恒温14～18℃，空气流畅。被称为世界第一洞。

3. 地下河

有长年流水的地下溶洞称为地下河或暗河，它和地表河一样，发育有瀑布、冲蚀坑、壶穴、深槽地貌和砂砾堆积物。河流过水面积受到石质河槽的限制，不能自由扩大。流向受节理断裂构造或层面走向的支配，显得十分曲折和不连续，宽窄也不一致。当地壳上升和潜水面下降时，河水便渗入更深的地下，原来的地下河槽则变成了干涸的水平溶洞，以后就会发育出各种各样的碳酸钙堆积地貌。地壳的间歇性抬升则形成多层溶洞，呈现出岩溶发育的成层性。

四、岩溶堆积地貌

（一）地表岩溶堆积物

(1) 蚀余红土。又称赭土，是地表碳酸盐岩被溶蚀后原岩中残留的黏土杂质，由于含次生氧化铝（Al_2O_3）和氧化铁（Fe_2O_3）而成红色，在热带、亚热带岩溶地区广泛分布，也常充填在溶隙和溶洞中。

(2) 石灰华。又称钙华，是指地表岩溶水中沉积的大孔隙次生管状、层状碳酸钙物质。由泉水沉积的石灰华也称为泉华。

(二) 洞穴堆积物

岩溶洞穴堆积物类型多样，已发现有80余种，有化学沉积、重力堆积、地下河、湖沉积，还有生物化石与人类文化遗存堆积，其中大部分为方解石的化学堆积。造成方解石堆积的主要原因是渗入洞内的碳酸水溶液中的CO_2逸出。CO_2的逸出与水质、水温、洞内空气中CO_2的含量、水的运动和藻类生物的化学作用等有关。

1. 洞穴化学堆积物形态

按洞穴不同类型水的状态有：垂直滴水沉积形成的滴石，主要为石钟乳、石笋、石柱等；沿表面流动的水形成的流石，主要有边石（坝）、石幔、石旗、钙华板等；雾水和凝结水沉积，形成石花；毛细管水沉积，形成石珊瑚、石葡萄、卷曲石等。

(1) 石钟乳、石笋、石柱（图6-7）。这是一组由洞顶滴水而产生的堆积地貌。石钟乳是从洞顶垂直往下悬挂的堆积形态。如果洞顶有足够的供水，石钟乳末端的滴水就会滴在洞底位置上，产生与石钟乳相对应的，但生长方向相反的石笋。石钟乳下伸触及洞底，或石笋上长至洞顶，或二者相向对生后连接时，就成为石柱。

图6-7　石钟乳、石笋、石柱景观

(2) 石幔、石旗、边石（坝）、钙华板。这是一类由表面薄膜（层）状溶水所成的堆积地貌，总称为“流石”。当水沿额状洞壁往下漫流时，就会形成布幔状或瀑布状流石，即“石幔”。当水集中沿一条凸棱下流时，会形成薄片状的堆积，称为“石旗”。

如果薄层水在洞底斜面上缓流而又遇到小凸起时，流速就会加快，水中的CO_2会逸出，并在凸起处发生堆积。这些局部堆积反过来又加快了流速，再次促进了局部堆积。这样反复作用的结果，最终形成了花边状弯曲的小堤，即“边石（坝）”。

饱和的碳酸钙水溶液在洞底流动时，常形成多孔状的堆积层，称“钙华板”或“灰华层”，最厚者可达数米，结构呈多孔状，这与地表河流瀑布坎的钙华相似，因此跌水急流也可能是钙华板的成因。

(3) 石花、卷曲石、爆玉米、鹅管。这是一类毛发状、草叶状、豆芽状或花球状的微小形态，常附生在其他大型碳酸钙堆积形态上。生长方向乱散，似是不受重力影响。其成因复杂，主要与雾水或毛细水的运动有关，同时还受供水量少、环境较封闭、气温较稳定和气流扰动少等条件影响。石花的“花瓣”呈针状向外辐射，形似蓟草的花球，常由文石组成。卷曲石似豆芽，其卷曲可能是晶格错位所致。爆玉米是群生的小瘤，是毛细水蒸发的产物。鹅管是中空的细管状沉积物，悬挂于洞顶，细长而中空，因外形似鹅毛管而得名，也是由毛细水作用而形成。

2. 溶洞崩塌地貌

溶洞内周围岩石的临空和洞顶的溶蚀变薄，会使洞穴内的岩石应力失去平衡而发生崩塌，直到洞顶完全塌掉，变为常态坡面为止。所以崩塌是溶洞扩大和消失的重要作用力。

（1）崩塌堆。溶洞崩塌主要发生于洞顶岩层薄、断裂切割强以及地表水集中渗入的洞段。崩塌发生后，洞底就会堆出崩塌堆，在有地下河活动时，崩塌堆会逐渐被搬运，只留下一些较大的崩石。如安徽广德太极洞中的洞中黄山。

（2）天窗。洞顶局部崩塌并向上延及地表，或地面往下溶蚀与下部溶洞贯通，都会形成一个透光的通气口，称为“天窗”。若天窗扩大，及至洞顶塌尽时，地下溶洞则成为竖井。

（3）天生桥、穿洞。地下河通道塌顶后就变为箱形谷或峡谷，但这种崩塌常常不是一次性完成的，如果通道上、下游两端先崩，中间局部保留，此时就出现横跨谷地的桥状地形，称为“天生桥”。可见它是洞顶崩塌的残余地形，呈拱形，宽数米至上百米。桥下的洞，两头可对望的，称为“穿洞”，如广西桂林的象鼻山、阳朔的月亮山，湖南张家界的天门洞等。

五、岩溶研究的实际意义

岩溶地质调查，通过对各种岩溶地貌形态的观察、测量，如溶洞的纵横剖面测量，延伸方向、分布特征的观察等，进一步探讨岩溶发育与地层岩性、地质构造以及地下水之间的关系，掌握岩溶发育规律，为开发岩溶资源、岩溶地质灾害、岩溶生态治理、岩溶旅游开发等提供资料和科学依据。

1. 岩溶与矿产

岩溶地层与很多残积矿床、固体矿产以及石油、天然气赋存相关。找寻和开采这些矿产，与岩溶研究很重要，如矽卡岩型金属矿产。

2. 岩溶与工程建设

岩溶地下洞穴，常可导致工程地基塌陷、水库渗漏、岩溶涌水等危害，查明岩溶发育特征和分布规律，是工程勘察必须完成的工作。

3. 岩溶水利用

岩溶地区地表径流缺乏，地下水相对丰富，但分布极不均一，查明岩溶水集中富水地带是水文地质工作义不容辞的责任。

在地下工程施工和运行过程中，岩溶水又是极大危害隐患，防水治水也是水文地质工作的重要内容。

4. 岩溶旅游资源

地表、地下岩溶地貌瑰丽多姿，奇峰异洞遍布，奇特景观是重要的旅游资源。有些岩溶地区地表水贫乏，石山树少，土地贫瘠，经济较为落后，环境脆弱，但岩溶地区地下水丰富，岩溶综合开发利用是当地经济建设、脱贫致富的重要途径。

5. 岩溶作用与碳循环

这是近年来由我国学者提出并主导的科学研究课题，旨在通过研究岩溶表层带中各圈

层界面上 CO_2 迁移特征与表层岩溶动力系统间的关系，探讨不同表层岩溶动力系统的环境效应。

由此可见，无论是理论还是实践上，岩溶研究对自然和社会环境都具有重大意义。

第四节 丹 霞 地 貌

一、丹霞地貌的含义

早在 20 世纪 20 年代，时任两广地质调查所技正的冯景兰教授在岭南地区考察地质矿产时，被一片红色地层吸引，并将这些红色的砂砾岩地层称为“丹霞层”。1939 年，陈国达和刘辉泗先生在《江西贡水流域地质》一文中正式应用了“丹霞地形”一词。很长一段时间内，地貌学被称为地形学。1954 年，地形学改称地貌学，丹霞地形也自然默认为丹霞地貌。1978 年，曾昭璇教授正式提出了“丹霞地貌”一词。从此丹霞地貌（图 6 - 8）作为一种地貌类型开始活跃在学术圈。

图 6 - 8 丹霞地貌景观

从原始的含义看，丹霞地貌以广东丹霞山为代表，是一类特殊类型的水平构造地貌。现在的丹霞地貌则是指由产状水平或平缓的层状铁钙质混合不均质胶结而成的红色碎屑岩层，受垂直或高角度节理切割，并在差异风化、重力崩塌、流水溶蚀、风力侵蚀等综合作用下形成的有陡崖的城堡状、宝塔状、针状、柱状、棒状、方山状或峰林状的地形地貌景观，因此有“流水丹霞”一说。近年来随着旅游事业的蓬勃发展，又把以红色地层为主体发育起来的地貌类型统称为丹霞地貌。

所谓“红层”是指在中生代侏罗纪至新生代新近纪沉积形成的红色岩系，一般称为“红色砂砾岩”。由于受构造作用相对较弱，且以垂直抬升作用为主，形成产状水平或近于水平的厚层红色砂砾岩为主组成的平坦高地，之后受强烈侵蚀切割、溶蚀和重力崩塌等综合作用而造成平顶、陡崖、孤立突出的塔状地形即为丹霞地貌。

世界上由红色砂砾构成的、以赤壁丹崖为特色的丹霞地貌，主要分布在中国、美国西部、中欧和澳大利亚等地，以我国分布最广，其中又以广东丹霞山面积最大，发育最典型，类型最齐全，形态最丰富，风景最优美。福建武夷山，江西龙虎山，青海坎布拉，广东丹霞山、金鸡岭、苍石寨，浙江江郎山，湖南崀山，广西白石山、都峤山，四川窦山、青城山，陕西赤龙山以及河北磬锤峰和僧帽山，安徽齐云山等地，是我国丹霞地貌的典型代表。

二、丹霞地貌的形成

丹霞地貌发育始于新近纪晚期的喜马拉雅造山运动。这次运动使部分红色地层发生倾斜和舒缓褶曲，并使红色盆地抬升，形成外流区。流水深切的岩层，可形成顶部平齐、四壁陡峭的方山，或被切割成各种各样的奇峰，有直立的、柱状的、宝塔状的，等等。岩层沿垂直节理发生大面积崩塌，则形成高大、壮观的陡崖坡；陡崖坡沿某组主要节理的走向发育，形成高大的石墙；石墙的蚀穿形成石窗；石窗进一步扩大，变成石桥。各岩块之间常形成两壁直立的深沟，称之为巷谷。崖面的崩塌后退使山顶面范围逐渐缩小，形成堡状残峰、石柱等地貌。随着进一步的侵蚀，残峰、石柱也将消失，最终形成缓坡丘陵。在红色砂砾岩层中有不少石灰岩砾石和碳酸钙胶结物，碳酸钙被水溶解后常沿层面和裂隙发育岩洞，或者形成薄层的钙化沉积，甚至发育有石钟乳。

丹霞地貌的发育不仅与地层岩性、地质构造有直接的关系，还与气候、水文条件密切相关。以“秦岭—淮河”和“巫山—雪峰山”一线进行区分，我国有三个丹霞地貌分布大区，即西北部高寒干旱山地型丹霞、西南部湿润高原—山地—峡谷型丹霞和“东南部湿润低海拔峰丛—峰林型丹霞”。

同样的地质和水文、气候条件下，发育时间的长短，也反映出丹霞地貌不同的形态特征。例如贵州赤水丹霞处于地貌演化的早期阶段，如十来岁的青葱少年一般，完好的高原面和阶梯状峡谷让赤水丹霞看起来“身体倍儿棒”。福建泰宁丹霞处于地貌发育的青年晚期阶段，峡谷与雏形峰丛的组合让泰宁丹霞看起来如迷宫一样。湖南崀山属于壮年期早期，群峰林立，起伏剧烈，是密集峰丛型丹霞地貌的典范。广东丹霞山则已是壮年晚期，是由疏密相间、峰林宽谷组合而成的簇群式丹霞峰丛峰林，处处透出成熟男子阳刚伟岸的气息。江西龙虎山处于地貌演化的老年早期阶段，此时的丹霞峰林已经较为疏散，逐渐独立的山峰点缀在河流两岸，勾勒出老年早期丹霞地貌的轮廓。浙江江郎山可谓是神州丹霞第一奇峰，仅残留的三爿石为丹霞地貌，形如垂垂老矣的老翁，飘飘然遗世独立。

嶂石岩与丹霞山看起来像孪生兄弟一般，同样有顶平、身陡、麓缓的特征。但构成嶂石岩地貌的主要岩石为石英砂岩，这与构成丹霞地貌的红色砂岩和砾岩有所区别。从沉积环境来看，前者形成于浅海环境，后者则诞生在内陆盆地。

甘肃张掖七彩丘陵被比喻成“上帝遗落在人间的调色盘”，远望去色彩斑斓，近年来声名大噪，热度极高。然而七彩丘陵却不是丹霞地貌，之所以产生这种误解，很大原因是宣传的不当，对于一般大众来说是严重的误导。相比于丹霞地貌，构成七彩丘陵的岩石虽然也属于红色的碎屑岩，但以泥岩为主，缺少砂砾岩，因此并没有“顶平、身陡、麓缓”的形态特点，实在与丹霞地貌相差甚远。

三、典型丹霞地貌景观

丹霞地貌广泛分布在我国长江以南各省份，代表性的名山有广东丹霞山、福建武夷山和湖南崀山等。

1. 丹霞山

丹霞山位于广东省韶关市东北郊仁化县，面积 $290km^2$，被认为是丹霞地貌的典型。其山石由红色砂砾岩构成，地形以赤壁丹崖为特色，看上去似赤城层层、云霞片片，古人取“色如渥丹，灿若明霞”之意，称之为丹霞山。

2. 武夷山

武夷山位于福建省崇安县，这里有九曲溪和丹霞诸峰，人们概括为“碧水丹山”“三三六六”，所谓“三三秀水清如玉，六六奇峰翠插天”，“三三秀水”指的是弯弯曲曲的九曲溪，“六六奇峰”指的是起伏错落的36座山峰。在武夷山，乘坐竹排，沿九曲溪顺流而下，山回水转，移步换景，“曲曲山回转，峰峰水抱流”。武夷山已被列入世界自然与文化遗产名录。

3. 崀山

崀山位于湖南省新宁县，以丹霞和丹霞—喀斯特混合地貌为特色，是典型的丹霞峰林地貌，是一块以水秀、山美、洞奇著称的风光宝地，面积 108km²。在崀山这片土地上，奇特的石景峰景、险峻的岩壁石巷、迷人的江流瀑布、幽深的峡谷深山、神秘的山寨文化、悠久的宗教传说、纯朴的民风民俗，还有许多的奇花异草、走兽飞禽，构成了碧水丹崖的自然景观和悠久的人文历史。景区有3座天生桥、10处一线天、10个各具特色的溶洞、8条溪河纵贯全境和20余条壮观的峡谷，分为天一巷、辣椒峰、扶夷江、八角寨、紫霞峒、天生桥六大景区。

2010年8月，贵州赤水、福建泰宁、湖南崀山、广东丹霞山、江西龙虎山、浙江江郎山组成的丹霞地貌组合以“中国丹霞”名称共同申报世界自然遗产并获批。

第五节 黄 土 地 貌

我国黄土高原是世界上最大的黄土分布区，黄土层深厚，各种地貌类型典型。由于黄土垂直节理发育，黄土高原具有独特的黄土塬、黄土梁、黄土峁、黄土坪等地貌，还有独特的窑洞民居形式，因此黄土地貌也是一种独特的地貌旅游资源。

一、黄土的概念

黄土是指第四纪时期形成的，呈浅灰黄色或棕黄色，主要由粉沙组成，富含钙质，疏散多孔，不显宏观层理，垂直节理发育，具有很强湿陷性并广泛分布的松散土状堆积物。

一般把风力搬运形成的黄土称为黄土，把其他动力作用形成的类似黄土的堆积称黄土状土。黄土状土一般具有沉积层理，粒度变化大，孔隙度较小，含钙量变化显著，湿陷性不及风成黄土。

黄土（包括黄土状土）在世界上分布相当广泛。从全球来看，黄土主要集中分布在温带和沙漠前缘的比较干燥的中纬度半干旱地带，即北纬30°～55°和南纬30°～40°的地带内。如西欧莱茵河流域、东欧平原南部、北美密西西比河中上游，以及我国西北、华北等地，面积约1300万 km²，约占全球陆地面积的1/10。

我国黄土与黄土状土分布面积约63万 km²，约占全国陆地总面积的6.6%，其中黄土占44万 km²。分布在昆仑山、秦岭以北，阿尔泰山、阿拉善和大兴安岭一线以南，即主要分布于北纬35°～45°的范围内。黄河中上游的陕西、山西、甘肃黄土连续分布达27万 km²，占我国黄土面积的72%左右，分布面积广、厚度大、地势较高，形成著名的黄土高原，黄土厚度在50～100m之间，六盘山以西的部分地区，还有超过200m的。其他地区有带状、斑状或零星分布。

二、黄土地层

黄土地层在我国北方黄河中游最为发育，按从老到新的顺序介绍如下：

（1）早更新世午城黄土（Q_h^1 或 Q_1）。代表性剖面位于山西省隰县午城镇的柳树沟，岩性为暗红色亚黏土，质地黏重，一般厚 20～50m。主要由 18～20 层的黄土与古土壤相间组成。与下伏上新世砾岩或红黏土呈不整合接触，底界与古地磁极性时的松山反极性时/高斯正极性时（M/G）分界面接近，古地磁年代距今 247 万年。

（2）中更新世离石黄土（Q_h^2 或 Q_2）。代表性剖面在山西省吕梁市离石区陈家崖，岩性为棕黄色亚黏土，厚 70～80m，含 10 余层棕红色古土壤，顶部古地磁年代距今 7 万年左右，底部古地磁年代距今 73 万年。

（3）晚更新世马兰黄土（Q_h^3 或 Q_3）。标准剖面在北京市门头沟区斋堂川北山坡上，岩性为灰黄色、疏松多孔，以粉砂为主，厚度不超过 10m。含与近代土壤相似的黑垆土型古土壤层。

（4）全新世黄土（Q_p 或 Q_4）。灰黄色，粉砂质黄土，含有一层灰黑色古土壤层。

三、黄土特征

黄土呈灰黄色或棕黄色、质地均匀，以粉砂颗粒（0.05～0.005mm）为主，结构疏松，多孔隙，无层理，富含碳酸钙，有垂直节理，遇水浸湿后会发生湿陷。其主要特征如下：

（1）质地均一，以粉砂（0.05～0.005mm）为主，其含量可达 60%以上；大于 0.1mm 的细砂极少，小于 0.005mm 的黏粒含量，一般在 10%～25%。早期的黄土比晚期的黄土黏土颗粒含量高，细砂粒级（0.25～0.05mm）含量较低。所以，午城黄土的黄土质地较黏重，而马兰黄土质地疏松。

（2）富含碳酸钙，其含量一般在 10%～16%。黄土中含有钙质，遇水溶解而使土粒分离，成分散状；碳酸钙在淋溶与聚集过程中，逐渐汇集在一起成为钙质结核，称之为砂姜石，在黄土中常成水平带状分布，富集于古土壤层的底部。

（3）黄土结构较松散，颗粒之间孔隙较多，且有较大的孔洞，用肉眼可见，孔隙度一般在 40%～55%。多孔性是黄土区别于其他土状堆积物的主要特征之一。

（4）黄土无沉积层理，垂直节理很发育，直立性很强，深厚的黄土层常形成陡峻的崖壁，土崖可以维持百年而不崩坠。垂直节理发育是黄土最普遍而特殊的性质。

（5）黄土透水性较强。黄土遇水浸湿后，发生可溶性盐类（主要是 $CaCO_3$）溶解和黏土颗粒的流失，强度显著降低，受到上部土层或构造的重压，常发生强烈的沉陷和变形。黄土的湿陷性是一个至关重要的问题，因为黄土的沉陷可以毁坏建筑工程。

自然界有一种与黄土性质相近的堆积物，称为黄土状土，它具有黄土的部分特性。但是，这种土往往具有沉积层理，粒度变化较大，孔隙度较低，含钙量的变化显著，并无明显的湿陷性，借此可与黄土相区别。

四、黄土中的气候旋回记录

黄土分布广，沉积连续性好，堆积时间长，含有丰富的气候与环境变化记录。这些记录可以通过黄土中的区域性侵蚀面，以及由于冷期堆积的黄土和温湿期发育的古土壤在垂直剖面上的交替出现反映出来；其次黄土粒度、矿物、黏土化学成分及孢粉组合和磁化率等也可以反映出更为次级的气候变化。

被誉为“黄土之父”的刘东生院士毕生从事地球科学研究，平息了 170 多年来的黄土成因之争，建立了 250 万年来最完整的陆相古气候记录，创立了黄土学，带领中国第四纪研究和古全球变化研究跻身于世界领先水平。刘院士获得2003年度国家最高科学技术奖。

根据年代学资料，黄土中气候变化旋回可以和深海沉积物、两极冰芯中的气候旋回对比，成为探讨全球气候与环境变化的一个重要方面。

五、黄土的成因

关于黄土的成因，20世纪20年代曾有20多种假说。研究表明，原生黄土是风成的，而黄土状土则有水成、风化残积、坡积等多种成因。

1. 风成说

我国黄土的风成过程早有记载："大风从西北起，云气亦黄，四塞天下，终日夜下著地者黄土尘也"。黄土风成说的主要证据如下：

(1) 亚洲大陆内部向外围区域，戈壁、沙漠和黄土有规律地依次成带分布；我国的黄土分布区的北面正是沙漠戈壁，自北而南戈壁、沙漠、黄土三者逐渐过渡，成带状排列。

(2) 黄土的矿物成分具有高度一致性，与所在地区的各种岩石成分极不相同。

(3) 黄土的粒度成分距荒漠越远有逐渐变细的规律。我国黄土依西北风方向，呈有规律性的变化，西北部靠近沙漠地区的黄土颗粒成分较粗，黄土剖面中夹有风成砂层（如陕北地区所见），而越往东南，远距沙漠粒度成分逐渐变细。

(4) 黄土披盖在不同成因和形态起伏显著的各种地貌类型上，并保持相似的厚度。

(5) 黄土中含有陆生的草原性动植物化石。

(6) 黄土中有随下伏地形起伏的多层埋藏古土壤层，反映黄土沉积随气候变化的间断性。

这些证据比较充分地证明了我国黄土是风成的，且与沙漠戈壁的关系密切。目前为止风成说历史最长、影响大、拥护者多。

2. 水成说

黄土的水成说认为，在一定的地质、地理环境下，黄土物质为各种形式的流水作用所搬运堆积（包括坡积、洪积、冲积等），形成各种水成黄土。

3. 残积说

黄土的残积说认为黄土是在干燥气候条件下，通过风化和成土作用过程使当地的多种岩石改造成黄土，而不是从外地搬运来的。

六、黄土地貌类型

黄土地貌特点是千沟万壑、丘岗起伏、峁梁逶迤；即使部分地区的顶部还是相当平坦，但两侧却十分陡峻。沟谷和沟间地是黄土高原的主要地貌形态。其中沟谷地貌主要是现代流水侵蚀作用所成；而沟间地貌的形成，明显受到古地形的影响，即在古地形基础上由黄土风成堆积叠加而成。

(一) 黄土沟谷地貌

黄土地区的沟谷十分发育，地面被切割得支离破碎，形成了千沟万壑的景象。沟谷地貌有发育在沟间地上的微小的纹沟、细沟、切沟，沟间地之间有较大的冲沟、干沟、坳沟、河沟等。信天游歌词"拉话话容易，牵手手难"就是这种沟壑地貌的真实写照。

黄土沟谷的发展过程，与一般正常流水沟谷发展相似。但由于黄土质地疏松，垂直节理发育，加上有湿陷性，常伴有重力、潜蚀作用，故黄土沟谷系统发展较快。

（二）黄土沟间地貌

沟间地是指沟谷之间的地面，沟间地貌在我国黄土高原广泛分布，可分为塬、梁、峁等，是黄土地区的人们生活、生产的主要场所。

1. 黄土塬

塬是面积广阔而且顶面平坦的黄土高地。塬面中央部分斜度不到1°，边缘部分在3°～5°。如陇东的董志塬、陕北的洛川塬等。

塬受到沟谷长期切割，面积逐渐缩小，同时也变得比较破碎，就形成“破碎塬”。

2. 黄土梁

梁是长条形的黄土高地。它主要是黄土覆盖在古代山岭上而形成的，也有些梁是塬受现代流水切割产生的。

3. 黄土峁

峁是一种孤立的黄土丘，呈圆穹形。峁顶坡度为3°～10°，四周峁坡均为凸形斜坡，坡度10°～35°不等。

若干连接在一起的峁，称为峁梁；有时峁成为黄土梁顶的局部组成体，称为梁峁。

大多数的峁是由梁进一步被切割而成的，黄土峁和梁经常同时存在，组成所谓黄土丘陵。

（三）黄土潜蚀地貌

地面水流局部集中，沿黄土裂隙下渗并进行溶蚀作用，产生一系列的黄土潜蚀地貌，如黄土碟、陷穴、黄土桥、黄土柱等，往往给工程带来严重的危害。

（1）黄土碟。一种直径数米至数十米、深数米的碟形凹地。由流水聚集凹地内下渗、浸润，黄土在重力影响下沉陷而成。

（2）黄土陷穴。由黄土碟进一步发展、沉陷形成的，深度大于宽度的陷穴。

（3）黄土井。黄土陷穴向下发展形成的，深度大于宽度若干倍的陷井。

（4）黄土柱和黄土桥。在黄土陷穴区崩塌之后，残余的洞顶即构成黄土桥。若沿垂直节理进一步崩塌，就形成黄土柱。

第六节　风　成　地　貌

风力对地表物质的侵蚀、搬运和堆积过程中所成的地貌，称为风成地貌。风成地貌主要分布在干旱和半干旱地区，特别是其中的沙漠地带。那里日照强，昼夜气温剧变，物理风化盛行；降水少，变率大，而且集中，蒸发强烈，年蒸发量常数倍、数十倍于降水量；地表径流贫乏，流水作用微弱；植被稀疏矮小，疏松的沙质地表裸露，特别是风大而频繁。所以，风就成为塑造地貌的主要营力，风成地貌特别发育。

风成地貌在我国多分布在西北内陆的干旱地区，形成一系列大沙漠。新疆南疆的塔克拉玛干大沙漠，面积达30余万 km^2，是我国最大的沙漠。北疆的准噶尔盆地沙漠，面积也非常辽阔。在内蒙古，由西到东，有巴丹吉林沙漠、腾格里沙漠、乌兰布和沙漠等。

随着国家“西部大开发”战略的实施，我国西部的旅游业也得到迅猛发展，这些大沙漠也逐渐显示出其独特的价值与魅力。大漠驼铃景观、旱海探险活动、响沙奇趣、滑沙运动、沙雕、沙疗等，加上西部浓郁的民族风情、古代丝路的人文积淀，昔日的大漠正在成为旅游资源的瑰宝。

一、风力作用

风力作用是干旱气候环境中的主要地质营力，风和风沙流对地表物质所发生的风蚀、搬运和堆积作用，称为风沙作用。风的地质作用强度取决于风速。风吹扬起的地面物质，在被搬运过程中按颗粒大小以不同速度沉降，并在大气中造成沙尘暴、雾霾等灾害性和非灾害性天气现象。

1. 风沙流

含沙的气流称风沙流。从流体力学角度来看，它是一种气—固两相流。

风沙流运动是一种贴近地面的沙子搬运现象，其搬运的沙量绝大部分是在近地面的气流层中通过的。

2. 风蚀作用

风吹经地表时，风的动压力作用，将地表的松散沉积物或者基岩上的风化产物（沙物质）吹走，使地面遭到破坏，这种作用称为吹蚀作用。风速越大，其吹蚀作用越强。

风挟带沙子贴近地面运行时，风沙流中的沙粒对地表物质产生冲击、摩擦，如果岩石表面有裂隙等凹进之处，风沙甚至可以钻进去进行旋磨，这种作用称为磨蚀作用。磨蚀的强度取决于风速和挟带沙粒的数量。近地表处沙粒大而多，但风速小；远离地表处风速大而沙粒数量少且小。因此，只有在中间某一高度处能产生最大的磨蚀。

吹蚀作用和磨蚀作用统称风蚀作用。

3. 风沙搬运作用

风挟带各种不同颗粒的沙物质，使其发生不同形式和不同距离的迁移，称为风沙搬运作用。风搬运颗粒的移动方式主要有推（蠕）移、跃移和悬移。

（1）悬移。沙子悬浮于空气中的流动。

（2）跃移。沙子在地面跳跃式运动。

（3）蠕移。沙子沿地表滑动和滚动。

蠕移和跃移颗粒最多，一般集中在距地面0.5～1.5m高度内，而悬移质的粉尘和气溶胶较少，但可随大气环流运动几百千米甚至几千千米。

风力各种搬运方式中的颗粒占比大概是：滚动占7%～25%；跃移占55%～72%；飞扬占3%～28%。

研究发现，风沙流中含沙量的垂直分布随高度增加而减少，绝大部分沙粒是在贴近地面30cm高程内，特别是在0～10cm高程的气流中输移。这就是我国采用草障治沙的原理所在。

4. 风沙堆积作用

风沙搬运过程中，当风速变小或遇到障碍物（包括植物或地表微小的起伏），以及地面结构、下垫面性质改变时，都能够发生沙粒从气流中脱离堆积。如地表具有任何形式的障碍物，那么气流在运行时就会受到阻滞而发生涡旋减速，从而削弱了气流搬运沙子的能量，就会在障碍物附近产生大量的风沙堆积。

风力作用塑造的地貌主要为风蚀地貌和风积地貌。

二、风蚀地貌

由风蚀作用形成的风蚀地貌主要有风棱石、石窝、风蚀蘑菇和风蚀柱、风蚀谷和风蚀残丘、风蚀雅丹、风蚀洼地等。

1. 风棱石

风棱石是干旱荒漠，特别是广大砾石荒漠中最常见的一种小型风蚀地貌形态。广大砾漠中的砾石，经过风沙长时间的磨蚀作用后，变成棱角明显、表面光滑的风棱石。其成因是部分突露地表的砾石，经定向风沙长期打磨而露出地面部分，形成一个磨光面（风蚀面）；以后由于风向的改变或砾石的翻转重新取向，又形成另一个磨光面；面与面之间则隔着尖棱，这样就形成了风棱石。现在风棱石已被作为奇石制成各种石料工艺品，供观赏和收藏。

2. 石窝

在干旱荒漠中，另一种经常可以遇到的小型风蚀形态是石窝。石窝多发育在石质荒漠中巨大岩石的迎风峭壁上，是许多圆形或不规则椭圆形的小洞穴和凹坑（石袋），有的散布，有的群集，其直径约 20cm，深度 10～15cm。密集分布的凹坑，中间隔以狭窄的石条，状如窗格或蜂窝，故称石窝，又称石格窗。

3. 风蚀蘑菇和风蚀柱

孤立突起的岩石，尤其是水平节理和裂隙很发育而不甚坚实的，经受长期的风化和风蚀作用以后，形成上部大、基部小的，外形像蘑菇（蕈状）似的岩石，称为风蚀蘑菇（蘑菇石）。

垂直裂隙发育的岩石，在风的长期吹蚀后，可形成一些高低不等、大小不同的孤立柱，称为风蚀柱。

4. 风蚀谷和风蚀残丘

干旱地区雨量稀少，偶有暴雨产生洪流（暴流）冲刷地面，形成许多冲沟。冲沟再经长期风蚀作用改造，加深和扩大成为风蚀谷。风蚀谷无一定形状，可为狭长的壕沟，也可为宽广的谷地；沿主要风向延伸，底部崎岖不平，宽窄不均，蜿蜒曲折，长者可达数十千米。

由基岩组成的地面，经风化作用、暂时水流的冲刷，以及长期的风蚀作用以后，随着风蚀谷扩宽，原始地面不断缩小，最后残留下一些孤立的小丘，称为风蚀残丘。

5. 风蚀雅丹

雅丹地貌是一种典型的风蚀地貌，又称风蚀垄槽或风蚀脊，雅丹（Yardang）地貌与风蚀残丘不同，它不是发育在基岩上，而是发育在河湖相的土状堆积物中，以新疆罗布泊洼地西北部的古楼兰附近发育最为典型（详见下节）。

6. 风蚀洼地

松散物质组成的地面，经风的长期吹蚀，可形成大小不同的浅凹地，称为风蚀洼地。它们多呈椭圆形，沿主风向伸展。单纯由风蚀作用造成的洼地多为小而浅的碟形洼地。如准噶尔盆地三个泉子干谷以北，平坦薄层沙地上分布有许多碟形洼地，直径都在 50m 以下，深度仅 1m 左右。

风蚀洼地在风蚀过程中，当风蚀深度低于潜水面时，地下水出露可潴水成湖。如我国呼伦贝尔沙地中的乌兰湖、浑善达克沙地中的查干诺尔、毛乌素沙地中的纳林诺尔等都是这样形成的。

三、风积地貌

当风沙流遇到障碍物时，就会因受阻而产生涡旋或减速，使其动能降低而发生堆积，形成各种风积地貌。风积地貌主要为沙堆、新月形沙丘（链）、横向沙垄、纵向沙垄和抛物线形沙丘、梁窝状沙丘等各种各样的沙丘。

（一）沙丘的分类

风积地貌是指被风搬运的沙物质，在一定条件下堆积所形成的各种地貌，其中最基本的是由风成沙堆积成的形态各异、大小不同的沙丘。沙丘可分为以下类型：

（1）横向沙丘。沙丘形态的走向和起沙风合成风向相垂直或成 60°～90°的交角。

（2）纵向沙丘。沙丘形态的走向和起沙风合成风相平行或成 30°以下的交角。

（3）多方向风作用下的沙丘。沙丘形态本身不与起沙风合成风向或任何一种风向相垂直或平行。

（二）主要沙丘类型及其成因

1. 横向沙丘

（1）新月形沙丘。顾名思义，新月形沙丘最显著的形态特征是平面图形呈新月形，沙丘的两侧有顺着风向向前伸出的两个兽角（翼）。它是一种最简单的横向沙丘形态。

新月形沙丘的剖面形态是有两个不对称的斜坡，迎风坡凸出而平缓，坡度在 5°～20°；背风坡凹入而较陡，坡度为 28°～34°，相当于沙子的最大休止角。两坡之间的交接线为弧形沙脊。沙丘高度都不大，一般为 1～5m，很少超过 15m；其宽度一般为长度的 10 倍。单个新月形沙丘大多零星分布在沙漠的边缘地区。

（2）沙丘链。由密集的新月形沙丘相互横向连接，可形成一条链索，称之为沙丘链。高度一般在 10～30m，长度可达数百米，甚至 1000m 以上。有的沙丘链弯曲度较大，两坡不对称（在单向风地区）；有些沙丘链则比较平直，两坡也比较对称（在相反方向风交互作用地区）。因沙丘链的排列方向（走向）与长期的起沙风合成风向近于垂直，所以有人称之为横向沙垄。

（3）梁窝状沙丘。新月形沙丘和沙丘链，在水分条件较好的长草情况下，被植物所固定和半固定时形成梁窝状沙丘。梁窝状沙丘可以再度受到吹扬，沙丘顶部因相对高起，水分、植被条件较差，易受风的吹扬，使丘体不断向前移动；而两翼高度较低，植物固定程度较好，风的作用受到阻碍，沙子不再移动而仍被留在原地。这种发展的结果，就形成反向沙丘形态——抛物线形沙丘。

2. 纵向沙丘

纵向沙丘是顺风向延伸的纵向沙垄，也称线形沙丘。纵向沙垄平直作线状伸展，高度一般在 10～25m，也有比此低亦或更高的；长度可从数百米到数千米不等。

纵向沙丘的成因，各家看法不一致。一种认为是在两个锐角相交的风交互作用下，由灌从沙丘向垄状沙链，再逐步演变到树枝状沙垄。另一种认为是在两种风向成锐角斜交的情况下，由新月沙丘的一翼向前延伸所形成。还有一种认为纵向沙丘的形成，主要是与大气边界层的纵向螺旋状卷轴涡流作用有关。纵向螺旋状卷轴涡流，将地面吹蚀的沙子，搬运到双反转的涡流之间地表的收敛空气狭长带堆积，形成了顺风向延伸的纵向沙垄。

3. 多方向风作用下的沙丘

金字塔沙丘是在多方向风作用下，且在各方向风力相差不大的情况下发育起来的一种沙丘，因其形态与埃及尼罗河畔的金字塔相似而得名；有时其形态像海星，故又称为星形沙丘。金字塔沙丘有一个尖的顶，从尖顶向不同方向延伸出3个或更多的狭窄沙脊（棱）；每个沙脊都有一个发育得很好的滑动面（棱面），坡度一般在25°～30°；丘体高大。

（三）沙丘移动规律

沙丘移动是相当复杂的，与风、沙丘高度、水文、植被状况等很多因素有关。其移动方式一是前进式，这是在单一的风向作用下产生的；二是往复前进式，它是在两个方向相反而风力大小不等的情况下产生的；三是往复式，是在风力大小相等，方向又相反的情况下产生的。

风沙活动、沙丘前移，可以侵入农田牧场、埋没房屋、侵袭道路（铁路、公路），给农业生产和工矿、交通建设造成很大危害。防治沙害的关键是控制沙质地表风蚀过程的发展，削弱风沙流的强度和固定沙丘，一般可采取工程防治和植物固沙两种方法。

（四）风成沙特征

由风力搬运并堆积的沙级堆积物称为风成沙，它具有以下特征：

（1）粒度主要集中在0.25～0.1mm的细沙部分，粉沙、黏粒含量一般不超过10%。

（2）形态表现为磨圆度较高。

（3）矿物成分以石英、长石为主，二者占90%以上。

（4）化学成分以SiO_2含量为主，有机质含量极低。

（5）结构构造表现为风成沙丘常发育近水平层理、斜层理和交错层理。

四、荒漠及荒漠化问题

（一）荒漠的类型

荒漠是指干旱不适合于耕作、植被稀疏、土地十分贫瘠的自然地带，意为“荒凉”之地。

干旱荒漠的面积占全球陆地面积1/4左右。分布范围一是南、北纬15°～35°之间的亚热带。该地带湿度低、少云而寡雨，成为地球上著名干燥气候区，如北非的撒哈拉、西南亚的阿拉伯半岛、南美的阿塔卡马等地。二是温带内陆地区，如中亚、我国的西北和美国西部等地，这些地带深居内陆，远距海洋，地形闭塞，形成了温带内陆干旱区。

干旱荒漠按照地貌形态与地表组成物质不同，可分为四种类型，即岩漠、砾漠、沙漠和泥漠。

1. 岩漠（石质荒漠）

岩漠是风蚀基岩裸露区，一般发育在干旱山地中，特点是地面被切割得破碎不堪，山岭陡峭，石骨嶙峋，基岩突露地表。

2. 砾漠（砾石荒漠）

砾漠是由砾石组成的平坦地面，蒙古语称“戈壁”，它多发育于内陆山前冲积—洪积平原上。强劲的风力作用吹走了细粒物质（沙、粉尘等），整个地表留下了粗大砾石，便形成一片广大的砾石荒漠。砾漠中的砾石常被风所挟带的沙子磨蚀成带棱角的、表面光滑的风棱石，有些砾石表面可见到油黑色漆皮。

世界上砾漠分布较广，我国西北的河西走廊、柴达木和塔里木等内陆盆地的山前地带，蒙古大戈壁，以及北非阿尔及利亚的部分地区都为砾漠分布。

3. 沙漠（沙质荒漠）

沙漠是指地表覆盖有大面积风成沙的地区，这里风沙活动强烈，形成各种风成沙丘地貌形态。沙漠是荒漠中分布最广的一种类型。此外，在半干旱的干草原地区，也常有大面积为风成沙所覆盖的地面，称为“沙地”。但在一般人的习惯中，也常把它称作沙漠。我国沙漠面积约 63 万 km^2。

4. 泥漠（黏土荒漠）

泥漠是由黏土物质组成的地面，地表常发育龟裂，分布在干旱区的低洼地带，如封闭盆地的中心。它是由洪流从山区搬运来的细土物质淤积干涸而成。泥漠的地面平坦，发育有龟裂纹，植物稀少，地表光裸。有的泥漠地区，地下水位较浅且含有大量盐分，蒸发形成盐土、盐壳甚至盐岩层，则称为盐沼荒漠或盐漠。

（二）荒漠化问题

1. 荒漠化的概念及其成因

由于全球气候变化、人为不合理活动等原因，大片土壤生产力下降或丧失的现象称为荒漠化。特别是在干旱半干旱地区的沙质地表，由于自然因素或人为活动影响破坏了自然脆弱的生态系统平衡，出现了以风沙活动为主要标志，并逐步形成风蚀、风积地貌结构的土地退化过程，值得关注。

荒漠化是当今人类面临的全球性的严重环境问题之一。根据联合国防治荒漠化公约（UNCCD）秘书处在 2022 年 6 月 17 日第 28 个世界防治荒漠化与干旱日公布的资料，全球超过 165 个国家存在荒漠化的问题，世界上约有 21 亿人生活在荒漠和旱地地区。

荒漠化概念于 1949 年由法国科学家 Aubrevill 提出，1994 年 10 月，联合国防治荒漠化公约在巴黎签署，公约中给出了荒漠化的新定义，即“荒漠化系指包括气候变化和人类活动在内的种种因素造成的干旱、半干旱和半湿润干旱区的土地退化”。

荒漠化的新定义明确地指出了以下三个问题：

（1）荒漠化是气候变化和人类活动等多种因素的作用下起因和发展的。

（2）荒漠化发生在干旱、半干旱和半湿润干旱区，这就给出了荒漠化产生的背景条件和分布范围。

（3）荒漠化是发生在干旱、半干旱和半湿润干旱区的土地退化。

2. 我国荒漠化防治战略

我国是世界上受土地荒漠化、沙化危害最严重的国家之一。全国荒漠化土地面积 261 万 km^2，占国土面积的 1/4；沙化土地面积 172 万 km^2，占国土面积的近 1/5。新中国成立以来中国人民的治沙之路从来没有停息过，进入 21 世纪特别是党的十八大以来，我国实施了《全国防沙治沙规划》《京津风沙源治理二期工程规划》《国家沙漠公园发展规划》等一系列规划，深化防沙治沙改革，实行严格的荒漠生态保护制度，全面落实省级政府防沙治沙目标责任考核奖惩制度，维护荒漠生态系统的稳定性、完整性和原真性。加快实施京津风沙源治理、“三北”防护林建设、退耕还林、退牧还草、石漠化综合治理等国家重点工程，由点到面带动荒漠地区生态状况整体好转。经过多年实践，我国荒漠化防治已经走出了一条生态改善与经济发展相结合的可持续发展路径。力争到21世纪中叶，建成稳定的生态防护体系，高效的沙产业体系和完备的生态保护与资源开发利用保障体系，使全国可治理的荒漠化土地基本得到整治，荒漠化地区实现人口、资源、环境与国民经济协调发展。

综合治理措施是坚持生物措施为主，生物措施与工程措施相结合。努力做到治理一片、巩固一片、开发一片、见效一片。

第七节　雅　丹　地　貌

一、雅丹地貌的含义

1899—1902年，瑞典科学探险家斯文·赫定对中亚地区进行第二次科学考察期间，在我国的罗布泊荒漠中发现大面积河湖沉积物暴露地表，并被强风吹蚀形成独特的垄岗状残丘（图6-9），当地的维吾尔族人称之为"Yardang"（雅尔当）。1903年，赫定在其出版的考察游记《中亚与西藏》一书中首次使用了Yardang一词，专指这种特殊的"垄岗状风蚀地貌"。从此，Yardang在英文地学文献中开始流行。

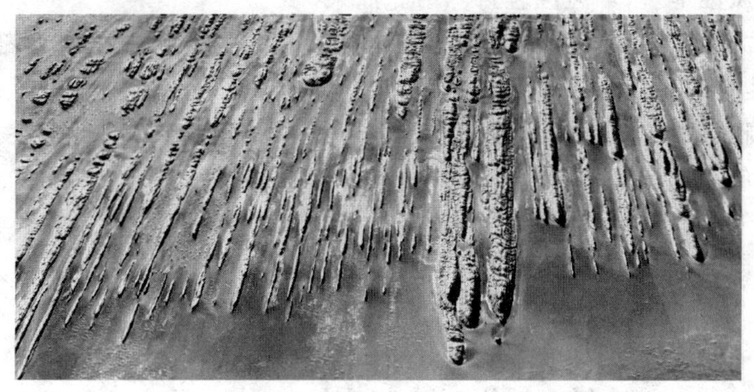

图6-9　鸟瞰敦煌雅丹地质公园（卫星地图）

1936年曾经随同赫定等一起参加过科学考察的中国科学家陈宗器先生在其所著的《罗布淖尔与罗布荒原》中，正式将Yardang翻译为"雅丹"。

雅丹源于维吾尔语，意思是"有陡壁的小丘"。这种地貌出现于大风干旱的古湖盆或湖积平原，由于强大的风力侵蚀和搬运作用，常呈现出风蚀岭脊、风蚀沟槽、土墩和洼地等形态。

我国新疆的罗布泊和乌尔禾是这种地貌的典型代表。每当大风狂吼时，卷起的满天沙尘遮天蔽日，不辨方向。风声有如鬼哭狼嚎，完全是一个恐怖世界。大风过后，留下的风蚀岭脊、土墩、沟槽、洼地，犹如城堡街巷。在另一场狂风过后，一切又都变了模样。所以乌尔禾的雅丹地貌地区被称为"魔鬼城"。

因此，雅丹地貌是一种典型的风蚀地貌，又称风蚀垄槽或风蚀脊，专指干旱地区河湖相堆积物经长期风蚀作用等形成的，与盛行风平行的一系列平行垄脊和沟槽构成的地貌景观。

二、雅丹地貌的形成

典型的雅丹地貌形成于干旱地区干涸的湖底或河、湖阶地上，大部分为未固结或半固结的砂砾岩。地壳活动导致湖（河）水退却、湖底抬升并裸露地表，强烈持久的定向风沿干缩裂隙（或构造作用形成的裂隙）吹蚀，使原来平坦且固结程度不高的湖底沉积物逐渐形成一系列与主风向略成平行的、不规则的、相间排列的鳍形垄脊和宽浅沟槽。垄脊高数十厘米至数十米，沟槽宽数米，长数十米至数百米，少数长过千米。沟槽间大部分被流沙充填。因长时间遭受风蚀，单个垄脊常呈鳍形或流线形，迎风面通常为圆弧状，背风面细长或呈分散状。沟槽间充填的流沙表面通常保留有明显的风成波纹。

风蚀作用形成的地貌千变万化、千奇百怪，“雅丹”只是众多风蚀地貌的类型之一，其他风蚀地貌还包括风蚀穴或风蚀壁龛、风蚀柱、风蚀城堡等。但是，现今的许多文章或游记中，几乎把所有与风蚀有关的地貌都笼统称为雅丹地貌。严格说来，只有像图 6 - 9 所示的这种成群分布的垄岗状地貌才能称之为雅丹地貌。

地球表面没有降雨的地方真的不多，绝大部分地貌的形成都或多或少有水的参与。雅丹地貌在其形成过程中自始至终有水的参与。首先，形成雅丹地貌的岩石或岩层主要为湖相的砂砾岩，湖水干涸后，这些出露地表的砂砾岩在间歇性流水和长期而强烈的定向风的共同作用下，形成了现今这种地貌，只是流水冲蚀的作用远小于强风的吹蚀作用，因此将雅丹地貌归因于风蚀地貌，“风蚀雅丹”由此而来。

“雅丹”与“丹霞”几乎同时出现于现代中文地学文献中，二者都有相同的汉字“丹”，“长相”也相似，是地学中最常混淆的一对概念。有“风蚀雅丹”与“流水丹霞”之区分。首先“雅丹地貌”中的“丹”字是音译而来，与红色没有任何关系，雅丹地貌的颜色既可以是红色，也可以是红色以外的任意颜色；而“丹霞地貌”指的是以红色砂砾岩为主要成分、以赤壁丹崖为典型特征的地貌。其次，“雅丹地貌”是在长期强烈定向风作用下，以风蚀作用为主而形成的，“丹霞地貌”则是以地表水冲蚀作用为主形成的地貌景观。

第八节　冰　川　地　貌

冰川地貌主要由冰川的侵蚀和堆积作用形成的地貌。巨厚的冰川在缓慢流动过程中，产生很大的刨蚀作用，从而在山体雪线以上形成角峰、冰斗、刃脊，以及宽广的 U 形冰川谷、峡湾和冰蚀湖盆等冰蚀地貌；同时在雪线以下地区，由冰川消融形成各种冰碛物堆积地貌。

我国现代冰川地貌主要分布在西部高山和高原地区，如青藏高原、喜马拉雅山、昆仑山、念青唐古拉山、横断山、祁连山、天山和阿尔泰山。

冰川地貌主要是科学考察的对象，也开发出一些旅游区，如四川的贡嘎山、甘肃的祁连山、新疆的阿尔泰山和天山等。尤其是四川的贡嘎山海螺沟冰川景观非常奇特，其大冰瀑布落差超 1000m，已成为独具魅力的旅游胜地。

一、冰川的形成和运动

（一）雪线

雪线是一个均衡线，是年降雪量等于年消融量的分界线。雪线以上，年降雪量大于年消融量，常年积雪，称为冰雪积累区。雪线以下，年降雪量小于年消融量，称为冰雪消融区。雪线高度受温度、降水量及地形影响，各地区是不同的。就世界范围来说，雪线是由赤道向两极降低的。珠穆朗玛峰北坡雪线高度在6000m左右，而在南北极，雪线就降低在海平面上。雪线是冰川学上一个重要的标志，它控制着冰川的发育和分布。

（二）成冰作用

雪线以上的区域，从天空降落的雪和从山坡上滑下的雪，容易在地形低洼的地方聚集起来。由于低洼的地形一般都是状如盆地，所以冰川学上称其为粒雪盆。粒雪盆是冰川的摇篮。

初下的新雪是一种晶体，呈片状、星状、针状和不规则状等，累积后稍融冻结而成大体圆球状的雪粒称为粒雪，粒雪进一步在压力或热力作用下，更紧密地结合起来，成为冰川冰，这一系列的转变过程称为成冰作用。

新雪的密度只有0.05～0.07g/cm^3，而粒雪的密度已增至0.4～0.8g/cm^3。雪与粒雪晶粒之间的孔隙，与大气相连通，一旦孔隙完全封闭成气泡，与大气不相通，则认为粒雪就变成了冰川冰，此时，冰的密度达0.83～0.91g/cm^3。在变质成冰过程中，总的趋向是密度不断增大，孔隙率不断降低。

（三）冰川的运动

冰川冰经过不断增厚，在重力和压力作用下，向下向前产生滑动和蠕动，形成冰川。冰川运动的速度取决于冰川的厚度与冰床或冰面坡度，两者成正比关系。

一般来说冰川的流动速度是非常缓慢的，肉眼不易觉察。山岳冰川流速一般为几米每年到一百多米每年。例如，我国天山的冰川流速为10～20m/年，珠穆朗玛峰北坡的绒布冰川，中游最大流速为117m/年。

世界上有些冰川在短期内出现爆发式的前进，如1953年3月21日至6月11日不到3个月，喀喇昆仑山南坡的斯塔克河源的库西亚冰川前进了12km；西藏南迦巴瓦峰西坡的则隆弄冰川，在1950年8月15日（藏历七月初二）晚，冰川突然前进，数小时内冰川末端由原来海拔3650m处前进至海拔2750m的雅鲁藏布江河谷，前进水平距离达4.8km，形成数十米高的拦江冰坝，使江水断流。

冰川运动的速度在冰川各部分是不同的。从冰川的纵剖面来看，中游流速大于下游；从横剖面来看，冰川中央流速大于两侧；从垂直剖面来看，冰舌部分以冰面最大，向下逐步减小；而在冰雪补给区则因下部受压大，故最大流速常位于下层离冰床一定距离的地方（在冰川最底部因为和冰床摩擦，速度反而降低）。由于冰川表面各点运动速度的差异，因而冰面上常产生各种裂隙。

冰川的运动速度及末端的进退，往往反映了冰川物质平衡的变化。当冰川的积累量与消融量处于平衡时，冰川停滞稳定。随着气候的变化，若降雪增多，冰川积累量加大，就会导致冰川流速变快，并以动力波的方式向下传播，冰舌末端向前推进；反之，若冰川补给量减小或消融量增大，则冰川流速相应减小，冰川后退。

（四）冰川类型

按冰川形态、规模和所处地形条件，冰川可分为山岳冰川和大陆冰川两大类型。前者分布在中低纬度的高山地区，后者分布在地球两极。

1. 大陆冰川

大陆冰川是不受地形约束而发育的冰川，又称大陆冰盖，也称极地冰盖，简称冰盖。国际上习惯把面积超过5万km^2的冰川才当作冰盖。目前，世界上主要有南极和格陵兰两大冰盖。

南极冰盖最为巨大，包括边缘分布着的冰架在内，总面积达1380万km^2，平均厚度为720～2200m，最大厚度达4267m。

整个南极大陆几乎都被永久冰雪所覆盖，只有极少数山峰突出于冰面之上，称为冰原石山。冰盖边缘有一些没有脱离冰盖的大冰流伸向海中，并漂浮于海上，有的可延伸几百千米，虽然冰体是运动着的，但其范围基本是稳定的，称之为冰架或冰棚。在冰盖边缘的其他地方也常有一些冰舌伸入海上，这就是流动速度较快的溢出冰川。冰架和溢出冰川都是陆缘冰，它们的前端由于消融而崩解，使大小不等的冰块在海上漂流，称为冰山。

格陵兰冰盖面积170万km^2，由南、北两个大冰穹组成，冰盖最大厚度3411m，其边缘没有大冰架，而溢出冰川甚多。

2. 山岳冰川

山岳冰川是完全受地形约束而发育的冰川，主要分布于地球的中低纬高山地带，其中，亚洲山区最发达。山岳冰川发育于雪线以上的常年积雪区，沿山坡或槽谷呈线状向下游缓慢流动。根据冰川形态、发育阶段和地貌特征的差异，山岳冰川可进一步分为悬冰川、冰斗冰川、山谷冰川、山麓冰川和平顶冰川等多种类型。

(1) 悬冰川。这是山岳冰川中数量最多但体积最小的冰川，成群见于雪线高度附近的山坡上，像盾牌似的悬挂在陡坡上。其前端冰体稍厚，没有明显的粒雪盆与冰舌的分化，厚度一般只有一二十米，面积不超过1km^2。对气候变化反应敏感，容易消退或扩展。

(2) 冰斗冰川。分布在河谷源头或谷地两侧围椅状的凹洼处，冰斗底部平坦，而壁龛陡峻。冰体越过冰坎呈短小冰舌状溢出冰斗，悬挂在斗口。冰斗冰川面积一般在几平方千米。

(3) 山谷冰川。是山岳冰川中发育最成熟的类型，具有山岳冰川的全部作用功能。山谷冰川具有明显而完整的粒雪盆和伸入谷地中的长大冰舌，冰川长度达到数千米至数十千米，冰川厚度为数百米。

以雪线为界，山谷冰川具有明显的冰雪积累区和消融区，分别表现为粒雪盆和长大冰舌。它像河流那样顺谷而下，沿途还可接纳支冰川汇入，组合为规模更大的复式山谷冰川、树枝状山谷冰川等。

(4) 山麓冰川。巨大的山谷冰川从山地流出，在山麓地带冰舌扩展或汇合成大片广阔的冰体，称为山麓冰川。现代山麓冰川只存在于极地或高纬地区，如阿拉斯加、冰岛等。阿拉斯加的马拉斯平冰川是一条著名的山麓冰川，它由12条冰川汇合而成，山麓部分的冰川面积达2682km^2，冰川最厚达615m。

(5) 平顶冰川。是山岳冰川与大陆冰盖的一种过渡类型，它发育在起伏和缓的高原和高山夷平面上，故又名高原冰川或高山冰帽。有时，在平顶冰川的周围常伸出若干短小的冰舌。这类冰川规模差别很大，其面积自数十平方千米至数千平方千米不等。如我国祁连山最大的平顶冰川土尔根大坂山的敦德冰川，面积为57km^2。

二、冰川地貌类型及其成因

（一）冰蚀作用与冰蚀地貌

1. 冰蚀作用

冰川挟带石块对底床和两侧基岩进行的强大的磨蚀、拔蚀、压碎及压裂作用，统称为冰蚀作用，冰川对地表具有很大的侵蚀破坏能力。冰蚀作用主要包括挖蚀作用和磨蚀作用，它与冰川作用的其他自然因素的结合，塑造了多种多样的冰蚀地貌类型。

（1）冰川的挖蚀作用。主要因冰川自身的重量和冰体的运动，底床基岩破碎，冰雪融水渗入节理裂隙，时冻时融，从而使裂隙扩大，岩体不断破碎，冰川就像铁犁铲土一样，把松动的石块挖起带走。在基岩凸起的背流面和裂隙发育的地方，挖蚀作用表现明显。它形成的冰碛物比较粗大，大陆冰川作用区的大量漂砾，一般是冰川挖蚀作用的产物。

（2）冰川的磨蚀作用。是由冰川对冰床产生的巨大压力所引起的。如冰川厚度为100m时，每平方米的冰床上将受到90t左右的垂直静压力，通过冰川的运动，就可促使底部石块压碎。压碎了的岩屑冻结于冰川的底部，成为冰川对冰床进行刮削、锉磨的工具，从而造成一些粒级较细的冰碛物，以粉砂、黏土为主。当冰川运动受到阻碍或遇到冰阶时，磨蚀作用表现更为突出，产生了基岩或砾石表面的磨光面。

在磨光面上，常带有冰川擦痕。冰川擦痕宽、深一般只有几毫米，长短不等，多呈钉头形，有时亦可弯曲或呈弧状。冰川擦痕与冰川运动方向平行，基岩或砾石磨光面上的几组交切擦痕，表明了冰川流动方向的改变，或因被冰川挟带砾石方位的转动所致。

有人估计冰蚀作用可超过河流侵蚀作用的10～20倍。据估计斯堪的纳维亚半岛在大冰期中平均被挖蚀去25m厚的岩层，岩屑总量可以填平现在的波罗的海和它周围的一切湖泊。号称“千湖之国”的芬兰境内的湖泊，就是由大陆冰川挖掘地面形成的。北美的五大湖也是如此。

2. 冰蚀地貌

由冰川冰蚀作用塑造的地形称为冰蚀地貌，主要有冰斗、刃脊、角峰、冰川谷（U形谷或幽谷、槽谷）、峡湾（峡江）、羊背石和鲸背石等。

（1）冰斗、刃脊和角峰。在冰川作用的山地中，冰斗是分布最普遍、最明显的一种冰蚀地貌。冰斗三面为陡壁所围，朝向坡下的一面有个开口，外形呈围椅状。即冰斗是由冰斗壁、盆底和冰斗出口处的冰坎（冰斗槛）所组成。当冰斗进一步扩展，或谷地源头数个冰斗汇合时，冰坎往往不明显或消失，这种复式大冰斗称为围谷或冰窖。在冰川消退后，冰斗底部往往积水产生冰斗湖。

由于冰斗多发育于雪线附近，因此冰斗具有指示雪线的意义，即可以根据古冰斗底部的高度来推断当时雪线的位置。因而，古冰斗在冰川地貌学上就成了一种特殊的“化石”。

当山岭两坡发育了冰斗，随着冰斗的进一步扩大，斗壁后退，岭脊不断变窄，最后形成刀刃状的锯齿形山脊，称之为刃脊或鳍脊。由三个以上的冰斗发展所夹峙的尖锐山峰，称为角峰。如珠穆朗玛峰，外形呈巨大的金字塔形。

（2）冰川谷和峡湾。冰川谷又称U形谷（幽谷）或槽谷，它的前身大部分是山地抬升前的河谷，以后由冰川切割V形河谷而成，但两者的地貌特征却显然不同。所有槽谷都有一个落差很大的槽谷头，就像河流溯源侵蚀的裂点一样，但其形成原因则是那里冰川最厚，底部剪切应力大，处于压融点状态，冰川冰可塑性强，侵蚀力强。

在主、支冰川汇流处，常因冰量不同而引起侵蚀强度的差别。主冰川比支冰川厚度大，侵蚀力强，槽谷深度也大，在冰川衰退后，支冰川槽谷就高挂在主冰川槽谷的谷坡上，形成悬谷，高出主冰川槽谷底部数十米至数百米不等。

峡湾分布在高纬度沿海地区，这里沿冰期前河谷发育的山谷冰川，其下游入海后仍有较强的侵蚀能力，继续刷深、拓宽冰床；冰期后，受海浸影响，形成两侧平直、崖壁峭拔、谷底宽阔、深度很大的海湾，称为峡湾或峡江。挪威海岸有一个峡湾长达 220km，南美巴塔哥尼亚海岸的峡湾深度达 1288m。

（3）羊背石和鲸背石。羊背石是冰床上由冰蚀作用形成的石质小丘，常成群分布，远望犹如匍匐的羊群，故称羊背石。羊背石平面上呈椭圆形，剖面形态两坡不对称，迎冰流面以磨蚀作用为主，坡度平缓作流线形，表面留下许多擦痕刻槽、磨光面等痕迹；背流面则在冻融风化和冰川挖蚀作用下，形成表面坎坷不平整锯齿状的陡坡。羊背石是冰川磨蚀作用和挖蚀作用共同造成的，说明冰下水层并不很发育。

鲸背石是一种在冰下多水的条件下，冰底滑动以水层滑动为主形成的冰蚀丘陵。其特征是迎冰面与背冰面均作流线形，且坡度相近，说明其在形成过程中冰川以磨蚀作用为主，挖蚀作用基本不存在，说明冰底滑动应以水层滑动为主，是更暖而冰下多水的条件下形成的冰蚀丘陵。

羊背石在一般山地冰川的冰床上均易于出现，鲸背石则多属大陆冰盖下的产物，但山地冰川也有出现。羊背石和鲸背石的长轴方向，与冰川运动方向平行，因而可以指示冰川运动的方向。

（二）冰川搬运、堆积作用与冰碛地貌

1. 冰川的搬运和堆积作用

冰川在运动过程中，不仅具有强大的侵蚀力，而且还能挟带冰蚀作用产生的许多岩屑物质，以及冰川谷两侧山坡上因融冻风化、雪崩等作用所造成的坠落堆积物。它们不加分选地随冰川一起向下运动，这些大小不等的碎屑物质，统称为运动冰碛物（或运动冰碛），按照冰川搬运方式有底碛、表碛、中碛、侧碛等。冰川表面的岩石碎块称为表碛；冰川两侧的是侧碛；两条冰川汇合时，相邻的两条侧碛合为一条中碛；冰川底部的称为底碛；包含在冰川内部的称为内碛或里碛，是由碎屑物落入冰裂隙、冰洞、或由表碛、底碛转化而成。位于冰川边缘前端、冰舌末端的冰碛物，称为前碛或终碛。冰碛物中的巨大石块，称为漂砾。

冰川具有巨大的搬运能力，成千上万吨的巨大漂砾皆能随冰流而运移到很远的地方。我国喜马拉雅山的山岳冰川可把直径 28m、重达万吨的漂砾搬走；波罗的海南部的一块巨大岩块，尺寸为 4km×2km×0.12km，就是由冰川从别处搬来的。

冰川还有逆坡搬运的能力，可把冰碛物从低处搬到高处。如我国西藏东南部一大型山谷冰川，曾把花岗岩漂砾抬升达 200m，在美国还有抬举 1500m 的。

冰川消融以后，被冰川挟带搬运的物质就堆积下来。所有直接由冰川冰沉积的、未受水体扰动的沉积物统称为堆积冰碛物（或堆积冰碛），也称冰碛。冰碛形成了各种各样的冰碛地貌

2. 冰碛物特征

由冰川搬运和堆积的物质统称为冰碛物，冰碛物的特征一般都被描述为“大小混杂”“杂乱无章”“没有分选”等。具体来说，冰碛物具有以下特征：

(1) 冰碛物的粒度成分，从巨砾到黏粒，大小混杂，缺乏分选。

(2) 结构趋向于块体状，一般不具层理，以棱角、次棱角为主，磨圆度差。

(3) 组成的成分为各种矿物和岩石的混合物，岩性包括冰源区和流动区来源，含抗化学风化较弱的成分。

(4) 岩块表面常留下刻划的冰川擦痕。

(5) 长条形碎屑物可能有一个共同的方向。

(6) 由于沉积期间承受了巨大的压力，因此，可能比周围其他沉积物更为坚实。

3. 冰碛地貌

常见的冰碛地貌有冰碛丘陵、终碛垄（堤）、侧碛垄（堤）、鼓丘等。

(1) 冰碛丘陵。在冰川消融后，原来随冰川运行的表碛、中碛和内碛等都坠落在底碛之上，形成低矮而波状起伏的冰碛丘陵。它们分布零乱，大小不等，丘陵之间经常出现宽浅的湖沼洼地。

冰碛丘陵的形态和分布规律，在一定程度上反映了冰体消亡前的冰川下伏地形或冰面起伏形态。冰碛丘陵广泛分布于大陆冰川作用区，高度可达数十米或数百米，如在东欧平原、北美洲的北部地区均可见这类冰碛丘陵地貌。在大型山岳冰川作用区，也能产生冰碛丘陵，但规模较小，如我国西藏波密出现在槽谷底部的冰碛丘陵，相对高度为数米至数十米。

(2) 终碛垄（堤）。当冰川末端补给与消融处于平衡时，冰碛物就会在冰舌前端堆积成弧形长堤，称为终碛垄（堤）。山岳冰川终碛垄高度常达百米以上，但延伸长度较短；大陆冰川终碛垄高度较低，约数十米，但延伸长度可达数百千米。

终碛垄的形态不对称，在横剖面上表现为外坡陡、内坡缓，在高度上表现为内低外高，在溢出山口的冰川终碛垄往往会向一侧偏转，特别是东西流向的冰川上最为明显。

终碛垄内侧地势较低，常积水成湖。

终碛垄也极易被后期流水切割成一系列孤立小丘，这些小丘总的排列方向仍是一个弧形，显示出原始终碛垄的形态。终碛垄可成组出现，分别代表了不同的冰期或不同发育阶段的冰川伸展范围。

在冰川前进时，有时也能形成终碛堤。冰川像推土机一样，推挤着谷地中的冰碛沙砾，产生揉褶、逆掩断层等变形构造。当冰川处于相对稳定或后退时，终碛堤就能得到保存，其表面还能接受冰体消融而撒落的松散冰碛物。这种终碛称为挤压终碛，在我国天山、西藏等地都曾见到。

(3) 侧碛垄（堤）。在山岳冰川地区侧碛是比终碛更易保存的堆积形态，因为它们伸长很远，也不易被冰水河流破坏。在冰川谷坡上往往可以发现高度不同的多列侧碛，一般高度为数十米。侧碛垄（堤）上游源头开始于雪线附近，下游末端常与终碛垄相连。

(4) 鼓丘。它是主要由冰碛物组成的一种流线形丘陵。平面上呈蛋形，长轴与冰流方向一致。鼓丘两坡不对称，迎冰坡陡，背冰坡缓，一般高度为数米至数十米，长度多为数百米左右。鼓丘内有时含有基岩核心，形如羊背石，它局部出露于迎冰坡，或完全被冰碛物所埋藏。

鼓丘在山岳冰川作用区少见，而在大陆冰川区则往往成群地分布于终碛堤内不远的地方。反映了鼓丘的成因是在冰川边缘地带，冰川搬运能力减弱，当冰川负载量超过搬运能力，或冰流受阻时，冰川将挟带的部分底碛停积，或越过障碍物把泥砾堆积于背冰面。因而，组成鼓丘的冰碛物中，含泥量较高，坚韧致密，鼓丘一旦形成就很难破坏。

三、冰水沉积物及冰水堆积地貌

冰雪融化后形成的水流称为冰水，可以形成冰面河、冰下河、冰侧溪流以及冰下湖、冰面湖等。经过冰水搬运的堆积物称为冰水沉积物，它们大多数是原有冰碛物，经过冰融水的再搬运、再堆积而成。冰水堆积物一方面具有河流堆积物的特点，如有一定的分选性、磨圆度和层理构造；另一方面又保存着条痕石等部分冰川作用痕迹，故又称层状冰碛。

冰水堆积按其形态、位置及成因等主要有冰前沉积的冰水扇、冰水平原、冰水阶地及冰湖沉积物等，还有冰川接触沉积形成的冰阜阶地及冰砾阜、锅穴、蛇形丘等。

1. 蛇形丘

蛇形丘是指一种狭长、弯曲如蛇行的高地。两坡对称，丘脊狭窄；一般高度15～30m，高者达70m；长度为几十米至几十千米，北美有长达400km的。

蛇形丘的组成物质主要是略具分选的沙砾堆积，夹有冰碛透镜体，具有交错层理和水平层理结构。蛇形丘分布于冰川作用区内，它具有多种成因，常见的是冰下隧道堆积。在冰川消融期间，冰融水很多，沿着冰裂隙渗入冰下，在冰川底部流动，形成冰下隧道。在隧道中的冰融水流受到上游强大的静水压力，挟带着许多冰碛物不断搬运、堆积，并可逆坡运行，直至冰水堆积物堵塞隧道。当冰体全部融化后，这种隧道堆积出露地表，成为蛇形丘。因此，蛇形丘可有分支，亦能爬上高坡，匍匐于丘陵、高地之上，贯穿鼓丘群之间。

2. 冰砾阜、冰砾阜阶地和锅穴

冰砾阜是一种圆形的或不规则的小丘，由一些初经分选、略具层理的粉砂、砂和细砾组成，其上常覆有薄层冰碛物。它是由冰面或冰川边缘湖泊、河流中的冰水沉积物，在冰川消融后沉落到底床上堆积而成的。在山岳冰川和大陆冰川中都发育冰砾阜。

冰砾阜阶地只发育在山岳冰川谷中，由冰水沙砾层组成，形如河流阶地，呈长条状分布于冰川谷地的两侧。它是由冰缘河流的沉积，在其与原冰川接触一侧，因冰体融化失去支撑而坍塌，从而形成了阶梯状陡坎，沿槽谷两壁伸展。

锅穴指分布于冰水平原上的一种圆形洼地，深数米，直径为十余米至数十米。锅穴是埋藏在沙砾中的死冰块融化引起塌陷而成的。

3. 冰水扇及冰水平原

冰川融水从冰川的两侧（冰上河）和冰川底部流出冰川前端或切过终碛堤后，地势展宽、变缓，形成冰前的辫状水流，冰水挟带的大量碎屑物质就沉积下来，形成了顶端厚、向外变薄的扇形冰水堆积体，称为冰水扇。几个冰水扇相互连接就成为冰水平原（又称外冲平原)。

冰水扇堆积物由分选中等的砂砾组成，含少量漂砾，向下游粒径明显变小，磨圆度显著变好，常有层理出现但极不规则。

第九节　海　岸　地　貌

一、成因与分类

海岸地貌是海岸在地质构造运动、海浪潮汐的冲刷、堆积以及生物气候等多种因素共同作用下形成的地貌类型。根据构成海岸的地表形态和组成物质的差异，可以把海岸地貌分成三大类型。

1. 山地海岸

山地海岸又称为岩岸，是山地与海洋直接相接的海岸地貌类型。山地海岸受海洋强烈的侵蚀作用，往往会形成海蚀洞、海蚀穴、海蚀崖、海蚀平台（海蚀阶地)、海蚀蘑菇等造型奇特、富有观赏价值的岩礁。

2. 平原海岸

平原海岸又称为沙岸，是平原与海洋直接相接的海岸地貌类型。平原海岸根据上面堆积物的不同，又可分为砂砾质海岸和淤泥质海岸。其中砂砾质海岸最适合于开辟海滨浴场，如果砂质纯净，砂粒粗细相宜，砂滩坡度合适，一般都会成为良好的浴场。

3. 生物海岸

生物海岸是指由生物构成的海岸，基本上有红树林海岸和珊瑚海岸两种。

红树林是发育在热带和亚热带潮坪上的耐盐性和喜盐性植物群落，由红树丛林与沼泽潮滩相伴而组合成的海岸称红树林海岸。红树的繁殖方式很特殊，人们往往称其为“胎生”，红树较易成林，高约 10m，构成海岸带上壮观的绿色“万里长城”。不仅有防汛护堤作用，因其抗盐性强，能改良滩地土壤，还可美化海岸环境。

珊瑚海岸也称为珊瑚礁海岸，珊瑚礁是生长在热带、亚热带海洋中的珊瑚虫，其遗体骨骼与少量石灰质藻类、贝壳胶结形成的多孔隙的钙质岩体。珊瑚在我国自古被视为宝玩，富有观赏价值。珊瑚礁区域往往是热带鱼类理想的生活环境，因而珊瑚海岸会成为潜水旅游胜地。

二、我国海岸的分布

我国面临世界上最大的大洋——太平洋，海域辽阔，分为五大邻海，即渤海、黄海、东海、南海和台湾以东的太平洋海区。

大陆海岸线从辽宁丹东中朝边界上的鸭绿江口开始，直到广西中越边界上的北仑河口为止，长度超过 1.8 万 km，加上沿海 5000 多个岛屿的边缘线，全部海岸线总长 3.2 万 km。

杭州湾以南多岩岸，其中以广东汕头、福建厦门、广西北海、海南、台湾基隆等地海滨最为著名。这些地方的海岸陡崖及各种海蚀景观令人称绝。

杭州湾以北多沙岸，以河北北戴河和南戴河、辽宁大连、山东青岛和烟台等地海滨最为著名。这些地方多开辟了良好的海滨浴场。

我国的红树林海岸主要分布在福建省福鼎以南的大陆海岸，其中福建、广东、海南、台湾等省较多。海南东寨港红树林海岸已被我国定为红树林自然保护区，就是为了保护此地的红树林海岸景观和它的生态环境系统。

珊瑚海岸主要分布在广东雷州半岛、海南岛沿岸以及南海诸岛。

参 考 文 献

安徽省地质矿产局. 安徽省区域地质志［M］. 北京：地质出版社，1987.

安徽省地质矿产局. 安徽省岩石地层［M］. 北京：中国地质大学出版社，1997.

曹伯勋. 地貌学及第四纪地质学［M］. 武汉：中国地质大学出版社，1995.

陈宁华，鲍雨欣，程晓敢，等. 新时代地学野外实践课程思政育人模式思考［J］. 中国地质教育，2018（4）：2-31.

陈鸣. 实用旅游美学［M］. 广州：华南理工大学出版社，2004.

冯淑华，田逢军. 旅游地理学［M］. 武汉：华中科技大学出版社，2011.

冯淑华. 景区运营管理［M］. 广州：华南理工大学出版社，2004.

郭鲁芳. 旅游经济学［M］. 杭州：浙江大学出版社，2005.

国家科委全国重大自然灾害综合研究组. 我国重大自然灾害及减灾对策［M］. 北京：科学出版社，1993.

黄楚兴，杨世瑜. 岩溶旅游地质［M］. 北京：冶金工业出版社，2008.

黄定华. 普通地质学［M］. 北京：高等教育出版社，2004.

黄进，陈致均，齐德利. 中国丹霞地貌分布（上）［J］. 山地学报，2015，33（4）：385-396.

黄宗理，张良弼. 地球科学大辞典（应用科学卷）［M］. 北京：地质出版社，2005.

江苏省地质矿产局. 江苏省及上海市区域地质志［M］. 北京：地质出版社，1984.

江苏省地质矿产局. 江苏省岩石地层［M］. 北京：中国地质大学出版社，1997.

江苏省地质矿产局. 宁镇山脉地质志［M］. 南京：江苏科学技术出版社，1989.

吴孔友，冀国盛. 秦皇岛地区地质认识实习指导书［M］. 东营：中国石油大学出版社，2007.

李波，杨世瑜. 旅游地质景观类型与区划［M］. 北京：冶金工业出版社，2011.

李伟，杨世瑜. 旅游地质文化论纲［M］. 北京：冶金工业出版社，2008.

李勇，焦建刚，郭俊锋，等. 安徽巢湖野外地质教学基地实习教程［M］. 北京：地质出版社，2008.

刘家润，吴俊奇，蔡元峰，等. 江苏及若干邻区基础地质认识实习［M］. 南京：南京大学出版社，2009.

LUOBIN Y，PENG H，SHAOYUN Z，et al. The spatial patterns of Red Beds and Danxia Landforms：Implication for the formation factors-China［J］. Scientific Reports，2018.

彭华，吴志才，张珂，等. 丹霞山建设世界地质公园的意义及其丹霞地貌发育特征［C］. 丹霞山会议，2004.

齐德利. 中国丹霞地貌多尺度对比研究［D］. 南京：南京师范大学，2005.

钱自卫，朱术云，张卫强. 地质野外实习中的课程思政探索与构建［J］. 当代教育理论与实践，2020（3）：12-16.

钱玉成. 虎丘塔的维修加固与变形测量［J］. 文物保护与考古科学，1994，6（2）：27-31.

任海军，任葆德. 中国震迹旅游［M］. 北京：兵器工业出版社，1998.

石维富，李东. 我国地质遗迹旅游开发研究［M］. 成都：四川大学出版社，2013.

史兴民. 旅游地貌学［M］. 天津：南开大学出版社，2009.

宋传中，牛漫兰. 巢湖北部青苔山推覆构造的特征及其成因［J］. 合肥工业大学学报（自然科学版），1999，22（6）：15-19.

舒良树. 普通地质学［M］. 3 版. 北京：地质出版社，2010.

陶奎元，项长兴，沈加林，等．走进汤山旅游指南［M］．南京：东南大学出版社，2013.
佟蔚，胡勇兵．中国旅游地理［M］．2 版．武汉：武汉大学出版社，2013.
王林．中国彩虹山张掖七彩丹霞［M］．银川：宁夏人民出版社，2017.
王心源．巢湖北山地质考察与区域地质旅游教程［M］．合肥：中国科学技术大学出版社，2007.
王义强，单玄龙．地学认识实习指南［M］．长春：吉林科学技术出版社，2004.
王允侠，郭家良，郑家欣，等．杭州地区地质实习指导书［M］．上海：同济大学出版社，1994.
吴必虎．区域旅游规划原理［M］．北京：中国旅游出版社，1998.
温家宝．温家宝地质笔记［M］．北京：地质出版社，2016.
吴国清．中国旅游地理［M］．3 版．上海：上海人民出版社，2012.
吴明．中园地书［M］．济南：山东画报出版社，2005.
吴志才，彭华．广东丹霞地貌分类研究［J］．热带地理，2005，25（4）：301－306.
吴志才，彭华．广东红层形成及其发育规律研究［J］．热带地理，2006，26（3）：207－210.
夏邦栋．宁苏杭地区地质认识实习指南［M］．南京：南京大学出版社，1986.
夏树芳．地质旅行［M］．长沙：湖南教育出版社，1999.
夏树芳．地质旅游［M］．南京：南京大学出版社，2001.
徐泉清，孙志宏．中国旅游地质［M］．北京：地质出版社，1997.
徐弘祖．徐霞客游记［M］．上海：上海古籍出版社，2010.
杨伦，刘少峰，王家生．普通地质学简明教程［M］．武汉：中国地质大学出版社，1998.
张伟强．旅游资源开发与管理［M］．广州：华南理工大学出版社，2005.
郑冬子．旅游地理学［M］．广州：华南理工大学出版社，2005.
朱诚，马春梅，张广胜，等．中国典型丹霞地貌成因研究［M］．北京：科学出版社，2016.
邹春洋，单纬东．旅游学教程［M］．广州：华南理工大学出版社，2005.